虚拟网映射问题及算法研究

余建军 /著

ZHEJIANG UNIVERSITY PRESS
浙江大学出版社

图书在版编目(CIP)数据

虚拟网映射问题及算法研究 / 余建军著. 一杭州：浙江大学出版社，2018.12
ISBN 978-7-308-18809-8

Ⅰ.①虚… Ⅱ.①余… Ⅲ.①虚拟网络一研究 Ⅳ.①TP393

中国版本图书馆CIP数据核字(2018)第296030号

虚拟网映射问题及算法研究

余建军 著

策划编辑 张小苹
责任编辑 沈巧华
责任校对 丁沛岚
封面设计 春天书装
出版发行 浙江大学出版社
(杭州市天目山路148号 邮政编码310007)
(网址：http://www.zjupress.com)
排　　版 浙江时代出版服务有限公司
印　　刷 杭州高腾印务有限公司
开　　本 710mm×1000mm 1/16
印　　张 15.75
字　　数 275千
版 印 次 2018年12月第1版 2018年12月第1次印刷
书　　号 ISBN 978-7-308-18809-8
定　　价 55.00元

前　　言

网络虚拟化作为构建未来网络的关键技术，旨在通过基础设施提供商和服务提供商的分离，构建出完全虚拟化的网络环境。服务提供商根据用户的业务需求，在由一个或多个基础设施提供商提供的底层物理网络上，通过抽象和重构机制构建出共存但相互隔离的、多样化的、异构的虚拟网络。新的网络服务和网络协议可以在任意的虚拟网络中运行而不影响其他虚拟网络中的服务。虚拟网络完全控制属于自己的虚拟资源，可以根据自身的业务和需求定制网络架构和网络协议，并可以根据网络环境的动态变化实时调整虚拟节点资源和虚拟链路资源，从而实现对网络资源的可管和可控。

虚拟网映射问题是网络虚拟化的核心问题，其任务是在底层物理网络为虚拟网络分配资源，且分配资源时必须满足相应的约束条件。虚拟网映射问题是NP难问题，面临资源约束、接入控制和服务质量等诸多挑战。高效的虚拟网映射算法可以提高底层物理网络资源的效用，进而提高基础设施提供商的收益和虚拟网络构建请求的接受率，同时也可以有效提高基础设施提供商的服务能力并降低用户的运维成本。虚拟网映射算法的性能和效率将直接影响到网络虚拟化技术能否走向实际应用，因此开展虚拟网映射问题的研究具有重要的应用价值。

本书是作者主持的浙江省自然科学基金资助项目（项目名称：虚拟网映射问题的计算复杂性和竞争算法研究，项目编号：LY14F020010）的研究成果之一，本书的出版得到该项目经费的资助。本书共分为5个部分。

第1章在简要介绍网络虚拟化背景、网络虚拟化技术和网络虚拟化环境之后，给出了单个虚拟网映射问题、在线虚拟网映射问题和离线虚拟网映射问题的定义和数学模型。然后，概述了单个虚拟网映射问题、在线虚拟网映射问题、单个虚拟网映射可行问题、虚拟节点映射问题和离线虚拟网映射等问题的计算复杂性的现有结论。最后，分析了现有的求解在线虚拟网映射问题的精确算法、启发式算法和元启发式算法。

第2章主要介绍作者在虚拟网映射问题的计算复杂性分析方面的研究成果。首先，根据虚拟节点映射是否已知、底层物理网络是否支持路径分割和物理节点是否支持重复映射，将各种虚拟网映射问题进行分类。然后，针对离线虚拟网映射问题、单个虚拟网映射可行问题、单个虚拟网映射问题和在线虚拟网映射问题等四种虚拟网映射问题的各类问题，证明其计算复杂性；并且给出了各种各类问题在某些特殊情况下的计算复杂性分析结论。

第3章主要介绍作者在在线虚拟网映射算法设计方面的研究成果。针对以物理网络提供商长期收益最大化为目标的一般在线虚拟网映射问题，作者设计了节点和链路同步映射的虚拟网映射算法、模拟退火遗传算法、基于负载均衡的虚拟网映射随机算法、支持接入控制的虚拟网映射竞争算法、基于二分图K优完美匹配的虚拟网映射算法、在线虚拟网映射问题的竞争算法VNMCA、在线虚拟网映射问题的竞争算法VNM_PDA等七种求解算法。

第4章主要分析各类特殊的在线虚拟网映射问题及其求解算法的研究现状。在线虚拟网映射问题的特殊性体现在两个方面：第一，不是直接以物理网络提供商长期收益最大化为目标，而是在优先考虑可靠性、绿色节能、安全等目标的前提下，再考虑成本最小、收益最大等其他目标；第二，针对的底层物理网络不是由单基础设施提供商提供的普通物理网络，而是由多基础设施提供商提供的物理网络、数据中心网络、无线网络、光网络、软件定义网络等特殊底层物理网络。

第5章首先分析了离线虚拟网映射问题及其求解算法的研究现状，然后介绍了资源批量出租的精确离线虚拟网映射算法，最后提出了求解一般静态离线虚拟网映射问题的贪婪算法和禁忌遗传算法。

余建军

2018年7月于浙江衢州

目　　录

1　虚拟网映射问题

网络虚拟化是下一代互联网、移动通信网、云计算、软件定义网络和网络功能虚拟化的重要技术，该技术通过抽象、分配和隔离机制，在底层物理网络上构建多个独立的虚拟网络，从而实现支持多种服务和网络体系结构的目的。虚拟网映射是网络虚拟化的关键环节，它负责在底层物理网络为虚拟网络分配资源，且分配资源时必须满足相应的约束条件。

1.1　网络虚拟化

1.1.1　网络虚拟化提出背景

互联网的诞生是人类历史发展中的一个伟大的里程碑，经过多年的飞速发展，互联网成为覆盖全球，涵盖通信、娱乐、金融、军事等众多领域，集数据、语音、视频等多种媒体于一身的网络传送平台。互联网已经成为现代社会重要的基础设施之一，它作为知识经济的基础和载体逐渐渗透到人类社会的各个领域，互联网的发展已深刻地影响和改变了人们的工作、学习和生活的方式，对人类社会和经济的进步产生了巨大的推动作用。

TCP/IP 互联网体系具有三大典型特征：一是提供尽力而为的服务；二是尽量采用无连接的互联方式；三是网络没有全局层面的运营管理控制。互联网的设计初衷是为科研人员提供信息交互和文本传输等数据通信功能，尽力而为的服务使得网络控制模型简单且易接入，这为互联网规模的扩展带来了便利。

随着互联网规模的不断扩大、异构网络的大量出现和互联网用户数量的迅速增加,实时服务、多媒体服务、物联网服务、云计算服务、大数据服务、移动互联网应用、电子商务、大型网络流媒体等新型业务不断涌现,传统的提供尽力而为服务的 TCP/IP 互联网体系已经难以适应应用的变化,它在扩展、升级、移动、服务质量、信任安全等各方面的问题都在日益凸显,即互联网体系结构僵化的问题不断暴露,这给互联网带来了极大的挑战[1-4]。

现在的互联网由很多异构的自治域构成,这些自治域的建设、管理、维护是由不同的互联网服务提供商(Internet Service Provider,ISP)负责的。由于 TCP/IP 的网络体系结构自身缺乏自进化能力,面对新技术和新业务对互联网提出的更多要求,为了节约改造成本,ISP 通常采用演进式的路线来改造当前的互联网,即通过打补丁的方式扩展新的功能,ISP 大约每六个月就要对网络进行一次人工升级改造,这对新业务的支撑起到了一定的缓解作用,但其改造成本越来越高[3,4],网络被改造得越加复杂,传输性能越来越差,部署新型业务的难度越来越大。

改造当前互联网的演进式技术主要是针对 IP 协议所存在的问题进行"修修补补"。例如,由于传统的 IP 网络只能提供尽力而为的服务,其网络机制、质量指标、保护手段以及维护要求等各方面都无法适应新的 IP 实时业务,如语音业务、视频业务等。为此,国际标准组织互联网工程任务组(Internet Engineering Task Force,IETF)提出了两种网络体系结构模型,即集成服务模型(Integrated Services, InteServ)[5]和区分服务模型(Differentiated Services,DiffServ)[6],为网络传输提供服务质量(Quality of Service,QoS)保证。又如,针对传统的 IPv4 网络受到可扩展性和安全性等问题的限制[7,8],IETF 提出了 IPv6。与 IPv4 相比,IPv6 具有更大的地址空间、更小的路由表以及更高的安全性等诸多优势,这是演进式路线的代表技术,其主要研究计划有欧盟的"欧洲教育科研网络"(Gigabit European Academic Network,GEANT),美国的"下一代互联网"(Next Generation Internet,NGI),日本、韩国和新加坡发起的"亚太地区先进网络"(Asia-Pacific Advanced Network,APAN),中国的"中国下一代互联网(China Next Generation Internet,CNGI)示范工程"等。除 IPv6 外,这些计划还提出了多协议标签交换协议(Multi-Protocol Label Switching,MPLS)[9]、为适应移动性提出的 Mobile IP[10]、为解决 IP 网络的服务质量问题设计的 DiffServ 和 RSVP[11]、为加强安全性设计的 IPSec[12]等。这种修补的方式由于难以改变基于IP协议的互联网架构，缺乏自适应的组网能力，不能从根本上解决互联网在体系结构上的固有问题，因而无法从根本上解决互联网所面临的问题，难以支撑互联网的进一步发展。

为了解决当前互联网所面临的问题，应对各种应用对互联网提出的挑战，人们于2005年前后提出了未来互联网(Future Internet，FI)的概念。这类创新理念和技术对于当今的互联网而言，属于革命式的改造路线。未来互联网的关键目标中，除了实现对现有网络的兼容性和IPv6的高度可扩展性之外，还要实现RFC 1550中没有涉及的多种业务模式及相应的支撑网络结构。

FI的概念被提出之后，Thomas Anderson和Larry Peterson等人在HotNets会议上提出了搭建虚拟化网络平台的思想[13]，首次将网络虚拟化的概念纳入FI体系架构的研究中。网络虚拟化的核心思想是对网络资源进行抽象和封装，实现基础设施提供商(Infrastructure Provider，InP)和服务提供商(Service Provider，SP)的分离，使二者的关系从传统的紧耦合变成松耦合，用户可以根据自身的业务需求，定制底层物理网络资源为其提供相应的网络服务。网络虚拟化通过构建虚拟网络的形式得到实现，不同的虚拟网络可以共享底层物理网络资源，支持不同的网络体系结构，为用户提供多样化的网络服务。

在对FI体系架构的研究中，加入网络虚拟化的概念，其重要意义有三点[3]。首先，网络虚拟化为新型网络体系结构的研究提供了支撑，各种创新网络技术可以独立部署且并行在各自的虚拟网络上，从而有效解决当前网络技术创新遇到的瓶颈问题。其次，网络虚拟化允许多个服务提供商共享同一个基础设施提供商所提供的底层物理网络。运营不同业务的服务提供商在共享的底层基础设施上构建各自的运营网络(虚拟网络)后，不必采用不同的网络架构来保证QoS，也能提供各自的端到端服务。因此，网络虚拟化是一种很有前途的FI运营模式。最后，网络虚拟化对当前互联网的兼容性是其发展的根本推动力。当前的互联网是一个全球范围的商用网络，只有市场利益的驱动才可能使互联网发生根本的变革，要在短期内完全替换当前的互联网络根本行不通，这就要求未来互联网的设计必须基于现有的物理网络基础设施，并能与之互联互通。网络虚拟化使得任何创新的互联网体系架构都能够借助其实现该要求，从而使得运营商可能接受并部署新型网络，逐步推进新型的未来网络的推广。

网络虚拟化在未来互联网技术中占据举足轻重的地位[14,15]，它为以服务为中心的网络、以信息为中心的网络等新型网络结构提供了支持，同时，为未来的互联网络、软件定义网络(Software Defined Network，SDN)以及云计算网络提供了新的发展方向[16-18]。

1.1.2 网络虚拟化和未来网络研究大型项目

网络虚拟化对未来网络建设意义重大，近年来，各国陆续推出各自基于网络虚拟化的未来网络研究大型项目[2,3,19]，如美国的 CABO 计划、PlanetLab 计划、GENI 计划、FIND 计划和 OpenFlow 计划，欧洲的 4WARD 计划和 FIRE 计划，加拿大发起的 Nouveau 计划，日本的 AKARI 计划和 JGN2＋计划等。我国的国家自然科学基金、国家高技术研究发展(“863”)计划项目、国家重点基础研究发展(“973”)计划项目、国家科技重大专项项目、国家发改委支撑的 CNGI 项目等从基础研究、关键技术突破、推广应用三个层次，大力支持下一代互联网体系结构的探索、研究与实践，如解放军信息工程大学的可重构信息通信基础网络项目、中科院的面向服务的未来互联网体系结构与机制研究项目、北京交通大学的智慧协同网络理论基础研究项目等。这些研究项目，按研究的性质可将其分为基于体系结构的研究项目和基于实验平台的研究项目，下面对部分研究项目进行介绍。

1.1.2.1 CABO 计划

CABO(Concurrent Architecture is Better than One)[20]是一种面向网络虚拟化的网络体系结构设计方案。其核心思想是网络虚拟化，将基础设施提供商与服务提供商从当前的 ISP 中分离，以方便用户根据自身的业务需求，通过服务提供商定制底层网络资源为其提供相应的网络服务，以打破现有互联网的僵化结构。

CABO 中的虚拟网络由虚拟节点和虚拟链路构成，服务提供商基于底层网络中的物理节点建立虚拟节点，并利用特定的算法构建连接虚拟节点的虚拟路径。此外，CABO 还支持虚拟节点的迁移(即虚拟节点可从一个物理节点自动迁徙到另一个物理节点[21])，引入可问责能力来满足用户的需求[22]，并使用能迅速响应网络变化且可扩展的路由方案[23]。与主动网络的思想相似，CABO 支持对路由器的可编程，但 CABO 是由 SP 根据用户的需求自定义虚拟网络，并实现虚拟网络在物理网络上的映射，从而为用户提供 E2E(端到端)的服务，即对路由器的映射或者编程的过程不能由用户直接执行，这是与主动网络的最大不同点。

1.1.2.2 4WARD 计划

4WARD(architecture and design for the future internet)[24]是欧盟 FP7(Frame Project 7)的研究项目，本质上也是面向网络虚拟化的网络体系结构设计方案。和 CABO 一样，4WARD 基于网络虚拟化在一个公共的物理网络平台上同时运行多个结构相异的虚拟网络。4WARD 按虚拟网络的需求进行实例化，并支持结构各异的虚拟网络在一个安全可信的商业环境中进行可靠的交互操作。在对 4WARD 的设计中，考虑了异构网络技术(如有线技术和无线技术)的虚拟化。

4WARD 在其商业模型中引入三种不同的角色：基础设施提供商，负责管理底层的物理网络资源；虚拟网络提供商，负责创建虚拟网络与管理；虚拟网络运营商，它基于已创建的虚拟网络为用户提供服务。尽管 4WARD 与其他网络虚拟化项目在很大程度上存在相似性，但它有一个显著的特点，即承诺将网络虚拟化真正地带给最终用户，而不仅仅将它用于网络实验。

1.1.2.3 Nouveau 计划

Nouveau[25]是由加拿大发起的项目，旨在设计面向网络虚拟化的体系结构方案。Nouveau 使用网络虚拟化的思想创建一个灵活、可管理且安全的 E2E 网络。

为了能给终端用户提供一个真实的网络虚拟化环境，该项目考虑了异构网络的虚拟化技术。Nouveau 把对编程的安全管理交给 InP，当 SP 提出虚拟网络的构建请求时，InP 提供端到端身份管理框架，并提供能够容错且可靠的资源分配机制，以及 InP 与 SP 间的协议，从而对构建请求进行管理和控制。另外，通过对虚拟网络的递归和继承，该项目支持在网络体系结构中的任意层创建定制虚拟网络。

1.1.2.4 PlanetLab 计划

PlanetLab[26]创建了一种面向服务的网络结构，是一个全球性的网络研究平台，并且是一个基于网络虚拟化的测试床，可支持新型网络应用的开发。开发 PlanetLab 的目的是设计、部署和评估分布在不同地理位置的网络服务，并同时将其用于商业和科研。作为一个开放性的开发测试平台，PlanetLab 的存在形式是将网络节点资源进行“切片”的覆盖网。每个覆盖网包括用于提供接口的虚拟机和用于覆盖网自身管理的服务程序。切片技术可以使得各个虚拟切片共享底层网络资源，同时又将各虚拟切片完全隔离，每个切片之间完全独立，不会互相影响。使用者可以在每个切片上部署自己的应用。

PlanetLab 项目有四个基本特征：第一，在 PlanetLab 实验床中的每个应用运行于覆盖网络的一个切片上，网络切片是由虚拟机监控器创建和调度的运行在物理节点上的虚拟机集合；第二，PlanetLab 实验床的控制结构是分散的，不是集中的，每个节点有自身的本地策略；第三，对覆盖网的管理也是分散的，不存在集中的管理，PlanetLab 实验床将管理任务划分为多个子管理服务，每个子管理服务运行在网络切片之上，并对网络切片进行管理；第四，覆盖网支持通用的编程接口，其接口形式固定，但其内容可以随应用需要的改变而改变，这一特点有利于对服务进行长期持续的开发。

1.1.2.5 GENI 计划

GENI[27] (Global Environment for Network Innovations)是由美国发起的基于 PlanetLab 的实验床项目，旨在全球范围创建一个高度开放的、大规模的和真实的网络实验床，该实验床支持切片封装、可扩展性接口以及资源虚拟化等技术。该实验床不仅可以连接真实用户，而且能够与当前互联网互联。创建 GENI 的目的是测试和评估创新的网络体系结构，研究人员可以通过该实验床定制新型的网络体系结构，并且能够获取终端用户的真实流量。GENI 将网络资源在时间和空间上进行了划分，实现了网络资源虚拟化，可支持多个研究者的不同实验，充分提高资源利用率。此外，GENI 平台上的各组件都是可编程的，研究人员可以加载自己的应用程序进行评估。

与其他测试床的区别在于，GENI 是一个大规模且通用的实验设施，旨在为研究人员提供服务，同时不限制运行在其上的网络结构、服务类型和应用类型。

1.1.2.6 VINI 计划

VINI[28] (Virtual Network Infrastructure)是对 PlanetLab 计划的扩展，是 PlanetLab 计划上的一个特殊实例，即在其上运行的覆盖实验网。VINI 中的虚拟机的实现方式与 PlanetLab 计划类似，网络中的实验可以预定 CPU 处理能力与网络带宽，并在不同的虚拟机中同时进行。与 PlanetLab 计划的不同之处在于 VINI 能够响应外部事件，从而创建复杂真实的网络。其实，VINI 与 GENI 计划类似，同样利用虚拟化的思想共享底层网络资源，允许研究者在真实的网络环境中部署自己的应用，独立地展开各自的研究工作，可以把 VINI 看作是 GENI 试验床的小规模原型。

1.1.2.7 AKARI 计划

AKARI(a small light in the dark pointing to the future)项目[29]的研究目标是设计出可以满足多种需求的新一代网络架构。AKARI 项目是参考美国的 GENI 和 FIND 计划进行构建的,以网络虚拟化为基础,具有透明、公开和简单等特点的网络模型。AKARI 具有鲁棒性、可靠性、隐私保护和可寻迹性等特征,并提供对技术升级的支撑,具有成为未来网络商业模式的特质。AKARI 计划借鉴当前互联网的体系架构并增加了新的内容,AKARI 体系架构包括四层,从上至下分别是应用层、覆盖层、网络层和物理层。应用层是最上层,与现有网络架构类似。覆盖层是 AKARI 的核心部分,可以为不同功能和不同需求的业务构建不同的覆盖网络,从而保证异构网络业务的独立运行。网络层(承载网)主要实现路由和转发,包括对 IP 网络和 α 网络的支持。物理层支持光网络、移动网络和传感器网络。

1.1.2.8 OpenFlow 计划

OpenFlow[30]由 GENI 资助实现,其目标是在现有的网络基础上构建出新型的网络协议实验环境。OpenFlow 网络由 OpenFlow 交换机(OpenFlow Switch)和中心控制器(controller)构成,中心控制器通过 OpenFlow 协议对网络中的交换机进行管理。OpenFlow 技术解耦了传统分布式网络的控制层面和转发层面,由工作在控制层面的中心控制器负责对整个网络的集中管理,处在转发层面的交换机包含一个数据流表并根据流表条目转发数据。中心控制器可以实时监测每个交换机的网络流量,建立网络实时状态和历史状态信息,方便用户的精细化管理。

FlowVisor 是 OpenFlow 技术的重要组件之一,利用 FlowVisor 可以将现有的 OpenFlow 网络划分成多个虚拟网络片(slice)。FlowVisor 扮演着中心控制器和交换机之间代理的角色,每个中心控制器只能管理和控制属于自己的片,FlowVisor 将每个中心控制器的控制消息传递给与之对应的片。片之间的数据是相互隔离的,一个片的数据并不会影响其他的片。通过 FlowVisor 建立的实验平台可以在不影响背景流的转发速度的情况下,允许多个网络实验在不同的虚拟网络片上同时进行。

1.1.2.9 FARI 项目

国内的解放军信息工程大学提出的可重构信息通信基础网络[1,3](Flexible Architecture of Reconfigurable Infrustructure,FARI)是一种基于网络虚拟化,且综合其他各种新技术和新概念的未来互联网体系结构设计方案。

FARI以当前互联网所存在的关键问题为切入点，构建了一个功能可动态重构和扩展的基础物理网络，从而为不同业务提供满足其需求的且可定制的基础网络服务。另外，FARI通过增强网络层和传输层的功能以解决目前互联网中IP网络层的功能瓶颈，并能够支持丰富的光传输物理资源，使之与日益增长、持续变化的应用需求以及不断创新的底层传输物理资源相匹配。在FARI项目中，网络虚拟化为项目的实现提供支持，是项目中实现可定制网络的关键一环。

1.1.3　网络虚拟化相关技术

在信息和通信领域，虚拟化概念的应用非常宽泛。这个概念首次于20世纪60年代在计算机领域被提出，是一种从物理资源中抽象出逻辑计算资源的通用技术。在计算机领域，虚拟化技术已经被应用到了内存虚拟化、存储虚拟化、计算机虚拟化和桌面虚拟化等不同层面当中。在通信领域，虚拟化与许多技术相关，例如异步传输模式（Asynchronous Transfer Mode，ATM）虚拟电路、多协议标记交换（Multiprotocol Label Switching，MPLS）虚拟路径、虚拟专有网络（Virtual Private Network，VPN）、虚拟局域网（Virtual Local Area Network，VLAN）、虚拟重叠网、主动网络、可编程网络等[4,31]。

网络虚拟化的目的是使一个物理网络看起来好像是多个逻辑网络，但彼此又相互隔离，可以运行各自的协议，部署各自的架构。这种提供多个网络共享的理念很有意义。下面对基于相同理念的虚拟专用网、虚拟局域网、覆盖网、主动/可编程网络进行简要介绍。

1.1.3.1　虚拟专用网

虚拟专用网络[32]是一种在公用网络上建立专用网络的技术。一个VPN网络是架构在公用网络服务商所提供的网络平台（如互联网、异步传输模式网、帧中继网络等）之上的逻辑网络，通过数据安全机制，用户数据可在逻辑链路中进行安全传输。

虚拟专用网具有两层含义：其一，所谓的“专用”是指VPN技术利用公众信息网传输数据，通过对网络数据的封装和加密传输，实现在公网上传输私有数据并达到私有网络的安全级别；VPN技术基于隧道协议、加密算法、身份认证等方法保障用户专网数据通过安全的加密管道在公众网络中传播。其二，谓之“虚拟”则是因为用户不再需要租用实际的长途数据线路，而是使用公众信息网络基础设施。

VPN 网络在实际应用中具有灵活性、可扩展性、可管理性、QoS 与安全保障等特点。VPN 能够实现在一个共同的基础设施上承载多个虚拟网络，但是 VPN 在网络虚拟化方面却存在以下主要问题：第一，所有的 VPN 网络运用相同的技术和协议栈，限制了多种组网方案的并存；第二，虚拟网络之间并不是真正的隔离；第三，基础设施提供者和服务提供者依然没有分开。

1.1.3.2 *虚拟局域网*

虚拟局域网[33]从逻辑上把网络资源和网络用户按照一定的原则进行划分，把一个实际的物理网络划分成多个小的逻辑网络。将一组位于不同物理网段上的用户在逻辑上划分为一个局域网，其在功能和操作上与传统局域网基本相同，可以提供一定范围内终端系统的互联，大大提高了网络搭建的灵活性。定义 VLAN 成员的方法有很多，主要分类标准有基于端口、基于 MAC 地址、基于路由和基于策略等。

VLAN 的实现原理是，支持 VLAN 的交换机从工作站接收到数据后，将对数据的部分内容进行检查，并与一个 VLAN 配置数据库（该数据库含有静态配置的或者动态学习而得到的 MAC 地址等信息）中的内容进行比较，然后确定数据去向。如果数据要发往一个 VLAN 设备，则给这个数据加上一个标记（tag）或者 VLAN 标识，根据 VLAN 标识和目的地址，VLAN 交换机就可以将该数据转发到同一 VLAN 上适当的目的地；如果数据发往非 VLAN 设备，则 VLAN 交换机发送不带 VLAN 标识的数据。

VLAN 在广播风暴抑制、动态组网等方面具有其他网络无法比拟的优越性，因此得到了很大的发展。但 VLAN 仅是逻辑上在同一广播域下连接起来的一组主机。

1.1.3.3 *覆盖网*

在可以预见的未来，网络上的分布式应用系统只能建立在一种“尽力而为”的数据包传输体系上面，但这样一种服务远不能满足许多有特定需求的应用系统的需要。具有特定需求的应用系统包括需要端到端服务质量保证的网络多媒体应用系统，需要控制数据包传输路径的涉密应用系统，需要能够有效进行群组交流的视频会议系统以及网络广播系统，需要寻找最短延迟路径的股票应用系统，需要有效发布和存储数据的内容分发网络等。而覆盖网[34]能很好地解决这些问题，它可以绕开上面的问题，给应用系统提供良好的网络服务。

覆盖网是由端系统在下层网络基础设施之上构建的能提供特定服务的虚拟网络，即覆盖网是在现有网络物理拓扑结构之上创造的虚拟拓扑结构。

在覆盖网络中，分布在网络中的相互协作的服务器作为覆盖节点组成了一个虚拟的网络。覆盖网的节点通过虚拟链路连接，虚拟链路对应底层网络的路径，这样利用底层网络层提供的服务，数据包就可以在这些虚拟的路由器之间交换数据，且对于特定的应用，这些节点可以任意地调整它们的功能来为特定应用服务。覆盖网通常是指在应用层的覆盖，如 P2P 网络，同时覆盖网也被用于网络测试床，PlanetLab 就是一个例子。但覆盖技术不能实现路径分离，同时只能在基于 IP 层上的应用层进行部署和设计，因此不能支持异构的网络架构。

1.1.3.4 主动/可编程网络

根据用户需要，快速地产生、利用和管理新的服务是推动可编程网络研究的一个关键因素。对 ISP 来说，引进新种类的服务是一项富有挑战性的工作，这需要在产生服务的方法和工具上有很大的提高和进步，如需要大量的服务计算、数据处理和交换；并且必须提供新的网络编程环境使将来的网络基础是开放的、可扩展的和可编程的。

可编程网络(Programmable Network，PN)[35]和主动式网络[36,37](Active Network，AN)的概念就是在上述情况下提出的。这两种网络在概念上稍有不同，但是其中心思想是一致的，它们都为网络添加可编程能力以适应未来网络中可能出现的各种新业务，并进一步提高网络的性能。

可编程网络主要在网络节点中提供标准的网络应用编程接口，从而向用户和网络业务供应者提供一个“开放”的网络控制机制，它与传统网络的区别在于传统网络是无状态的(stateless)，而可编程网络是有状态的并且可由用户控制和改变的。可编程网络允许用户利用网络物理资源构建并管理适合自己所需的业务系统，其主要目标包括提供开放的信令结构、支持快速构建新业务和增强网络对 QoS 的支持能力，但其本质上并没有解决如何在网络中部署新协议和新应用的问题[29]。

主动网络支持在网络环境下动态实时部署新的服务，除了提出如可编程网络概念一样的网络节点的可编程特性外，它还侧重于构造由主动式数据包(active packets)或封装体(capsules)所携带的可执行程序。通过将这种封装体注入网络节点，结合网络节点所提供的编程应用接口，主动网络能向用户提供各种服务。由于主动网络允许在数据包传输层定制网络服务，而不是在控制层编程实现，因而更加灵活，但由于主动网络更强调用户的参与性，其实加重了端用户的负担。

网络虚拟化相关技术中，相对简单的解决方案是仅实现链路虚拟化而不是全网络虚拟化，如 ATM、MPLS 等技术。相对高级的一些解决方案，例如 VPN，是使用公共网络的技术来提供满足安全、共享和应用可兼容执行的环境，但它也只能提供简单的虚拟连接或 IP 转发，不能用于端到端的部署或底层基础实施的全虚拟化。而覆盖网提供的解决方案则更进一步，它通过引入应用层网络，更接近全虚拟化的概念。为了支持未来网络架构，需要使用网络虚拟化技术提供虚拟网环境，以允许多个服务提供商，将多个网络实例部署到公共的物理网络实施上，动态组合出异构、共存却相互隔离的虚拟网络。

1.1.4 网络虚拟化环境

1.1.4.1 网络虚拟化概念

网络虚拟化作为构建未来网络的关键技术，旨在通过基础设施提供商和服务提供商的分离，构建出完全虚拟化的网络环境。即服务提供商根据用户的业务需求，在由一个或多个基础设施提供商提供的底层物理网络上，通过抽象和重构机制构建出共存但相互隔离、多样化和异构的虚拟网络。新的网络服务和网络协议可以在任意的虚拟网络中运行而不影响其他虚拟网络中的服务运营，虚拟网络可以完全控制属于自己的虚拟资源，可以根据自身的业务和需求定制网络架构和网络协议，并可以根据网络环境的动态变化实时调整虚拟节点资源和虚拟链路资源，从而实现对网络资源的可管可控。

1.1.4.2 参考业务模式

当前互联网服务提供商(ISP)，既负责构建基础设施，又负责提供网络服务，这种双重身份阻碍了网络的发展和创新。网络虚拟化环境对 ISP 的功能进行重新划分和定义，将现有的 ISP 拆分为两个相互独立的实体，即基础设施提供商(InP)和服务提供商(SP)。InP 负责建设和管理底层物理网络(Substrate Network，SN)资源，InP 通过提供编程接口的方式向 SP 提供服务；SP 从一个或多个 InP 租用底层物理网络资源，构建和运营虚拟网络(Virtual Network，VN)并向用户提供网络服务。不同的 SP 可以通过共用现有的底层物理网络资源来创建不同类型的虚拟网络，SP 可以完全控制自身所构建的虚拟网络，即可以对虚拟网络使用不同的网络类型架构、不同的路由协议、不同的转发方式等。终端用户(end user)可以有选择地接入一个或多个虚拟网络。图 1.1 给出的是虚拟化环境下角色间的关系。

1)基础设施提供商

在网络虚拟化环境中，基础设施提供商构建和管理底层物理网络，并开

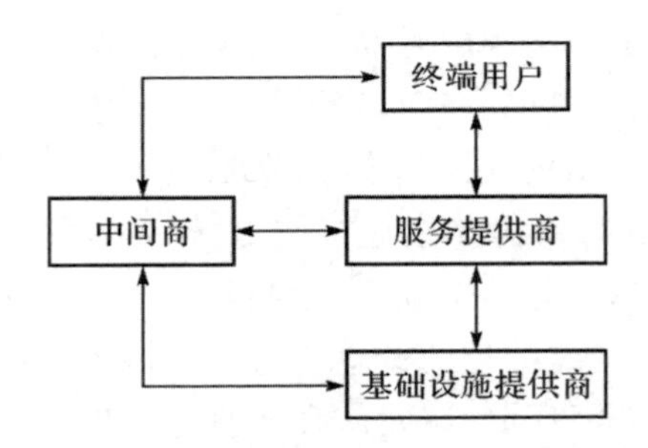

图 1.1 虚拟化环境下角色间的关系

放编程接口向不同的服务提供商提供物理网络资源。不同的基础设施提供商在资源数量、位置、资源租用价格、开放程度和覆盖范围等方面存在区别，从而能为服务提供商提供差异化的服务。基础设施提供商作为物理网络资源的提供者需要具有以下四个功能：①虚拟底层物理网络资源并保证虚拟资源间的排他性和隔离性；②开放功能接口，定义服务提供商的访问权限和访问范围，保证物理网络资源的安全性；③管理功能，实时管理和监视物理网络资源的运行情况，将资源使用情况向服务提供商通告；④计费功能，按照虚拟资源的使用数量和使用时间向服务提供商收费。

2)服务提供商

服务提供商从一个或多个基础设施提供商租用物理网络资源以建立虚拟网络，并部署和定制网络架构和相应的网络协议，为用户提供端到端的服务。服务提供商可以自定义虚拟网络的数据类型、转发机制，并可以根据用户的需求和数量，动态地增加或减少虚拟网络资源。在网络虚拟化环境中，服务提供商作为实际的网络服务提供者需要具有以下功能：①动态地申请、修改和撤销虚拟资源请求；②通过基础设施提供商开放的接口访问虚拟资源，创建虚拟网络并向用户提供服务；③监测和管理虚拟网络。

3)终端用户

在网络虚拟化环境中，由于存在多类别的虚拟网络，用户的选择更加灵活和自由。用户可以根据业务的不同选择不同的服务提供商，也可以与多个服务提供商建立连接，同时接入多个虚拟网络，从而获取与其需求相匹配的服务。如对于带宽需求较大的业务，用户可以选择提供高带宽虚拟网络的提供商，而对于视频、音频等对时延敏感的业务，用户可以接入提供低时延的虚拟网络提供商。

4)中间商

在网络虚拟化市场中,中间商作为联结基础设施提供商、服务提供商和用户间的中介,是网络虚拟化市场渠道功能的重要承担者。服务提供商通过中间商从基础设施提供商租用物理网络资源以建立虚拟网络,并通过中间商向终端用户提供部署在虚拟网络上的服务。

1.1.4.3　网络虚拟化体系结构

网络虚拟化环境通过构建虚拟网络为用户提供面向业务的服务,服务提供模式采用的是一种分层模式,具体包括资源层、服务层和应用层。在资源层,基础设施提供商负责提供和管理底层物理网络资源。在服务层,服务供应商可向基础设施提供商提出租赁或购买底层物理网络资源的申请,申请被成功接收后,服务供应商就可以构建出满足用户实际业务需求的虚拟网络。在应用层,服务供应商负责网络服务的运营,为用户提供端到端的网络服务。

在网络虚拟化的体系架构中,每个虚拟网络节点都是由单一的服务供应商(SP)进行设计和管理的。虚拟网络由虚拟节点(Virtual Node,VN)和连接这些节点的虚拟链路(Virtual Link,VL)组成,每个虚拟节点对应于底层的物理节点,虚拟链路对应于底层物理节点间的路径。图1.2给出了网络虚拟化体系结构示例,其中两个可能是异构的虚拟网络VN1和VN2分别由服务提供商SP1和SP2建立。SP1利用基础设施提供商InP1和InP2的物理资源建立VN1,并向终端用户U2和U3提供端到端服务。SP2利用基础设施提供商InP1和SP1的子虚拟网络的资源建立VN2。终端用户U1和U3通过虚拟网络VN2连接。

1.1.4.4　网络虚拟化设计目标

网络虚拟化的总目标是实现在公共底层物理网络上构建共存但相互隔离的多个异构虚拟网络,具体可细化为一系列小目标,它们不但可以用来指导虚拟网络协议和算法的设计,而且可以用来评价不同的虚拟化方案。

1)灵活性

网络虚拟化必须提供全面的灵活性。每个服务提供者可以任意设计虚拟网络的拓扑、路由、转发以及控制协议,且不受底层物理网络和其他虚拟网络的制约。

2)可管理性

由于在网络虚拟化中服务提供商与基础设施提供商彼此独立,因此网

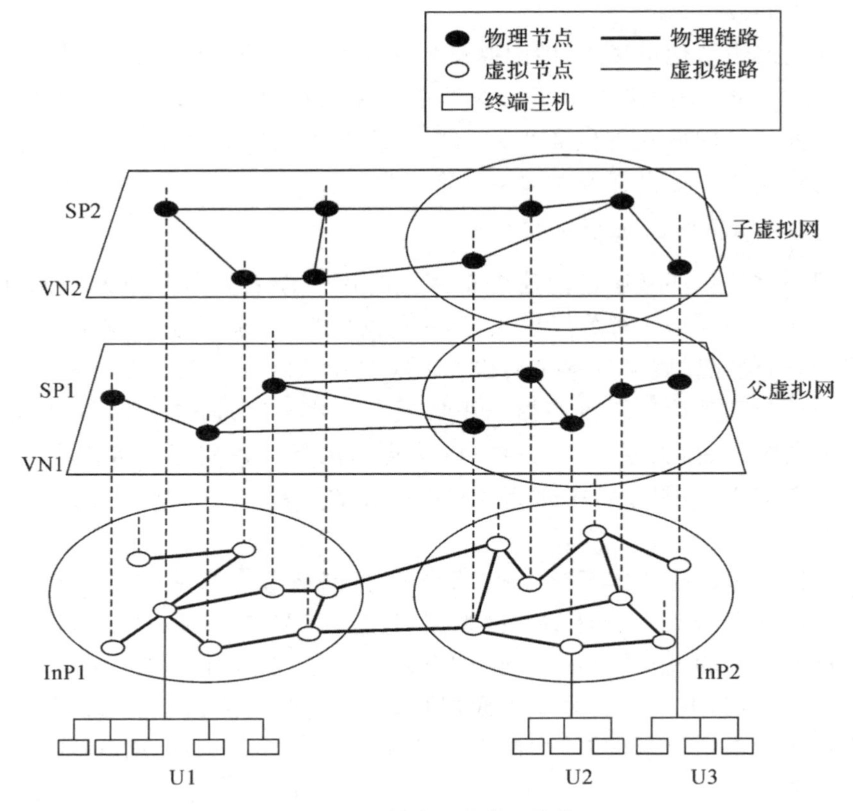

图 1.2 网络虚拟化体系结构

络管理任务需要根据参与角色进行模块化,并且有必要在不同的参与者之间引入可问责机制。基础设施提供者负责物理网络的运营管理,并提供资源访问接口;服务提供者则对虚拟网络具备端到端的控制能力,负责虚拟网络的运营并为终端用户提供服务,而且不同服务提供者的网管视图可以各不相同并且不会相互影响。实现对这种网络结构的管理需要合理划分和设计网管任务,有效地分散管理并做到责任分明。

3)可扩展性

多个虚拟网络并存是网络虚拟化的基本特征,在不影响已存在虚拟网络性能的情况下,基础设施提供者对物理网络资源的虚拟化应该可扩展,以便在保证虚拟网络性能的前提下,支持尽可能多的虚拟网络,以提高资源利用率并降低每个虚拟网络的资本支出和业务费用。

4)网络隔离

由于网络协议经常存在实现缺陷和配置错误,以及为了防止从某个虚拟网络内部发动针对其他虚拟网络的攻击,网络虚拟化技术必须确保虚拟网络彼此隔离,将每个虚拟网络可能出现的风险限制在该虚拟网络内部,从而提高网络整体的容错性、安全性和私密性。

5)可编程性

为了保证虚拟网络的灵活性与可管理性,网元必须支持可编程,但对网元应具备何种程度的可编程性以及如何在网元中实现它,目前仍有争议。如何在网络中设计一种方便、有效而且安全的可编程方案,实现基础设施提供商与服务提供商的双赢,是实现网络虚拟化的关键目标之一。

6)异构性

网络虚拟化环境下的异构性包括两个方面的内容:①底层物理网络的异构性。②端到端虚拟网络的异构性。网络虚拟化结构必须允许服务提供商不受限制地在任何异构的物理网络上组建任何异构的虚拟网络,同时底层的物理网络必须能够支持任何异构的互联网协议和算法。

7)网络实验与部署方便

任何网络服务在部署之前都需要在网络测试床上进行设计与评估。实际上正是由于搭建覆盖网和网络实验平台的方法无法提供一个真实、可靠和大规模的实验环境,才导致网络虚拟化研究的诞生。另外,商业机构也希望能够借助网络虚拟化,在现有网络上快速可靠地部署创新的服务,以提升其综合竞争力。因此,未来网络的虚拟化既要支持对新型网络体系结构的实验验证,又能作为一种部署途径,快速方便地部署新型结构的网络。

8)对遗留技术的支持

任何新技术在部署之前都要考虑对遗留技术的支持或后向兼容性,在概念上网络虚拟化可以在未来互联网中集成当代互联网,但未来互联网的虚拟化结构能否有效做到这一点以及如何做到,仍是一个重要的研究挑战。

1.2 虚拟网映射问题

对网络虚拟化技术的研究包括网络虚拟化体系结构、虚拟网映射、虚拟资源调度、虚拟网络与底层物理网络之间的接口、网络节点虚拟化的实现技术、网络链路虚拟化的实现技术、虚拟网络安全、虚拟网络运营与维护等内容。其中虚拟网映射问题(Virtual Network Mapping Problem,VNMP)[18]是网络虚拟化的核心问题,其任务是在底层物理网络上为虚拟网络分配资源,且分配资源时必须满足相应的约束条件。虚拟网映射问题是一个优化问题,最大化物理网络提供商的长期收益是其主要优化目标[18,38,39]。

高效的虚拟网映射策略可以提高底层物理网络资源的效用,进而提高物理网提供商(即基础设施提供商,InP)的收益和虚拟网络构建请求的接受率,同时也可以有效地提高物理网络提供商的服务能力并降低用户的运维成本。虚拟网映射的性能和效率将直接影响到网络虚拟化技术能否走向实际应用,因此开展虚拟网映射问题的研究具有重要的应用价值。

虚拟网映射问题是NP难问题,面临资源约束、访问控制(接入控制)、在线请求和服务质量等挑战[18]。根据虚拟网络构建请求是动态到达还是预先已知,虚拟网映射问题可分为在线虚拟网映射问题和离线虚拟网映射问题[38]。在离线虚拟网映射问题中,由于所有虚拟网络构建请求是已知的,所以虚拟网映射问题的优化目标(如最大化物理网络提供商收益),可作为其直接优化目标。而在在线虚拟网映射问题中,当单个虚拟网络构建请求到达时,必须在后续虚拟网络构建请求未知的情况下,确定是否接受该请求,如接受,则给出映射方案并完成映射。为实现在线虚拟网映射问题的优化目标,单个虚拟网映射的优化目标的设计就尤为重要。如在线虚拟网映射问题的优化目标是物理网络提供商长期收益的最大化,则单个虚拟网映射的优化目标一般设置为成本最小[18,38,39],但成本定义方法就很关键。

1.2.1 网络模型

1.2.1.1 物理网络

物理网络[40,41]用无向图 $G^0=(N^0,E^0,A_0^N,A_0^E)$ 表示。其中 N^0 表示物理节点的集合,物理节点数等于 $|N^0|$;E^0 表示物理链路的集合,物理链路数量等于 $|E^0|$;A_0^N 表示物理节点属性;A_0^E 表示物理链路属性。

针对不同环境,有多种不同的物理节点和物理链路属性。物理节点属性有CPU容量、地理位置、内存、外存等,最常见的物理节点属性是CPU容量和地理位置。第 i 个物理节点的CPU容量和位置属性分别记为 $c(n_0^i)$ 和 $\mathrm{loc}(n_0^i)$。在虚拟网映射问题中,当决定虚拟节点所映射的物理节点时,需要根据物理节点的属性值筛选出符合映射要求的物理节点,故如仅考虑物理节点的CPU容量属性,并不会影响该问题的算法研究。物理链路属性有带宽、延迟、丢包率和长度等,最常见的物理链路属性是链路带宽。第 j 条物理链路的带宽记为 $b(e_0^j)$。在虚拟网映射问题中，当决定虚拟链路所映射的物理路径时，需要根据物理链路的带宽值筛选出符合映射要求的物理链路。

1.2.1.2 虚拟网络

将在线虚拟网映射问题和离线虚拟网映射问题中的第 j 个虚拟网络表示为无向图 $G^j=(N^j, E^j, A_j^N, A_j^E, A_j)$。其中 N^j 为虚拟节点集合，E^j 为虚拟链路集合，A_j^N 为虚拟节点属性集合，A_j^E 为虚拟链路属性集合，A_j 为虚拟网络属性。

针对不同的环境，有多种不同的虚拟节点属性、虚拟链路属性和虚拟网络属性。虚拟节点属性有 CPU 容量、虚拟节点位置、内存和外存等，最常见的是 CPU 容量和位置信息。第 j 个虚拟网络的第 i 个虚拟节点的 CPU 容量需求和位置信息分别记为 $c(n_j^i)$ 和 $\mathrm{loc}(n_j^i)$。虚拟链路属性有带宽、延迟、丢包率等，最常见的是带宽属性。第 j 个虚拟网络的第 i 条虚拟链路的带宽记为 $b(e_j^i)$。虚拟网络属性有映射收益、生存周期、虚拟节点指定位置与所映射物理节点位置间的最大距离等。第 j 个虚拟网络属性 ρ_j 表示物理网络提供商在完成该虚拟网映射后所获的收益，第 j 个虚拟网络的属性 d_j 表示虚拟节点与所映射的物理节点间的距离必须小于等于 d_j。在在线虚拟网映射问题中，T_j^s 和 T_j^f 属性表示第 j 个虚拟网络的开始时间和结束时间，即该虚拟网络生存周期为 $[T_j^s, T_j^f]$。如该虚拟网络构建成功，则当虚拟网络生存周期结束之后，物理网络提供商将释放该虚拟网络占用的所有物理网络资源。一般情况下第 j 个虚拟网络属性 ρ_j 是虚拟节点 CPU 容量和虚拟链路带宽需求的函数，最简单的情况是 ρ_j 等于虚拟节点 CPU 容量和虚拟链路带宽的累积和。

如前所述，虚拟网映射问题分为在线虚拟网映射问题和离线虚拟网映射问题，而且单个虚拟网映射问题是其基本子问题。下面分别对该三类问题进行描述。

1.2.2 单个虚拟网映射问题

1.2.2.1 映射问题描述

单个虚拟网映射问题[18,39−48]是指把虚拟网络 $G^j=(N^j, E^j, A_j^N, A_j^E, A_j)$ 映射到物理网络 $G^0=(N^0, E^0, A_0^N, A_0^E)$ 的一个子图上，即将虚拟网络的虚拟节点和虚拟链路分别映射到底层物理网络的物理节点和物理路径上，且映射必须满足虚拟网映射的约束要求，可形式化地定义为从 G^j 到 G^0 的映射 M:G^j

$\mapsto (N', P', R_n, R_e)$，其中 $N' \subseteq N^0$，$P' \subseteq P$，P 是物理网络 G^0 的物理节点间的无圈路径集合，物理节点 n_0^a 和 n_0^b 之间的路径集合记为 $P(n_0^a, n_0^b)$，R_n 和 R_e 分别是分配给 G^j 中虚拟节点和虚拟链路的资源。

一般情况下，单个虚拟网映射问题可分解为两个子问题，即虚拟节点映射子问题和虚拟链路映射子问题。

虚拟节点映射是将虚拟网络 G^j 的虚拟节点映射到物理网 G^0 中相应物理节点的过程，该过程可形式化地定义为 $M^n:(N^j, A_j^N) \mapsto (N', R_n)$。其中 $N' \subseteq N^0$；R_n 是分配给虚拟节点的资源，且映射必须满足虚拟节点映射的相关约束条件。最主要的约束条件是虚拟节点所映射的物理节点的剩余 CPU 容量（物理节点 CPU 容量减去映射到该物理节点的所有虚拟节点容量和，第 i 个物理节点的剩余 CPU 容量记为 $rc(n_0^i)$）必须大于等于虚拟节点的 CPU 容量需求，即 $\forall n_j^i \in N^j, rc(M^n(n_j^i)) \geqslant c(n_j^i)$，这样才能保证虚拟节点所映射的物理节点有足够的 CPU 资源用于分配。虚拟网映射完成后，$\forall n_j^i \in N^j, rc(M^n(n_j^i)) = rc(M^n(n_j^i)) - c(n_j^i)$。

虚拟链路映射是将虚拟网络 G^j 的虚拟链路映射到物理网络 G^0 的物理路径的过程，该过程可形式化地定义为 $M^e:(E^j, A_j^E) \mapsto (P', R_e)$。其中 $P' \subseteq P$；P 是物理网络 G^0 节点间的无圈路径集合，且 $\forall (n_j^a, n_j^b) \in E^j, M^e(M^n(n_j^a), M^n(n_j^b)) \in P(M^n(n_j^a), M^n(n_j^b))$；$R_e$ 是分配给 G^j 的虚拟链路的资源，且映射必须满足虚拟链路映射的相关约束条件。如虚拟链路必须映射到唯一的一条物理路径上，则最主要的约束条件是 $\forall e_o^i \in E^0, \sum_{k=1}^{|E^j|}(b(e_j^k) \times f(M^e(e_j^k), e_o^i)) \leqslant rb(e_o^i)$。其中 $f(M^e(e_j^k), e_o^i)$ 表示物理路径 $M^e(e)_j^k$ 是否包含物理链路 e_o^i，如包含，则函数 f 取 1，否则取 0；$rb(e_o^i)$ 表示第 i 条物理链路的剩余带宽，即物理链路带宽减去符合特定条件的所有虚拟链路带宽和，特定条件是指该虚拟链路所映射的物理路径包括本物理链路。该约束条件表示任意物理链路上所映射的所有虚拟链路带宽之和必须小于等于该物理链路的剩余带宽，这样才能保证虚拟链路所映射的物理路径上有足够的带宽资源用于分配。虚拟网映射完成后，$\forall e_o^i \in E^0, rb(e_o^i) = rb(e_o^i) - \sum_{k=1}^{|E^j|}(b(e_j^k) \times f(M^e(e_j^k), e_o^i))$。

1.2.2.2 映射目标

根据问题背景以及关注点的不同，虚拟网映射问题的求解目标往往是多样化的。如从物理网络提供商的角度来看，最大化长期收益是其优化目

标[18,38,39]；从服务提供商的角度来看，映射资源代价最小是其优化目标[42,43]，即尽量减少从物理网络提供商处租用资源。其他还有高效节能、安全、容错等优化目标[3,18,40]。虚拟网映射问题研究中，最大化物理网络提供商的长期收益是最主要的优化目标。当虚拟网映射问题的优化目标是物理网络提供商长期收益最大化时，由于对物理网络提供商而言，完成单个虚拟网络构建的收益是确定的，为提高物理网络提供商长期收益，单个虚拟网映射的优化目标一般设置为成本最小[18,38,39,44,45]，如物理网络资源消耗量最小、物理网络负载均衡等。如以物理网络资源消耗量最小为优化目标[39,45]，则可形式化表示为：$\min\sum_{i=1}^{|N^i|}c(n_j^i)+\sum_{i=1}^{|E^i|}(b(e_j^i)\times|M^e(e_j^i)|)$，其中 $|M^e(e_j^i)|$ 表示虚拟链路 e_j^i 所映射物理路径的长度。

1.2.2.3 问题分类

根据底层物理网络是否支持路径分割和物理节点是否支持重复映射，单个虚拟网映射问题可细分为四种类型，即物理网络支持路径分割且物理节点支持重复映射的虚拟网映射问题、物理网络支持路径分割且物理节点不支持重复映射的虚拟网映射问题、物理网络不支持路径分割且物理节点支持重复映射的虚拟网映射问题、物理网络不支持路径分割且物理节点不支持重复映射的虚拟网映射问题。

底层物理网络支持路径分割[18,46]，是指在虚拟网映射时可将虚拟链路映射到多条物理路径。如底层物理网络不支持路径分割，则在虚拟网映射时只能将虚拟链路映射到一条物理路径。底层物理网络支持路径分割有利于提高虚拟网络构建成功率和资源利用率，进而提高物理网络提供商收益。当物理网络支持路径分割时，记第 i 条虚拟链路 e_j^i 所映射的物理链路集合 $M^e(e_j^i)$ 为 P_j^i，P_j^i 中第 k 条路径记为 $p_j^{i,k}$，在第 k 条路径上分配的带宽记为 $b(p_j^{i,k})$，则虚拟链路映射的约束条件为：$\sum_{k=1}^{|P_j^i|}b(p_j^{i,k})=b(e_j^i)$ 和 $\forall e_o^i\in E^0$，$\sum_{k=1}^{|E^i|}\sum_{q=1}^{|P_j^k|}(b(p_j^{k,q})\times f(p_j^{k,q},e_o^i))\leqslant rb(e_o^i)$。当虚拟网映射完成后，$\forall e_o^i\in E^0$，$rb(e_o^i)=rb(e_o^i)-\sum_{k=1}^{|E^i|}\sum_{q=1}^{|P_j^k|}(b(p_j^{k,q})\times f(p_j^{k,q},e_o^i))$。

物理节点支持重复映射[47,48]意味着可以将同一个虚拟网络的多个虚拟节点映射到同一个物理节点上。如在云计算数据中心的虚拟网络构建[49]中，可通过虚拟机整合[50]即物理节点重复映射，实现能耗的降低。由于同一物理节点内部的通信带宽可以被视为无穷大，因而映射到同一个物理节点上的虚拟节点之间的虚拟链路不再需要映射。物理节点支持重复映射，可以降低映射成本，提高虚拟网络构建成功率和资源利用率。

1.2.2.4 数学模型

下面给出典型环境下单个虚拟网映射问题的数学模型[42,51]。该典型环境的具体特征为：物理节点属性是 CPU 容量，物理链路属性是带宽；虚拟节点属性是 CPU 容量，虚拟链路属性是带宽，另外虚拟网络还有映射收益属性；映射约束条件包括虚拟节点所映射的物理节点的剩余 CPU 容量必须大于等于虚拟节点的 CPU 容量需求，任意物理链路上所映射的所有虚拟链路带宽之和必须小于等于该物理链路的剩余带宽；映射目标是物理网络资源消耗量最小；问题类型是物理网络不支持路径分割且物理节点不支持重复映射。其他环境的数学模型不再一一列出。

在给出数学模型之前，先引入物理网络增广图概念。对每个虚拟节点 n_j^i 定义集合 $\Omega(n_j^i)$，该集合包括 CPU 剩余容量大于等于该虚拟节点的 CPU 容量的所有物理节点。物理网络增广图 $G^{\#0}(N^{\#0}, E^{\#0}, A_0^N, A_0^E)$ 是在物理网络 $G^0(N^0, E^0, A_0^N, A_0^E)$ 的基础上，针对每个虚拟节点 $n_j^i \in N^j$，增加一个元节点 $\mu(n_j^i)$（该节点 CPU 容量等于该虚拟节点的 CPU 容量），并在 $\mu(n_j^i)$ 与所有属于 $\Omega(n_j^i)$ 的节点间增加具有无限带宽的物理链路。即 $N^{\#0} = N^0 \cup \{\mu(n_j^i) \mid n_j^i \in N^j\}$，$E^{\#0} = E^0 \cup \{(\mu(n_j^i), n_0^k) \mid n_j^i \in N^j, n_0^k \in \Omega(n_j^i)\}$。

这样就可以将单个虚拟网映射问题看作 0-1 线性整数不可分割 $|E^j|$-商品流问题，即把每条虚拟链路 $(n_j^a, n_j^b) \in E^j$ 看成源节点和目标节点分别是 n_j^a 和 n_j^b 的单商品流。在物理网络增广图上，每个单商品流都从一个元节点流出，流向另一个元节点。下面给出虚拟网络构建问题的 0-1 线性整数规划数学模型 VNM_IP，模型中提到的物理节点和物理链路都是针对物理网络的增广图。

1)决策变量

$x_{u,v}^i$：一个二进制变量，取 0 或 1，表示第 i 条虚拟链路 e_j^i 流经物理链路 $(n_{\#0}^u, n_{\#0}^v)$ 的总流量占虚拟链路 e_j^i 带宽 $b(e_j^i)$ 的比例。此变量取值约束保证流不可分割，从而确保虚拟路径只能映射到物理网络的一条物理路径上。

2)目标函数

单个虚拟网映射问题的优化目标是物理网络资源消耗量最小，即 $\min\left[\sum_{i=1}^{|N^j|} c(n_j^i) + \sum_{(n_0^u, n_0^v) \in E^0} \sum_{e_j^i \in E^j} (x_{u,v}^i \times b(e_j^i))\right]$，因对所有映射方案虚拟节点映

射消耗资源 $\sum_{i=1}^{|N^j|} c(n_j^i)$ 相等，故优化目标等价于 $\min \sum_{(n_0^u, n_0^v) \in E^0} \sum_{e_j^i \in E^j} (x_{u,v}^i \times b(e_i^j))$ 。

3)约束条件

(1)物理节点容量约束：

$$rc(n_0^\omega) \geqslant \sum_{i \in [1, |E^j|]} \frac{x_{m,\omega}^i + x_{\omega,m}^i}{|E_m^j|} \times c(n_{\#0}^m), \quad \forall n_{\#0}^m \in N^{\#0} \backslash N^0, \forall n_0^\omega \in N^0 \tag{1.1}$$

其中，E_m^j 是指以元节点 $n_{\#0}^m$ 对应的虚拟节点为源或目标节点的虚拟链路的集合。约束集(1.1)确保物理节点剩余 CPU 容量大于等于映射到该物理节点的虚拟节点的 CPU 容量需求。

(2)物理链路的容量约束：

$$\sum_{i \in [1, |E^j|]} (x_{u,v}^i \times b(e_i^j) + x_{v,u}^i \times b(e_i^j)) \leqslant rb(n_{\#0}^u, n_{\#0}^v), \quad \forall n_{\#0}^u, n_{\#0}^v \in N^{\#0} \tag{1.2}$$

约束集(1.2)确保任意物理链路上所映射的所有虚拟链路带宽之和小于等于该物理链路的剩余带宽。

(3)流守恒约束：

$$\sum_{n_{\#0}^\omega \in N^{\#0}} x_{u,\omega}^i - \sum_{n_{\#0}^\omega \in N^{\#0}} x_{\omega,u}^i = 0, \forall i \in [1, |E^j|], \forall n_{\#0}^u \in N^{\#0} \backslash \{\mu(s_i), \mu(t_i)\} \tag{1.3}$$

其中，s_i 和 t_i 表示第 i 条虚拟链路的两个端点。

$$\sum_{n_{\#0}^\omega \in N^{\#0}} x_{s_i,\omega}^i - \sum_{n_{\#0}^\omega \in N^{\#0}} x_{\omega,s_i}^i = 1, \forall i \in [1, |E^j|] \tag{1.4}$$

$$\sum_{n_{\#0}^\omega \in N^{\#0}} x_{t_i,\omega}^i - \sum_{n_{\#0}^\omega \in N^{\#0}} x_{\omega,t_i}^i = -1, \forall i \in [1, |E^j|] \tag{1.5}$$

$$\sum_{i \in [1, |E^j|]} \sum_{n_0^\omega \in N^0} x_{m,\omega}^i \leqslant |E_{m\_b}^j|, \forall m \in N^{\#0} \backslash N^0 \tag{1.6}$$

其中，$E_{m\_b}^j$ 是指以元节点 m 对应的虚拟节点为源节点的虚拟链路的集合。约束集(1.3)(1.4)和(1.5)表示流守恒，除了源节点 s_i 和目标节点 t_i 外，其他节点的网络净流量为 0。约束集(1.6)确保元节点不能成为流的中间节点。

(4)虚拟节点映射的二元约束：

$$\forall n_{\#0}^{m} \in N^{\#0} \backslash N^{0} \{ x_{m,\omega}^{m1} = \cdots = x_{m,\omega}^{mp} = x_{\omega,m}^{1m} = \cdots = x_{\omega,m}^{qm}, \forall n_{0}^{\omega} \in \Omega(n_{j}^{m}) \} \tag{1.7}$$

$$\forall n_{0}^{\omega} \in N^{0} \{ (\sum_{n_{\#0}^{m} \in NB} x_{m,\omega}^{m1} + \sum_{n_{\#0}^{m} \in NE} x_{\omega,m}^{1m}) \leqslant 1 \} \tag{1.8}$$

其中，$\{m1,m2,\cdots,mp\}$是指以元节点 $n_{\#0}^{m}$ 对应的虚拟节点为源节点的流(虚拟链路)的序号的集合，$\{1m,2m,\cdots,qm\}$是指以元节点 $n_{\#0}^{m}$ 对应的虚拟节点为目标节点的流(虚拟链路)的序号的集合。

对任一物理节点 n_{0}^{ω}，NB 是符合下列特征的虚拟节点 n_{j}^{g} 所对应的元节点的集合：① $n_{0}^{\omega} \in \Omega(n_{j}^{g})$；②存在以 n_{j}^{g} 为源节点的虚拟链路。NE 是符合下列特征的虚拟节点 n_{j}^{k} 所对应的元节点的集合：① $n_{0}^{\omega} \in \Omega(n_{j}^{k})$；②存在以 n_{j}^{k} 为目标节点的虚拟链路。$m1$ 任取一个以 $n_{\#0}^{m}$ 为源的流的编号，$1m$ 任取一个以 $n_{\#0}^{m}$ 为目标的流的编号。

约束集(1.7)确保在一个虚拟网络构建时，每个元节点(对应虚拟节点)只能映射到一个物理节点。

约束集(1.8)确保每个物理节点最多只能被一个虚拟节点所映射。

(5)决策变量的取值域约束：

$$x_{u,v}^{i} \in \{0,1\}, \forall n_{\#0}^{u}, n_{\#0}^{v} \in N^{\#0}, \forall i \in [1, |E^{j}|] \tag{1.9}$$

1.2.3 离线虚拟网映射问题

1.2.3.1 映射问题描述

离线虚拟网映射问题[38,52,53] 指给定一个物理网络 $G^{0} = (N^{0}, E^{0}, A_{0}^{N}, A_{0}^{E})$ 和一个包含 n 个虚拟网络的虚拟网络集合 $G = \{G^{j} \mid j \in R, R = [1,n]\}(G^{j} = (N^{j}, E^{j}, A_{j}^{N}, A_{j}^{E}, A_{j}))$，求解 R 的子集 R'。子集 R' 满足以下要求：

(1) 对任意 $r \in R'$，完成对应的虚拟网络 $G^{r} = (N^{r}, E^{r}, A_{r}^{N}, A_{r}^{E}, A_{r})$ 的映射，具体包括虚拟节点映射和虚拟链路映射：① 将虚拟网络 G^{r} 的每个虚拟节点映射到底层物理网 G^{0} 的物理节点上，同时在映射的物理节点上为虚拟节点分配资源(CPU 资源等)；② 将虚拟网络 G^{r} 的每条虚拟链路分别映射到底层物理网 G^{0} 的物理路径上，所映射的物理路径的两个端点分别是虚拟链路的两个虚拟节点所映射的物理节点，同时在映射的物理路径上为虚拟链路分配资源(带宽资源等)。

(2) 完成子集 R' 所对应的虚拟网络子集 $\{G^r \mid r \in R'\}$ 映射后，各物理节点所分配的CPU总容量和各物理链路所分配的总带宽分别不能超出各物理节点的 CPU 容量和各物理链路的带宽。

如前所述，根据问题背景以及关注点的不同，虚拟网映射问题的求解目标往往是多样化的。就目前来说，对离线虚拟网映射问题的研究较少，而最大化物理网络提供商收益是其最主要优化目标[38,52,53]。

1.2.3.2 问题分类

与单个虚拟网映射问题相同，根据底层物理网络是否支持路径分割和物理节点是否支持重复映射，离线虚拟网映射问题可细分为四种类型，即物理网络支持路径分割且物理节点支持重复映射的离线虚拟网映射问题、物理网络支持路径分割且物理节点不支持重复映射的离线虚拟网映射问题、物理网络不支持路径分割且物理节点支持重复映射的离线虚拟网映射问题、物理网络不支持路径分割且物理节点不支持重复映射的离线虚拟网映射问题。

1.2.3.3 数学模型

下面给出典型环境下离线虚拟网映射问题的 0-1 线性整数规划模型，该问题可看成 0-1 线性整数不可分割多商品流问题。该典型环境的具体特征为：物理节点属性是 CPU 容量，物理链路属性是带宽；虚拟节点属性是 CPU 容量，虚拟链路属性是带宽，另外虚拟网络还有映射收益属性；虚拟网映射的约束条件是完成映射后，各物理节点所分配的 CPU 总容量和各物理链路所分配的总带宽分别不能超出各物理节点的 CPU 容量和各物理链路的带宽。映射目标是最大化物理网络提供商的收益，问题类型是物理网络不支持路径分割且物理节点不支持重复映射。其他环境的数学模型不再一一列出。

1)决策变量

y_j ：一个二进制变量，取 0 或 1。取值 1 表示接受第 j 个虚拟网络构建请求，即 $j \in R'$；否则就拒绝第 j 个虚拟网络构建请求，即 $j \notin R'$。

$x_{v,i}^{j}$ ：一个二进制变量，取 0 或 1。取值 1 表示第 j 个虚拟网络的第 v 个虚拟节点 n_j^v 映射到第 i 个物理节点 n_0^i ，取值 0 则表示没有将 n_j^v 映射到第 i 个物理节点 n_0^i 。此变量取值约束保证虚拟节点只能映射到一个物理节点上。

$f_{a,b}^{j;i}$ ：一个二进制变量，取 0 或 1。取值 1 表示第 j 个虚拟网络的第 i 条虚拟链路 e_j^i 流经物理链路 (n_0^a, n_0^b) ，流过的流量等于 e_j^i 的带宽需求；取值 0

则表示没有流过。此变量取值约束保证流不可分割，从而确保虚拟链路只能映射到物理网络的一条物理路径上。

2)目标函数

优化目标是最大化物理网络提供商收益，即 $\max\sum_{j\in R}(\rho_j \times y_j)$ 。

3)约束条件

(1)虚拟节点映射约束：

$$\sum_{i\in[1,|N^0|]} x_{v,i}^j = y_j, \forall j \in R, v \in [1, |N^j|] \tag{1.10}$$

$$\sum_{v\in[1,|N^j|]} x_{v,i}^j \leqslant y_j, \forall j \in R, i \in [1, |N^0|] \tag{1.11}$$

约束集(1.10)确保当完成第 j 个虚拟网络构建时，该虚拟网络的任意虚拟节点必须映射到唯一的物理节点上；反之，如拒绝第 j 个虚拟网络，则该虚拟网络的任意虚拟节点不能映射到任意物理节点上。

约束集(1.11)确保当完成第 j 个虚拟网络构建时，每个物理节点最多被该虚拟网络的一个虚拟节点所映射；反之，如拒绝第 j 个虚拟网络，则任意物理节点不能被该虚拟网络任意虚拟节点所映射。

(2)物理节点容量约束：

$$\sum_{j\in R}\sum_{v\in[1,|N^j|]}(x_{v,i}^j \times c(n_j^v)) \leqslant c(n_0^i), \forall i \in [1, |N^0|] \tag{1.12}$$

约束集(1.12)确保任意物理节点上所分配的 CPU 总容量不能超出各物理节点的 CPU 容量。

(3)物理链路的容量约束：

$$\sum_{j\in R}\sum_{i\in[1,|E^j|]}(f_{a,b}^{j,i} \times b(e_j^i)) \leqslant b(n_0^a, n_0^b), \forall (n_0^a, n_0^b) \in E^0 \tag{1.13}$$

约束集(1.13)确保任意物理链路上所分配的带宽总量不能超出各物理链路的带宽。

(4)流守恒约束：

$$\sum_{n_0^b\in N^0} f_{a,b}^{j,i} - \sum_{n_0^b\in N^0} f_{b,a}^{j,i} = x_{e_j^i(s),a}^j - x_{e_j^i(t),a}^j,$$
$$\forall j \in R, i \in [1, |E^j|], n_0^a \in N^0 \tag{1.14}$$

其中 $e_j^i(s)$ 和 $e_j^i(t)$ 表示第 j 个虚拟网络的第 i 条虚拟链路 e_j^i 的源节点和目的节点的序号。约束集(1.14)表示流守恒，除了源节点(第 $e_j^i(s)$ 个虚拟节点)和目标节点(第 $e_j^i(t)$ 个虚拟节点)外，其他节点的网络净流量为 0，如 $x_{e_j^i(s),a}^j - x_{e_j^i(t),a}^j = 1$，则物理节点 n_0^a 是商品流 e_j^i 的源节点；如 $x_{e_j^i(s),a}^j - x_{e_j^i(t),a}^j$

$=-1$，则物理节点 n_0^a 是商品流 e_j^i 的目的节点。

(5)决策变量的取值域约束：

$$y_j \in \{0,1\}, \forall j \in R,$$
$$x_{v,i}^j \in \{0,1\}, \forall j \in R, v \in [1, |N^j|], i \in [1, |N^0|],$$
$$f_{a,b}^{j,i} \in \{0,1\}, \forall j \in R, i \in [1, |E^j|], a \in [1, |N^0|], b \in [1, |N^0|] \tag{1.15}$$

1.2.4 在线虚拟网映射问题

1.2.4.1 映射问题描述

在线虚拟网映射问题[18,38,39,44,45]指给定一个物理网络 $G^0=(N^0, E^0, A_0^N, A_0^E)$，当单个虚拟网络 $G^j=(N^j, E^j, A_j^N, A_j^E, A_j)$ 构建请求动态依序到达后，根据问题优化目标和物理网络资源现状，决定是否接受该虚拟网络构建请求。如接受则完成该虚拟网映射(包括在物理网络上分配资源，并修改物理网络的剩余资源属性，具体见 1.2.2)；当物理网络所映射的虚拟网络生命周期($[T_j^s, T_j^f]$)结束后，释放该虚拟网络所占用的物理网络资源，并修改物理网络的剩余资源属性。

根据问题背景以及关注点的不同，在线虚拟网映射问题的求解目标往往是多样化的。如从物理网络提供商的角度看，最大化长期收益是其优化目标[18,38,39,44,45]；从服务提供商的角度看，映射资源代价最小是其优化目标[42,43]，即尽量减少从物理网络提供商处租用资源。其他还有高效节能、安全、容错等目标[3,18,40]。在当前对在线虚拟网映射问题的研究中，最大化物理网络提供商的长期收益是其主要优化目标[18,38,39,44,45]，可形式化表示为 $\max\limits_{T\to\infty}(\sum\limits_{t\in[0,T]} \rho_{j(t)}/T)$，其中 $j(t)$ 表示在时间 t 到达的且完成映射的虚拟网络序号。

1.2.4.2 问题分类

与单个虚拟网映射问题相同，根据底层物理网络是否支持路径分割和物理节点是否支持重复映射，在线虚拟网映射问题可细分为四种类型，即物理网络支持路径分割且物理节点支持重复映射的在线虚拟网映射问题、物理网络支持路径分割且物理节点不支持重复映射的在线虚拟网映射问题、物理网络不支持路径分割且物理节点支持重复映射的在线虚拟网映射问题、物理网络不支持路径分割且物理节点不支持重复映射的在线虚拟网映射问题。

1.3 虚拟网映射问题计算复杂性分析概述

虚拟网映射问题极具挑战性[18,40]，目前关于虚拟网映射问题计算复杂性的研究较少。下面对单个虚拟网映射问题、单个虚拟网映射可行问题、离线虚拟网映射问题、在线虚拟网映射问题、虚拟节点映射问题等五个问题的计算复杂性研究现状进行论述。

1.3.1 单个虚拟网映射问题

目前，关于单个虚拟网映射问题的计算复杂性分析结论主要有四个，其实也就是针对四类特定的单个虚拟网映射问题的计算复杂性分析结论。

(1)物理网络不支持路径分割且物理节点不支持重复映射的单个虚拟网映射问题是 NP 难问题。

基于多路分割问题是 NP 难问题且可归约到特殊的网络试验床映射问题(无节点映射约束条件)，文献[54]证明了网络试验床映射问题是 NP 难问题。由于单个虚拟网映射问题与网络试验床映射问题有关联性，大部分虚拟网映射问题的研究论文都基于网络试验床映射问题是 NP 难问题，从而得出单个虚拟网映射问题是 NP 难问题的结论[4,18,38,40]，其实该结论针对的是底层物理网络不支持路径分割且物理节点不支持重复映射的单个虚拟网映射问题。

(2)物理网络不支持路径分割(即使虚拟节点映射已知)的单个虚拟网映射问题是 NP 难问题。

如虚拟节点映射已知，则物理网络不支持路径分割的单个虚拟网映射问题就退化为物理网络不支持路径分割的虚拟链路映射问题。文献[46]根据不可分割流问题(Unsplittable Flow Problem，UFP)是 NP 难问题，且可以多项式时间归约到物理网络不支持路径分割的虚拟链路映射问题，得到物理网络不支持路径分割且虚拟节点映射已知的单个虚拟网映射问题是 NP 难问题的结论。

由物理网络不支持路径分割且虚拟节点映射已知的单个虚拟网映射问题可多项式时间归约到特定的物理网络不支持路径分割的虚拟网映射问题(通过特定的节点约束条件使每个虚拟节点只能映射到唯一的物理节点即可)，就得到物理网络不支持路径分割的单个虚拟网映射问题是 NP 难问题的结论。

文献[55]首先证明了物理网络不支持路径分割(即使虚拟节点映射已知)的单个虚拟网映射可行问题(不考虑优化目标的单个虚拟网映射问题)是 NPC 问题;然后,基于上述结论,证明了物理网络不支持路径分割(即使虚拟节点映射已知)的单个虚拟网映射问题是不可近似的 NP 难问题。

(3)不考虑容量约束的单个虚拟网映射问题是 NP 难问题。

不考虑容量约束的单个虚拟网映射问题是指没有物理节点和物理链路容量约束条件的单个虚拟网映射问题。文献[39]根据工艺方案选择问题是 NPC 问题,且可多项式时间归约到最小成本完全多部图最大团问题,得出最小成本完全多部图最大团问题是 NP 难问题的结论;进而根据最小成本完全多部图最大团问题可多项式时间归约到特定的不考虑容量约束的单个虚拟网映射问题,得出不考虑容量约束的单个虚拟网映射问题是 NP 难问题的结论。

(4)物理网络支持路径分割且虚拟节点映射已知的单个虚拟网映射问题是 P 问题(多项式时间可解问题)。

如虚拟节点映射已知且物理网络支持路径分割,则单个虚拟网映射问题就退化为物理网络支持路径分割的虚拟链路映射问题,即多商品流问题。由于多商品流问题是 P 问题,可用线性规划法来求解,故物理网络支持路径分割且虚拟节点映射已知的单个虚拟网映射问题是 P 问题[46,55]。

1.3.2 单个虚拟网映射可行问题

单个虚拟网映射可行问题是指给定一个物理网络 $G^0=(N^0,E^0,A_0^N,A_0^E)$ 和一个虚拟网络 $G^j=(N^j,E^j,A_j^N,A_j^E,A_j)$,求解一个可行的虚拟网映射方案。可行的虚拟网映射方案指将虚拟网络 $G^j=(N^j,E^j,A_j^N,A_j^E,A_j)$ 映射到物理网络 $G^0=(N^0,E^0,A_0^N,A_0^E)$ 的一个子图上,即将虚拟网络的虚拟节点和虚拟链路分别映射到底层物理网络的物理节点和物理路径上,且映射必须满足虚拟网映射的约束要求,主要约束条件是:①把每个虚拟节点 n_j^i 映射到物理节点上,并在所映射的物理节点上分配 CPU 容量 $c(n_j^i)$;②把每条虚拟链路 e_j^i 映射到无圈物理路径上,并且物理路径的两个端点分别是虚拟链路的两个虚拟节点所映射的物理节点,同时需要在所映射的物理路径上分配带宽 $b(e_j^i)$;③完成映射后,各物理节点所分配的 CPU 容量和各物理链路所分配的带宽分别不能超出各物理节点的 CPU 容量和各物理链路的带宽。

单个虚拟网映射可行问题可看成不考虑优化目标的单个虚拟网映射问题。对单个虚拟网映射可行问题,主要研究其计算复杂性,以辅助单个虚拟网映射问题和离线虚拟网映射问题的计算复杂性研究。目前，关于单个虚拟网映射可行问题的计算复杂性分析结论主要有三个，其实也就是针对三类特定的单个虚拟网映射可行问题的计算复杂性分析结论。

（1）物理网络不支持路径分割且物理节点支持重复映射的单个虚拟网映射可行问题是 NPC 问题。

基于边不相交路径问题是 NPC 问题，且可多项式时间归约到特定的物理网络不支持路径分割且物理节点支持重复映射的单个虚拟网映射可行问题，文献[39]证明了物理网络不支持路径分割且物理节点支持重复映射的单个虚拟网映射可行问题是 NPC 问题。

（2）物理网络不支持路径分割（不管虚拟节点映射是否已知，也不管物理节点是否支持重复映射）的单个虚拟网映射可行问题是 NPC 问题。

文献[55]根据不相交路径判定问题是 NPC 问题，且可多项式时间归约到物理网络的链路带宽为 1、虚拟链路带宽为 1 的虚拟节点映射已知且物理网络不支持路径分割的单个虚拟网映射可行问题，得到虚拟节点映射已知且物理网络不支持路径分割的单个虚拟网映射可行问题是 NPC 问题的结论。

由于物理网络不支持路径分割且虚拟节点映射已知的单个虚拟网映射可行问题可多项式时间归约到特定的物理网络不支持路径分割的虚拟网映射问题（通过特定的节点约束条件使每个虚拟节点只能映射到唯一的物理节点即可），就能得到物理网络不支持路径分割的单个虚拟网映射可行问题是 NPC 问题的结论。

其实虚拟节点映射已知且物理网络不支持路径分割的单个虚拟网映射可行问题是 NPC 问题，就意味着不管物理节点是否支持重复映射、虚拟节点映射是否已知，物理网络不支持路径分割的单个虚拟网映射可行问题都是 NPC 问题。

（3）物理网络支持路径分割且虚拟节点映射已知的单个虚拟网映射可行问题是 P 问题。

如虚拟节点映射已知且物理网络支持路径分割，则单个虚拟网映射可行问题就退化为物理网络支持路径分割的虚拟链路映射可行问题，而该问题等价于多商品流可行问题。由于多商品流可行问题是 P 问题，可用线性规划法来求解，故物理网络支持路径分割且虚拟节点映射已知的单个虚拟网映射可行问题是 P 问题[46,55]。

1.3.3 离线虚拟网映射问题

如离线虚拟网映射问题仅包含一个虚拟网络构建请求，则离线虚拟网映射问题就退化为单个虚拟网映射可行问题。关于离线虚拟网映射问题的计算复杂性分析，目前仅文献[38]针对底层物理网络不支持路径分割的情况给出相关结论。

(1)离线虚拟网映射问题都是强 NP 难问题，且即使虚拟节点映射必须满足很强的位置约束条件(具体条件可参考文献[38])，离线虚拟网映射问题也仍是强 NP 难问题。

文献[38]基于最大稳定集问题(最大独立集问题)可多项式时间归约到虚拟节点映射必须满足很强的位置约束条件的离线虚拟网映射问题，以及一般的离线虚拟网映射问题，证明了虚拟节点映射必须满足很强的位置约束条件的离线虚拟网映射问题和一般的离线虚拟网映射问题都是强 NP 难问题。

(2)只包含一个虚拟网络请求的特殊离线虚拟网映射问题是强 NP 难问题。

文献[38]基于最大团子式问题是强 NP 难问题，且可多项式时间归约到只包含一个虚拟网络请求的离线虚拟网映射问题，证明了只包含一个虚拟网络请求的特殊离线虚拟网映射问题是强 NP 难问题。该结论说明底层物理网络不支持路径分割的单个虚拟网映射可行问题是强 NP 难问题。

(3)所有虚拟网络请求只包含单个虚拟节点的特殊离线虚拟网映射问题是强 NP 难问题。

文献[38]根据多背包问题可多项式时间归约到所有虚拟网络请求只包含单个虚拟节点的离线虚拟网映射问题，证明了该特殊离线虚拟网映射问题是强 NP 难问题。

(4)物理网络只包含单个物理节点的特殊离线虚拟网映射问题是弱 NP 难问题。

文献[38]根据单背包问题可多项式时间归约到物理网络只包含单个物理节点的离线虚拟网映射问题，证明了该特殊离线虚拟网映射问题是弱 NP 难问题。

由于物理网络只包含单个物理节点的特殊离线虚拟网映射问题是弱 NP 难问题，故不管虚拟节点映射是否已知(因为物理网络只有一个物理节点，意味着虚拟节点映射已知)、物理网络是否支持路径分割(因为物理网络只有一个物理节点，而没有物理链路，故不存在路径分割问题）、物理节点是否支持重复映射（因为物理网络只有一个物理节点），离线虚拟网映射问题都是 NP 难问题。

1.3.4 在线虚拟网映射问题

在线虚拟网映射问题是指当单个虚拟网络构建请求动态到达后，决定是否接受该虚拟网络构建请求，如接受则完成该虚拟网映射。由在线虚拟网映射问题的定义可知，单个虚拟网映射问题是在线虚拟网映射问题的子问题，离线虚拟网映射问题是在线虚拟网映射问题的特例（所有请求同时到达）。显然，在线虚拟网映射问题的求解难度高于单个虚拟网映射问题和离线虚拟网映射问题。与一般在线问题的计算难度分析一样，对在线虚拟网映射问题的求解难度分析主要从两个角度展开：一方面，从单个虚拟网映射问题的 NP 难特性的角度进行分析；另一方面，从在线虚拟网映射问题的竞争比下界角度分析。目前，与在线虚拟网映射问题的竞争比下界分析相关的结论主要有两个。

（1）在线虚拟网映射问题的任意确定（非随机）在线算法的竞争比会趋向无穷大。

文献[56]证明了在线虚拟网映射问题的任意确定（非随机）在线算法的竞争比会趋向无穷大；同时该文献在对虚拟节点的 CPU 容量和虚拟链路带宽容量的最大值（相比于物理节点的 CPU 容量和物理链路带宽容量）进行限定的前提下，给出了物理网络不支持路径分割和物理节点不支持重复映射的在线虚拟网映射问题的 CAAC（Competitive Algorithm with Admission Control）竞争算法。文献[39]在对虚拟节点的 CPU 容量和虚拟链路带宽容量的最大值（相比于物理节点的 CPU 容量和物理链路带宽容量）进行限定的前提下，给出了物理网络不支持路径分割和物理节点支持重复映射的在线虚拟网映射问题的 VNM_PDA（Virtual Network Mapping_Primal Dual Approach）竞争算法。

（2）即使虚拟节点映射已知，任意确定的在线虚拟网映射算法的竞争比会趋向无穷大。

文献[55]证明了即使虚拟节点映射已知，任意确定的在线虚拟网映射算法的竞争比也会趋向无穷大；同时该文献在对虚拟链路带宽容量的最大值（相比于物理链路带宽容量）进行限定的前提下，给出了虚拟节点映射已知且物理网络不支持路径分割的 VNMCA（Virtual Network Mapping Competitive Algorithms)竞争算法。文献[57]在对虚拟链路带宽容量的最大值(相比于物理链路带宽容量)进行限定的前提下,给出了虚拟节点映射已知且物理网络支持路径分割的 GVOP 算法。

1.3.5 虚拟节点映射问题

目前,关于虚拟节点映射问题的计算复杂性分析结论主要有两类,它们分别针对可行虚拟节点映射问题和最紧凑结点映射问题。

(1)物理节点不支持重复映射且物理网络支持路径分割的可行虚拟节点映射问题是 NP 难问题。

可行虚拟节点映射问题是指给定一个物理网络 $G^0=(N^0,E^0,A_0^N,A_0^E)$ 和一个虚拟网络 $G^j=(N^j,E^j,A_j^N,A_j^E,A_j)$,求解一个可行的虚拟节点映射方案。可行的虚拟节点映射方案是指将虚拟网络 $G^j=(N^j,E^j,A_j^N,A_j^E,A_j)$ 的每个虚拟节点 n_j^i 映射到物理网络 $G^0=(N^0,E^0,A_0^N,A_0^E)$ 的物理节点上,同时在所映射的物理节点上分配 CPU 容量 $c(n_j^i)$。映射必须满足相关约束条件,主要约束条件是:①各物理节点所分配的 CPU 容量之和不能超出各物理节点的 CPU 容量;②至少存在一个可行的虚拟链路映射方案,即能将虚拟网络的所有虚拟链路映射到物理网络的物理路径上,且每条虚拟链路所映射的物理路径的两个端点分别是该虚拟链路的两个虚拟节点所映射的物理节点,同时必须满足各物理链路所映射的带宽之和不能超出各物理链路带宽的约束条件。文献[58]给出了该问题是 NP 难问题的结论。

其实从定义可知,可行虚拟节点映射问题等价于单个虚拟网映射可行问题。故物理节点不支持重复映射且物理网络支持路径分割的单个虚拟网映射可行问题是 NP 难问题。

(2)物理节点不支持重复映射且物理网络支持路径分割的最紧凑结点映射问题是 NPC 问题。

最紧凑结点映射问题定义如下:已知点的集合 $N=\{n_i\}$,任意两点之间的距离 $d_{ij}=\mathrm{dist}(n_i,n_j)\geqslant 0$;结点簇的集合 $C=\{c_1,c_2,\cdots,c_k\}$, $c_i\subseteq N\ (i=1,2,\cdots,k)$,簇间的需求 $R=\{r_{xy}\}$, $r_{xy}\geqslant 0(1\leqslant x,y\leqslant k,x\neq y)$。是否存在点序列 $V=\langle v_1,v_2,\cdots,v_k\rangle\ (v_i\in c_i,1\leqslant i\leqslant k)$,满足如果 $i\neq j$,则 $v_i\neq v_j$,且 $\sum_{r_{xy}\in R}\mathrm{dist}(v_x,v_y)r_{xy}$ 最小化?

最紧凑结点映射问题刻画的是物理网络 $G^0=(N^0,E^0,A_0^N,A_0^E)$ 到虚拟网络 $G^j=(N^j,E^j,A_j^N,A_j^E,A_j)$ 上的最紧凑的结点映射问题。将点集 N 定义为物理网络 G^0 中物理结点的集合 N^0, $c_i\in C$ 为虚拟结点 $n_j^i\in N^j$ 的所有候选物理节点(符合虚拟节点映射约束条件的物理节点)组成的集合,$r_{xy} \in R$为虚拟结点 n_j^x 和 n_j^y 之间的带宽需求 $b(n_j^x, n_j^y)$,$d_{ij} = \mathrm{dist}(n_i, n_j)$为物理节点 n_0^i 和 n_0^j 之间的最短路径长度,点序列 V 即为一个物理节点不支持重复映射且物理网支持路径分割的紧凑结点映射。

文献[45]基于最小精确覆盖问题是 NPC 问题,且可多项式时间归约到物理节点不支持重复映射且物理网络支持路径分割的最紧凑结点映射问题,证明了物理节点不支持重复映射且物理网络支持路径分割的最紧凑结点映射问题是 NPC 问题。

1.4 在线虚拟网映射算法概述

虚拟网映射问题可分为在线虚拟网映射问题和离线虚拟网映射问题[38]。由于一般情况下虚拟网络构建请求是动态到达的,故目前虚拟网映射问题的求解算法研究集中在在线虚拟网映射算法,而关于离线虚拟网映射算法的研究极少。故本节对在线虚拟网映射算法研究现状进行概述,至于少量的关于离线虚拟网映射算法的研究现状将在第五章概述。

本节主要概述以物理网络提供商长期收益最大化为主要目标的在线虚拟网映射问题求解算法的研究现状,至于以高可靠性、绿色节能、安全等为主要优化目标的虚拟网映射问题,以及无线网络、多基础设施提供商的物理网络、数据中心网络、光网络、软件定义网络等特殊物理网络下的虚拟网映射问题的求解算法的研究现状将在第四章概述。

在线虚拟网映射问题中,当单个虚拟网络构建请求到达后,必须在后续虚拟网络构建请求未知的情况下,确定是否接受该请求,如接受则给出映射方案并完成映射。即在线虚拟网映射问题的关键是解决单个虚拟网映射问题,即单个虚拟网映射问题的算法设计。为实现在线虚拟网映射问题的优化目标,不同的求解算法设计了不同的单个虚拟网映射的优化目标。由于一般的单个虚拟网映射问题是 NP 难问题,目前提出的求解算法可以分为三类,即精确算法、启发式算法和元启发式算法。

另外,根据在线虚拟网映射问题的单个虚拟网映射问题求解算法是否支持接入控制,上述三类算法可进一步分成六类。接入控制是指物理网络提供商根据物理网络中的资源使用情况、虚拟网映射成本、物理网络提供商可获收益等多种因素权衡是否接受虚拟网络构建请求。对单个虚拟网络构建提供接入控制是提高物理网络提供商长期收益的有效手段，尤其在物理网络基础设施资源有限且虚拟网络构建请求数量较大时，接入控制显得尤为重要。

1.4.1 精确算法

最优化问题的精确算法是指可求出最优解的算法。由于单个虚拟网映射问题是 NP 难问题，故求解该问题的精确算法具有非多项式时间（指数时间）复杂度。也就是说，单个虚拟网映射问题的精确算法仅适合于小规模的单个虚拟网映射问题求解。但单个虚拟网映射问题的精确算法设计对该问题的启发式算法或元启发式算法的设计具有启发意义，同时可用于启发式算法或元启发式算法的性能评估。如将精确算法用于较大规模问题求解，必须通过某种方式限制运行时间，从而得到非精确解。精确算法可以分为两阶段映射精确算法和一阶段映射精确算法两类[59]。

1.4.1.1 两阶段映射精确算法

两阶段映射精确算法采用迭代技术，每次迭代都是在完成虚拟节点映射后进行虚拟链路映射，迭代的依据是虚拟网映射方案的目标函数。

文献[60]以映射代价最小化为目标，建立了基于路径的单个虚拟网映射问题的混合整数线性规划模型[MILP（Mixed Integer Linear Programming）模型]——P-VNE 模型。在分析 P-VNE 模型的对偶规划模型的基础上，该文献提出了求解单个虚拟网映射问题最优解的嵌入分支限界搜索框架下的列生成算法。

文献[61]以最小化物理网络资源消耗为目标，通过增强文献[60]的 P-VNE 模型，建立了基于路径的单个虚拟网映射问题的 MILP 模型，并基于该模型设计了两阶段映射精确算法。该算法的主要流程如下：①假设部分物理节点已经被虚拟节点所映射；②基于虚拟网络拓扑结构进行虚拟链路映射，从而形成 MILP 模型新的约束条件，并得到该虚拟网映射问题的上界；③假设虚拟链路已经完成映射，然后完成虚拟节点映射，从而形成 MILP 模型新的约束条件，并得到该虚拟网映射问题的下界；④重复步骤①、②和③，直到虚拟网映射问题的下界等于或接近等于上界。

1.4.1.2 一阶段映射精确算法

一阶段映射精确算法是指虚拟节点映射和虚拟链路映射同时进行的精确算法。一阶段映射精确算法首先建立单个虚拟网映射问题的数学规划模型，然后通过分枝定界法、割平面法、整数规划算法和动态规划算法等方法求解该模型。

文献[62]以最小化物理网络资源消耗和负载均衡为目标，建立了基于节点-链路的单个虚拟网映射问题的整数线性规划模型（ILP 模型）——VNE-NLF 模型，并采用优化软件 CPLEX 求解该模型。该模型的约束条件包括链路延迟约束和虚拟节点最大距离约束。

文献[63]针对小规模的单个虚拟网映射问题，以映射代价最小化为目标，建立了单个虚拟网映射问题的数学规划模型，并采用优化软件 LINGO 来求解该模型。

文献[64]通过建立单个虚拟网映射问题的 0-1 整数线性规划模型，然后直接使用 0-1 整数线性规划求解的常用算法（如分枝-切割法等）进行求解。

目前所提出的单个虚拟网映射的精确算法都不支持接入控制，即只要能求得动态到达的单个虚拟网络构建请求的映射方案，就接受该虚拟网络并完成映射。

1.4.2 启发式算法

启发式算法是一种基于直观或经验构造的算法，在可接受的计算时间和空间下给出优化问题的可行解。但不一定能保证所得解的最优性，甚至不能保证能得到可行解，而且在大多数情况下无法证明所得解与最优解之间的近似程度。目前提出的单个虚拟网映射问题的启发式算法可分为虚拟链路映射算法、两阶段映射算法和一阶段映射算法三类。

1.4.2.1 虚拟链路映射算法

当虚拟节点映射已知时，单个虚拟网映射问题就退化为虚拟链路映射问题，其求解的算法即为虚拟链路映射算法。

文献[65]以最大化接受虚拟网络构建请求数即虚拟网络构建请求接受率为目标。首先，使用多商品流算法对所有边缘节点对（指可以作为虚拟链路端点的物理节点对）预分配资源，该步骤是为了提高虚拟网络构建请求接受率；然后，当虚拟网络（即虚拟链路，是包含边缘节点对及其带宽需求的集合）构建请求到达后，对预留资源能够满足要求的虚拟链路直接使用预留资源，对预留资源不能够满足要求的虚拟链路，则采用最低成本路由算法在该虚拟链路的预留资源和物理网络剩余资源中求该虚拟链路的映射路径，该步骤是为了提高物理网络资源的利用率。

文献[66]针对虚拟节点映射已知的单个虚拟网映射问题，提出基于有效路径集多商品流模型的 PBMC（Path Based Multi Commodity）映射算法。首先，根据虚拟网络中各虚拟链路带宽需求及路径跳数限制条件等求得有效路径集(即满足跳数限制要求的物理路径构成的集合);然后,以物理路径可用带宽为决策变量,以满足虚拟链路带宽要求为约束条件,以物理链路的最大负载强度最小化为优化目标,利用多径映射思想建立了虚拟节点映射已知的单个虚拟网映射问题的数学规划模型;最后,设计了启发式 PBMC 算法对模型进行求解。

文献[57]假设虚拟节点映射已知且物理网络支持路径分割,把单个虚拟网映射问题转换成多项式时间可解的虚拟链路映射问题,然后基于原始对偶方法设计在线虚拟链路映射问题(针对 Pipe 流量模型和多路径路由模型的 GVOP 算法)的求解算法。

文献[55]针对虚拟节点映射已知且物理网络不支持路径分割的虚拟网映射问题,提出以物理网络提供商收益最大化为目标的虚拟网映射算法。

关于虚拟链路映射算法,文献[65]和[66]所提出的算法不支持接入控制。文献[57]和[55]所提出的算法提供接入控制,并在此基础上,通过对虚拟链路的带宽容量的上限进行限定(如不限定,则任意确定的在线算法的竞争比会趋向无穷大[55]),证明了所提出的算法是竞争算法,并给出竞争比分析结论。

1.4.2.2 两阶段映射算法

两阶段映射算法将单个虚拟网映射过程分为虚拟节点映射和虚拟链路映射两个阶段。在虚拟节点映射阶段,映射算法选出满足各个虚拟节点资源要求的物理节点进行节点映射,只有在这个阶段将所有的虚拟节点都映射到底层物理网络的物理节点上,才能进入虚拟链路映射阶段,否则就直接拒绝当前虚拟网络构建请求。在虚拟链路映射阶段,映射算法在所有虚拟链路的两个端点所映射的物理节点对之间寻找一条或多条满足虚拟链路资源要求的无环物理路径,如所有虚拟链路都找到相应的物理路径,则完成虚拟网络映射,否则拒绝该虚拟网络。

针对虚拟网映射问题求解的挑战性,研究人员以牺牲算法的实用性为代价,通过限定问题的解空间(如假设虚拟网络请求已知、假设虚拟节点映射已知、假设物理资源无限等),用启发式算法进行求解[67-69]的现状,文献[46]率先提出了两阶段单个虚拟网映射算法,该文献在底层物理网络中引入物理路径分割和迁移技术,将切分虚拟网络的计算开销转移到底层物理网络,利用底层物理网络的多路径传输实现一条虚拟链路的映射。该文献在虚拟节点映射阶段使用贪婪算法,优先处理收益大的请求。在虚拟链路映射阶段,如底层物理网络支持路径切割,则使用多商品流算法求解;否则使用K最短路径算法求解。

文献[42]考虑到文献[46]所述,将原本相互关联的虚拟节点映射和虚拟链路映射分开处理会影响虚拟网映射算法性能的事实,提出了在虚拟节点映射的同时考虑虚拟链路的带宽需求的虚拟节点映射算法,以提高两阶段映射算法的性能。在虚拟节点映射阶段,首先,结合地理位置限制条件,组合物理网络和元节点以及元链接形成增广图,并基于增广图构建单个虚拟网映射问题的混合整数规划模型;然后,通过对混合整数规划模型的松弛得到线性规划模型,并用线性规划法进行求解;最后,通过确定性舍入算法和随机性舍入算法选择虚拟节点所映射的物理节点。在虚拟链路映射阶段,如底层物理网络支持路径切割,则使用多商品流算法求解;否则使用K最短路径算法求解。

文献[70]基于文献[42]提出的单个虚拟网映射算法,通过拓扑感知技术识别物理网络中的瓶颈物理节点和物理链路,并以此来优化虚拟网络的映射方案。

不同于文献[70]用拓扑感知技术优化已经映射的虚拟网络,文献[71]将拓扑感知技术用于优化虚拟节点映射过程。该文献将单个虚拟网映射问题建模为一个马尔可夫随机游走模型,根据节点自身的资源可及性以及与其相连节点的资源可及性对节点进行评分。在虚拟节点映射阶段,用贪婪算法将评分最高的物理节点和评分最高的虚拟节点进行匹配映射。在虚拟链路映射阶段,如底层物理网络支持路径切割,则使用多商品流算法求解;否则使用K最短路径算法求解。

文献[48]创新性地提出允许将同一个虚拟网络请求的多个虚拟节点映射到底层物理网络的同一物理节点上(即物理节点支持重复映射),这样就能利用物理节点内部通信带宽无穷大的优势,减少虚拟链路的映射开销,进而提高虚拟网络请求的接受率。在虚拟节点映射阶段,用贪婪算法使综合资源需求比较大的虚拟节点映射到潜在剩余资源比较多的物理节点上。在虚拟链路映射阶段,通过多次搜索K最短路径,寻找满足虚拟链路带宽需求的物理路径。

文献[45]提出一种结点紧凑的两阶段单个虚拟网映射方法。该文献将所有符合条件的物理结点都作为虚拟结点的候选宿主,从而扩大宿主的选择空间,有利于资源的合理配置;同时选择那些分布紧凑的结点作宿主,将相邻的虚拟结点映射到邻近的物理结点之上以减少虚拟链路对物理网络资源的占用。具体地说，在虚拟节点映射阶段，采用紧凑的结点映射 LS_SDM 算法。在虚拟链路映射阶段，如底层物理网络支持路径切割，则使用多商品流算法求解；否则使用 K 最短路径算法求解。

文献[56]基于贪婪方法设计了单个虚拟网映射两阶段算法。在虚拟节点映射阶段，把虚拟节点映射到满足虚拟节点接入控制条件的映射代价最小的物理节点上；在虚拟链路映射阶段，把虚拟链路映射到满足虚拟链路接入控制条件的映射代价最小的物理网路径上。接入控制条件的设计是基于在线原始对偶法[57]的设计思想，物理链路和物理节点的映射代价被定义成所映射虚拟网络的资源需求和资源影子价格之积。

关于两阶段映射算法，文献[42][45][46][48][70]和[71]所提出的算法不支持接入控制。文献[56]所提出的算法支持接入控制，并在此基础上，通过对虚拟节点和虚拟链路的带宽容量的上限进行限定，证明了所提出的算法是竞争算法，并给出竞争比分析结论。

1.4.2.3 一阶段映射算法

一阶段映射算法将虚拟网络作为一个整体，同时完成虚拟节点和虚拟链路映射。一阶段映射算法一般都是可回溯的算法，当网络规模变大时，一阶段映射算法的运行时间会很长，需要在回溯次数(包括搜索范围)和获得解的性能之间进行权衡。

文献[43]率先提出求解单个虚拟网映射问题的一阶段映射算法，该算法基于子图同构检测和回溯的方法，将虚拟节点和虚拟链路映射交叉进行，在虚拟节点映射时综合考虑虚拟节点和虚拟链路的资源需求。

文献[71]除提出上述单个虚拟网映射问题的两阶段映射算法外，还提出相应的一阶段映射算法。一阶段映射算法通过马尔可夫随机游走模型，对虚拟网络和物理网络的节点进行评分；然后通过广度优先搜索算法建立映射顺序树，并在虚拟节点可映射集合中进行遍历，回溯式寻找可行映射方案，其实也是将虚拟节点和虚拟链路映射交叉进行。

文献[64]除提出单个虚拟网映射问题的一阶段映射精确算法外，还提出相应的一阶段映射启发式算法，启发式算法与精确算法的区别在于遍历搜索树时的终止时机。精确算法需要遍历所有树，而启发式算法在遍历到搜索树的根节点时终止。

文献[39]提出在线虚拟网映射问题的一阶段映射竞争算法。首先，基于凸二次规划松弛方法，设计以映射成本最小化为目标的单个虚拟网映射方案求解的近似算法，并证明了近似比；然后，针对动态到达的单个虚拟网络构建请求，基于影子价格的物理网资源定价策略，用上述近似算法求出映射方案；最后，基于映射成本约束的虚拟网络接入控制策略，确定是否接受虚拟网构建请求。

关于一阶段映射算法，文献[43][71]和[64]所提出的算法不支持接入控制。文献[39] 所提出的算法支持接入控制，并在此基础上，通过对虚拟节点和虚拟链路的带宽容量的上限进行限定，证明了所提出的算法是竞争算法，并给出竞争比分析结论。

1.4.3 元启发式算法

元启发式算法[72]主要是指一类通用型的启发式算法，是启发式算法的改进，是随机算法与局部搜索算法相结合的产物。元启发式算法是一个迭代生成的过程，在这个过程中，学习策略被用来获取和掌握信息，以实现对搜索空间的有效探索和开发。由于元启发式算法能够跳出局部最优解，因而能有效地发现问题近似解，提高解质量。这类算法的优化机理不过分依赖待解问题的结构信息，可以应用到众多类别的组合优化或函数优化中。元启发式算法包括模拟退火算法、蚁群优化算法、人工鱼群算法、贪婪随机自适应搜索算法、变邻域搜索算法、粒子群优化算法等。

1.4.3.1 模拟退火算法

文献[73]针对网络测试床问题(对应虚拟节点映射已知的单个虚拟网映射问题，即虚拟链路映射问题)，提出了模拟退火算法。文献[67]在忽略物理节点资源限制的前提下，将小型单个虚拟网映射问题建模成连续时间的马尔可夫决定过程，并通过模拟退火算法寻找映射开销最小的映射方案。

文献[74]以最小化均衡映射代价为目标，提出基于模拟退火遗传算法的求解单个虚拟网映射问题的两阶段映射算法。该算法在采用模拟退火遗传算法完成虚拟节点映射的基础上，采用启发式算法或多商品流算法完成虚拟链路映射。

1.4.3.2 蚁群优化算法

文献[75]以最小化物理资源消耗为目标，提出求解单个虚拟网映射问题的最大最小蚁群算法。首先，将单个虚拟网络分解成若干小虚拟网络(每个小虚拟网络的映射方案是整个虚拟网映射方案的一部分)。然后，一批并行人工蚂蚁按照预先确定的迭代次数开始搜索解空间。每次迭代过程中，每只蚂蚁通过在小虚拟网映射间行走构建小虚拟网映射方案(采用两阶段映射算法)，进而构建整个虚拟网映射方案。当本次迭代结束时，选择物理资源消耗最小的虚拟网映射方案作为本次迭代的虚拟网映射方案。迭代结束后，选择所有迭代过程的虚拟网映射方案中物理资源消耗最小的虚拟网映射方案作为最终单个虚拟网映射方案。

1.4.3.3 人工鱼群算法

文献[76]以降低底层物理网映射开销为目标，提出一种基于人工鱼群的单个虚拟网映射算法。该算法根据虚拟网络构建请求，对物理节点和物理链路的约束关系建立起相应的二进制组合优化模型，并利用人工鱼群算法实现虚拟网络向底层物理网络的映射。

1.4.3.4 贪婪随机自适应搜索算法和变邻域搜索算法

文献[77]提出单个虚拟网映射问题的两个元启发式算法，分别是贪婪随机自适应搜索算法(Greedy Randomized Adaptive Search Procedure，GRASP)和变邻域搜索算法(Variable Neighborhood Search，VNS)。两个算法都基于变邻域下降技术(Variable Neighborhood Descent，VND)毁坏和重建邻域。

1.4.3.5 粒子群优化算法

文献[78]提出求解单个虚拟网映射问题的粒子群优化算法。该算法中每个粒子代表一种可能的虚拟网映射方案，粒子依据适应度函数(映射代价)迭代更新其位置(即更新虚拟节点所映射的物理节点)，在更新位置时要验证虚拟链路映射的可行性(即每个映射方案需要采用两阶段映射算法进行验证)，以确保存在可行解；最终通过迭代演变得到单个虚拟网映射问题的映射方案。

文献[79]以物理节点负载和物理链路负载同时达到均衡为目标，将物理路径跳数限制作为约束，建立虚拟网映射的数学模型，然后采用负载均衡粒子群优化算法求解单个虚拟网映射问题。

文献[80]以降低底层物理链路负载、加快映射速度和提高底层物理网络资源利用率为目标，将离散粒子群算法与虚拟节点映射规则相结合，提出了物理节点支持重复映射、负载可控制的单个虚拟网映射问题求解算法。

目前所提出的单个虚拟网映射的元启发式算法都没有提供接入控制。

1.4.4 在线算法性能评价指标

在线算法性能评价指标用于不同在线算法的比较，性能评价指标的设计与虚拟网映射问题的目标设计密切相关。常用的在线虚拟网映射算法的性能评价指标有虚拟网络构建请求平均接受率、物理网络提供商平均收益、映射成本、单个虚拟网络映射收益成本比、资源利用率等。

在时刻 T，虚拟网络构建请求平均接受率指在$[0,T]$时间段完成虚拟网映射的虚拟网络个数占在$[0,T]$时间段虚拟网络构建请求个数的比例。

在时刻 T，物理网络提供商平均收益即物理网络提供商单位时间收益，其形式化表示为 $\sum_{t\in[0,T]}\rho_{j(t)}/T$，其中 $j(t)$表示在时间 t 到达的且完成虚拟网映射的虚拟网络序号。

单个虚拟网络映射成本指完成该虚拟网络映射后，所消耗的物理网络资源总量，物理资源包括物理节点 CPU 资源、物理链路的带宽资源等。

单个虚拟网络映射收益成本比即物理网络提供商完成该虚拟网映射所获映射收益与所花映射成本之比。

资源利用率指因映射虚拟网络所消耗的物理网络资源（如物理节点 CPU 资源、物理链路带宽资源等）总量占物理网络总资源的比例。例如，物理节点 CPU 资源利用率指因映射虚拟网络所消耗的 CPU 资源总量占物理节点的 CPU 资源总量的比例。

参考文献

[1] 江逸茗，兰巨龙，韩青，等. 网络虚拟化技术综述[J]. 网络新媒体技术，2016，5(4)：1-7.

[2]缪宇霆. 虚拟网构建与恢复关键技术研究[D]. 杭州：浙江大学，2013.

[3]胡颖. 高效节能虚拟网的节点链路选择标准与映射算法研究[D]. 郑州：郑州大学，2016.

[4]Chowdhury N M M K，Boutaba R. A survey of network virtualization[J]. Computer Networks，2010，54(5)：862-876.

[5]Clark D，Braden R，Shenker S. Integrated services in the internet architecture：An overview[S]. IETF RFC 1633，1994(7).

[6]Blake S，Black D，Carlson M，et al. An architecture for differentiated services[S]. IETF RFC 2475，1998(12).

[7] Huston G. More ROAP-routing and addressing at IETF68[J]. IETF Journal，2007，3(1)：15-20.

[8]Kent S,Corp B,Atkinson R. Security architecture for the internet protocol,RFC 2401[J]. IBM Systems Journal,2010,37(1):42-60.

[9]Davie B,Lawrence J,Mccloghrie K,et al. MPLS using LDP and ATM VC Switching[S]. IETFRFC 3035,2001(1).

[10]李晓辉,顾华玺,党岚君. 移动 IP 技术与网络移动性[M]. 北京:国防工业出版社,2009.

[11]王三海,杨放春. 下一代网络端到端 QoS 体系的研究[J]. 北京邮电大学学报,2004,27(S1):32-36.

[12]IETF. IP Security Protocol(IPSEC)[EB/OL]. [2017-05-16]. http://datatracker. ietf. org/wg/ipsec/.

[13]Anderson T,Peterson L,Shenker S,et al. Overcoming the Internet impasse through virtualization[J]. Computer,2005,38(4):34-41.

[14]程祥,张忠宝,苏森,等. 虚拟网络映射问题研究综述[J]. 通信学报,2011,32(10):143-151.

[15]余涛,毕军,吴建平. 未来互联网虚拟化研究[J]. 计算机研究与发展,2015,52(9):2069-2082.

[16]Sharkh M A,Jammal M,Shami A,et al. Resource allocation in a network-based cloud computing environment:Design challenges[J]. IEEE Communications Magazine,2013,51(11):46-52.

[17]Drutskoy D,Keller E,Rexford J. Scalable network virtualization in software-defined networks[J]. IEEE InternetComputing, 2013, 17 (2): 20-27.

[18]Fischer A,Botero J F,Till Beck M,et al. Virtual network embedding:A survey[J]. IEEE Communications Surveys and Tutorials,2013,15(4):1888-1906.

[19]刘文志. 网络虚拟化环境下资源管理关键技术研究[D]. 北京:北京邮电大学,2012.

[20]Concurrent Architectures are Better than One(CABO)[EB/OL]. [2017-06-12]. http://www. nets-find. net/Funded/Cabo. php.

[21]Wang Y,Keller E,Biskebom B,et al. Virtual routers on the move:Live router migration as a network-management primitive[J]. ACM SIGCOMM Computer Communication Review,2008,38(4):231-242.

[22]Keller E,Lee R B,Rexford J. Accountability in hosted virtual net-

works[C]. ACM Workshop on Virtualized Infrastructure Systems and Architectures,2009.

[23]Zhu Y,Bavier A,Feamster N,et al. UFO:A resilient layered routing architecture[J]. ACM SIGCOMM Computer Communication Review,2008,38(5):59-62.

[24]The FP7 4WARD Project[EB/OL]. [2017-06-13]. http://www.4ward-project.eu.

[25]Chowdhury N M M K,Zaheer F E,Boutaba R. Mark:An identity management framework for network virtualization environment[C]. IFIP/IEEE International Symposium on Integrated Network Management,2009.

[26]PlanetLab[EB/OL]. [2017-06-14]. http://www.planet-lab.org.

[27]The Global Environment for Network Innovations(GENI)[EB/OL]. [2017-16-15]. http://www.geni.net.

[28]Bavier A,Feamster N,Huang M,et al. In VINI Veritas:Realistic and controlled network experimentation[J]. ACM SIGCOMM Computer Communication Review,2006,36(4):3-14.

[29]杨宇. 网络虚拟化资源管理及虚拟网络应用研究[D]. 北京:北京邮电大学,2013.

[30]Mckeown N,Anderson T,Balakrishnan H,et al. OpenFlow:enabling innovation in campus networks[J]. ACM SIGCOMM Computer Communication Review,2008,38(2):69-74.

[31]韩言妮,覃毅芳,慈松. 未来网络虚拟化关键技术研究[J]. 中兴通讯技术,2011,17(2):15-19.

[32]周春月. 虚拟专用网关键技术研究[D]. 北京:北京交通大学,2010.

[33]张吟. 虚拟局域网应用系统在综合接入设备中的设计与实现[D]. 武汉:华中科技大学,2008.

[34]王慧. 多媒体服务覆盖网中的服务组合问题研究[D]. 沈阳:东北大学,2008.

[35]商静宇. 可编程网络研究[D]. 北京:北京邮电大学,2004.

[36]沈明玉. 基于主动网络的分布式智能管理模型研究[D]. 合肥:合肥工业大学,2007.

[37]齐宁. 基于网络生存性可重构服务承载网构建算法研究[D]. 郑州:解放军信息工程大学,2011.

[38]Amaldi E,Coniglio S,Koster A M C A,et al. On the computational complexity of the virtual network embedding problem[J]. Electronic Notes in Discrete Mathematics,2016,52:213-220.

[39]余建军,吴春明. 基于成本约束的虚拟网映射策略及竞争分析[J]. 电信科学,2016,32(2):47-54.

[40]李小玲,王怀民,丁博,等. 虚拟网络映射问题研究及其进展[J]. 软件学报,2012,23(11):3009-3028.

[41]陈晓华. 高效节能虚拟网络映射模型与算法研究[D]. 上海:华东师范大学,2015.

[42]Mosharaf N M,Rahman M R,Boutaba R. Virtual network embedding with coordinated node and link mapping[C]. 28th Conference on Computer Communications,2009.

[43]Jens L,Holger K. A virtual network mapping algorithm based on subgraph isomorphism detection[C]. ACM Workshop on Virtualized Infrastructure Systems and Architectures,2009.

[44]胡颖,庄雷,兰巨龙,等. 基于自适应协同进化粒子群算法的虚拟网节能映射研究[J]. 电子与信息学报,2016,38(10):2660-2666.

[45]刘新刚,怀进鹏,高庆一,等. 一种保持结点紧凑的虚拟网络映射方法[J]. 计算机学报,2012,35(12):2492-2504.

[46]Yu M,Yi Y,Rexford J,et al. Rethinking virtual network embedding:Substrate support for path splitting and migration[J]. ACM SIGCOMM Computer Communication Review,2008,38(2):17-29.

[47]王聪,苑迎,彭三城,等. 基于拓扑预配置的公平虚拟网络映射算法[J]. 计算机研究与发展,2017,54(1):212-220.

[48]李文,吴春明,陈健,等. 物理节点可重复映射的虚拟网映射算法[J]. 电子与信息学报,2011,33(4):908-914.

[49]Nonde L,El-Gorashi T E H,Elmirghani J M H. Energy efficient virtual network embedding for cloud networks[J]. Journal of Lightwave Technology,2015,33(9):1828-1849.

[50]李铭夫,毕经平,李忠诚. 资源调度等待开销感知的虚拟机整合[J]. 软件学报,2014,25(7):1388-1402.

[51]Yu J,Wu C. Modeling and solving for virtual network embedding problem with synchronous node and link mapping[C]. International Confer-

ence on Consumer Electronics,2011.

[52]Coniglio S,Grimm B,Koster A M C A,et al. Optimal offline network embedding with rent-at-bulk aspects[R]. Technical report,2015.

[53]Coniglio S,Koster A,Tieves M. Data uncertainty in virtual network embedding:Robust optimization and protection levels[J]. Journal of Network and Systems Management,2016,24(3):681-710.

[54]Andersen D. Theoretical approaches to node assignment[EB/OL]. [2017-06-16]. http://www. cs. cmu. edu/～dga/papers/andersen-assign. ps.

[55]余建军,吴春明. 虚拟网映射竞争算法设计与分析[J]. 计算机科学,2015,42(2):33-38.

[56]余建军,吴春明. 支持接入控制的虚拟网映射近似算法[J]. 电子与信息学报,2014,36(5):1235-1241.

[57]Even G,Medina M,Schaffrath G,et al. Competitive and deterministic embeddings of virtual networks[J]. Theoretical Computer Science,2013,496:184-194.

[58]Hou Y,Zafer M,Lee K,et al. On the mapping between logical and physical topologies[C]. 1st International Conference on Communication Systems and Networks,2009.

[59]Cao H,Yang L,Liu Z,et al. Exact solutions of VNE:A survey[J]. China Communications,2016,13(6):48-62.

[60]Hu Q,Wang Y,Gao X. Resolve the virtual networking embedding problem:A column generation approach[C]. IEEE International Conference on Computer Communications,2013.

[61]Hu Q,Wang Y,Gao X. Virtual network embedding:An optimal decomposition approach[C]. International Conference on Computer Communication and Networks,2014.

[62]Melo M,Sargento S,Killat U,et al. Optimal virtual network embedding:Node-link formulation[J]. IEEE transactions on Network and Service Management,2013,10(12):356-368.

[63]Liu W,XiangY,Maet S,et al. Completing virtual network embedding all in one mathematical programming[C]. International Conference on Electronics,Communications and Control Engineering,2011.

[64]Alkmim G P,Batista D M,Fonseca N L S. Optimal mapping of virtual networks[C]. IEEE Global Telecommunications Conference,2011.

[65]Szeto W,Iraqi Y,Boutaba R. A multi-Commodity flow based approach to virtual network resource allocation[C]. IEEE Global Telecommunications Conference,2003.

[66]姜明,王保进,吴春明. 网络虚拟化与虚拟网映射算法研究[J]. 电子学报,2011,39(6):1315-1320.

[67]Zhu Y,Ammar M. Algorithms for assigning substrate network resources to virtual network components[C]. 25th IEEE International Conference on Computer Communications,2006.

[68]Fan J,Ammar M. Dynamic topology configuration in service overlay networks: A study of reconfiguration policies[C]. 25th IEEE International Conference on Computer Communications,2006.

[69]Lu J, Turner J. Efficient mapping of virtual networks onto a shared substrate[R]. Technical Report,2006.

[70]Butt N F,Chowdhury M,Boutaba R. Topology-awareness and reoptimization mechanism for virtual network embedding[C]. IFIP TC 6 International Conference on Networking,2010.

[71]Cheng X,Su S,Zhang Z,et al. Virtual network embedding through topology-aware node ranking[J]. ACM SIGCOMM Computer Communication Review,2011,41(2):38-47.

[72]徐俊杰. 元启发式优化算法理论与应用研究[D]. 北京:北京邮电大学,2007.

[73]Ricci R,Alfeld C,Lepreau J. A solver for the network testbed mapping problem[J]. ACM SIGCOMM Computer Communications Review,2003,33(2):65-81.

[74]Yu J. Solution for virtual network embedding problem based on simulated annealing genetic algorithm[C]. International Conference on Consumer Electronics,2012.

[75]Fajjari I,Aitsaadi N,Pujolle G,et al. VNE-AC:Virtual Network Embedding Algorithm based on ant colony metaheuristic[J]. IEEE International Conference on Communications,2011:1-6.

[76]朱强,王慧强,吕宏武,等. VNE-AFS:基于人工鱼群的网络虚拟化

映射算法[J]. 通信学报,2012,33(Z1):170-177.

[77]Inführ J,RaidlG R. GRASP and variable neighborhood search for the virtual network mapping problem[C]. International Workshop on Hybrid Metaheuristics,2013.

[78]Zhang Z,Cheng X,Su S,et al. A unified enhanced particle swarm optimization-based virtual network embedding algorithm[J]. International Journal of Communication Systems,2013,26(8):1054-1073.

[79]黄彬彬,林荣恒,彭凯,等. 基于粒子群优化的负载均衡的虚拟网络映射[J]. 电子与信息学报,2013,35(7):1753-1759.

[80]苑迎,王翠荣,王聪,等. 基于DPSO负载可控的虚拟网络映射算法[J]. 东北大学学报(自然科学版),2014,35(1):10-14.

2 虚拟网映射问题的计算复杂性

虚拟网映射问题属于组合优化问题，在设计虚拟网映射问题的求解算法之前，需要首先分析问题求解的复杂性，以明确问题的求解难度，并用以指导问题求解的算法设计。本章主要介绍作者在部分离线虚拟网映射问题、单个虚拟网映射可行问题、单个虚拟网映射问题和在线虚拟网映射问题的计算复杂性分析方面的研究成果。

2.1 组合优化问题

2.1.1 基本概念

最优化问题似乎自然地分成两类，即连续变量优化问题和离散变量优化问题。其中，离散变量优化问题也称为组合优化问题，组合优化问题是指在离散状态下求极值的问题，即在满足约束条件的可行方案中选取一种方案，使事先设定的目标达到最大或最小(对应最大化问题和最小化问题)，而通常这些可选方案都是用组合或离散的对象来表示的，例如整数、集合、图、排列等。常见的组合优化问题有旅行商问题、排序问题、匹配问题和网络流问题等。其中，旅行商问题(Travelling salesman problem，TSP)定义如下：给定一系列城市和每对城市之间的距离，求解访问每一座城市一次并回到起始城市的最短回路。组合优化问题大多属于 NP 难问题，例如旅行商问题、最大团问题、虚拟网映射问题等。组合优化问题求解的理论基础包括线性规划、非线性规划、整数规划、动态规划、拟阵论和网络分析等。

2.1.2　数学模型

组合优化是运筹学的一个经典且重要的分支,其所研究的问题涉及信息技术、经济管理、工业工程、交通运输、通信网络等诸多领域。组合优化问题(最小化问题)的数学模型为:

$$\min c(x)\text{(最大化问题为} \max c(x)\text{)}$$
$$\text{s.t.}\ \ g(x)\geqslant 0$$
$$x\in D$$

其中,$c(x)$为目标函数,$g(x)$为约束函数,x为决策变量,D表示有限个点组成的集合。

一个组合优化问题可用三元组(D,F,c)表示,其中D表示决策变量的定义域,F表示可行解区域$\{x|\ x\in D,g(x)\geqslant 0\}$,$F$中的任何一个元素称为该问题的可行解,$c$表示目标函数。满足$c(x^*)=\min\{c(x)|\ x\in F\}$的可行解$x^*$称为该问题的最优解。组合优化的特点是可行解集合为有限点集。

直观上,只要逐一判别D中有限个点是否满足$g(x)$的约束并比较目标值的大小,就可求得该问题的最优解,即可利用枚举法求出最优解。从某种意义上来说,枚举法是组合优化问题的最优算法。然而在实际的应用当中,使用枚举法往往是不现实的。例如前面提到的旅行商问题,仅仅对于城市数为20的实例,使用枚举法就需要至少19!的初等运算,使用普通的计算机来进行计算需要花费数十年时间,显然是没有意义的。

2.1.3　判定问题

每个组合优化问题的目标函数都不尽相同,可行解集更是随着问题实例的变化而变化。而判定问题的解则相对简单,对于问题的每个实例的回答只有“是”和“否”两种答案,因此可以根据对判定问题的回答将问题所有实例划分为“是”实例和“否”实例。

对每个组合优化问题(D,F,c),可以通过下面的方法构造与之对应的判定问题(即组合优化问题的判定形式)[1]:用三参数(D,F,c)和一个阈值B表示判定问题,其中D表示决策变量的定义域,F表示可行解区域$\{x|\ x\in D,g(x)\geqslant 0\}$,$F$中的任何一个元素称为该问题的可行解,$c$表示目标函数。是否存在可行解$f$使得$c(f)\leqslant B$或$c(f)\geqslant B$(最小化问题或最大化问题)?

例如前面提到的旅行商问题,其判定形式为:给定一系列城市和每对城市之间的距离以及阈值B,是否存在距离小于B的访问每一座城市一次并回到起始城市的回路?

2.2 问题复杂性

2.2.1 计算模型

问题的复杂性分析需明确所采用的计算模型,其目的是为了使问题的复杂性分析有一个共同的客观尺度。实际使用的计算模型有随机存取机、随机存取存储程序机和图灵机三种,这三种计算模型在计算能力上是等价的,只是计算速度有所不同,其中图灵机是最常用的计算模型[2]。一般将可由确定性图灵机在多项式时间内求解的问题看作易解问题,而将必须在指数时间内求解的问题看作难解问题,同时将多项式时间作为求解问题有效算法的标志。

2.2.2 多项式时间归约

一般来说,直接利用某种计算模型分析并建立一个给定问题的计算复杂性是很困难的,利用问题变换技巧,可以将两个不同问题的复杂性联系在一起,这样就可以将一个问题的复杂性归结为另一个问题的复杂性,从而实现问题复杂性的分析,这是研究问题复杂性的主要途径。简单地说,归约所体现的是把一个问题归化为另一个问题的过程,这种过程的多样性导致了多种多样的归约。

具体来说,假设有两个问题 A 和 B,将问题 A 归约到问题 B 是指:①将问题 A 的输入变换为问题 B 的适当输入;②求解问题 B;③将求出的问题 B 的解变换为问题 A 的正确解。

若上述步骤①和步骤③的变换都可以在多项式时间内完成,则称问题 A 可以多项式时间归约为问题 B。

2.2.3 计算复杂性分类

通常根据问题在某个计算模型下求解所需资源量的多少,对问题求解的“难度”进行分类。最常用的分类方法是基于图灵机的问题复杂性[2-4]分类。

2.2.3.1 P 问题

如果存在多项式 P,使得对于所有的 $n \in \mathbf{Z}^+$ 均有 $T_M(n) \leqslant P(n)$,那么称

确定型图灵机程序 M 为多项式时间的。其中 $T_M(n)$ 表示确定型图灵机程序 M 自起始状态到停机状态总共所走过的步数。如果一个问题存在求解它的多项式时间确定型图灵机程序 M,那么称该问题属于 P 类。

P 类的概念表述了多项式时间可解的问题类。

2.2.3.2 NP 问题

如果存在多项式 P,使得对于所有的 $n \in \mathbf{Z}^+$ 均有 $NT_M(n) \leqslant P(n)$,那么称非确定型图灵机程序 M 为多项式时间的。其中 $NT_M(n)$ 表示非确定型图灵机程序 M 自起始状态到停机状态至多走过的步数。如果一个问题存在求解它的多项式时间非确定型图灵机程序 M,那么称该问题属于 NP 类。

NP 类的概念表述了多项式时间可验证的问题类。NP 问题即非确定性多项式时间问题,指能在多项式时间内验证一个解是否正确的一类问题。

2.2.3.3 NPC 问题

若判定问题 $\pi \in NP$,而且对于每个判定问题 $\pi' \in NP$,都存在 π' 到 π 的多项式时间归约,则称判定问题 π 属于 NPC 类,或称 π 为 NP 完全的。

在 NPC 类中,如果有一个问题有多项式时间算法,那么 NP 类中所有问题也都有多项式时间算法,那就意味着"NP 类问题=P 类问题"。到目前为止,尚未有人能确定 NPC 问题是否能在多项式时间内解决,该问题是著名的数学中未解决的难题,目前倾向认为 NPC 类问题没有多项式时间算法。

2.2.3.4 NP 难问题

如把求解问题 B 的程序作为子程序能够设计解决问题 A 的程序,那么求解问题 A 就归结为求解问题 B,这个过程称为图灵归约,如不计算求解问题 B 的子程序时间,所设计的程序是多项式时间的,那么称这个归约为多项式时间图灵归约。

NP 难问题又称 NP-Hard 问题或 NPH 问题。如所有的 NPC 问题都可以在多项式时间图灵归约为问题 A,则称问题 A 为 NP 难问题。

NP 难问题不一定是 NP 问题,即 NP 难问题不一定能在多项式时间内验证一个解的正确性。但 NPC 问题一定是 NP 困难问题,即 NPC 问题是 NP 困难问题的子集。

如果某组合优化问题的判定形式是 NP 完全的,则称该组合优化问题是 NP 难的。

2.2.3.5 强 NPC 问题

一般计算问题都有数值参数,如装箱问题中箱子大小和需要装入箱子的所有物品的大小都是数值参数。强 NPC 问题是 NPC 问题的特例，指即使问题的所有数值参数都以问题规模的多项式为界，该问题也仍是 NPC 问题。

例如图论中最大割问题是强 NPC 问题[4]，因为如果一个图中边的权重只能取 0 或 1，则该问题就转化为简单最大割问题，而简单最大割问题依然是 NPC 问题。

2.2.3.6 强 NP 难问题

强 NP 难问题是 NP 难问题的特例，指即使问题的所有数值参数都以问题规模的多项式为界，该问题也仍是 NP 难问题。另外一种定义是，强 NP 难问题指强 NPC 问题可多项式时间归约的问题。强 NPC 问题和强 NP 难问题的区别是前者属于 NP 问题，后者不一定是 NP 问题。

伪多项式时间算法指算法的运行时间以问题规模和最大数值参数的多项式为界的算法，显然多项式时间算法是伪多项式时间算法的特例。除非 P=NP，否则强 NP 难问题不存在伪多项式时间算法[4]。且目标函数是多项式边界的强 NP 难优化问题不存在完全多项式时间近似方案[5]。

2.2.3.7 弱 NPC 问题和弱 NP 难问题

存在伪多项式时间算法的 NPC 问题称为弱 NPC 问题。同样，存在伪多项式时间算法的 NP 难问题称为弱 NP 难问题。

2.3 在线问题计算复杂性

对于在线问题，由于只能知道部分信息（历史信息和当前信息），所以基本上不存在一个能够构造出最优解的在线算法。因此，如何评价在线算法的性能成为一个很重要的问题。

竞争分析法[6]是目前最常用的在线算法分析方法。竞争分析法通过分析在线算法和最优离线算法的性能比（即算法的竞争比）来评价在线算法的性能，称一个在线算法是竞争性的当且仅当这个在线算法的竞争比是有界的。竞争分析属于最坏情况分析，一个在线算法的竞争比指该算法的性能和最优离线算法性能之间比值的可能最大值。

在线问题的计算复杂度可用该问题的竞争比下界来表述，如某问题的竞争比下界为 c，表示不存在该问题竞争比小于 c 的在线算法。如求解某在

线问题的在线算法 A 的竞争比等于该问题的竞争比下界，则称 A 为该问题的最优算法，从竞争比意义上来说，算法 A 能求得该在线问题的最优结果。

2.4 离线虚拟网映射问题计算复杂性

2.4.1 虚拟节点映射已知

当虚拟节点映射已知时，则离线虚拟网映射问题就退化为离线虚拟链路映射问题，根据底层物理网络是否支持路径分割，可分为两种类型，即物理网络支持路径分割的离线虚拟网映射问题和物理网络不支持路径分割的离线虚拟网映射问题。定理 2.1 和定理 2.2 给出了这两种类型的离线虚拟网映射问题的计算复杂性结论。

2.4.1.1 物理网络支持路径分割情况

【定理 2.1】当虚拟节点映射已知时，如物理网络支持路径分割，则离线虚拟网映射问题是 NP 难问题。

证明：(1)完整多商品流问题是 NP 难问题[7]。其定义如下：给定表示流网络的无向图 $G=(V,E)$ 和表示 K 个商品的顶点对集合 $\{(s_1,t_1),(s_2,t_2),\cdots,(s_k,t_k)\}$，$V$ 和 E 分别是图 G 的顶点集和边集，E 中任意边 (u,v) 的容量是 $c(u,v)$，任意顶点对 (s_i,t_i) 的流量需求都为 1 个单元；求集合 $\{1,2,\cdots,K\}$ 的最大子集 S，要求 S 中任意元素 j，必须满足能从 s_j 发送 1 个单位的流到 t_j 的条件(子集 S 对应的 $|S|$ 个顶点对必须同时满足)。

(2)完整多商品流问题可多项式时间归约到特定的虚拟节点映射已知且物理网络支持路径分割的离线虚拟网映射问题。该特定的离线映射问题构造如下：物理网络 $G^0(N^0,E^0)=G$，G 即流网络的无向图，物理链路 $(u,v)\in E^0$ 的链路带宽等于 G 图中对应边 (u,v) 的容量是 $c(u,v)$；虚拟网络集合为 $\{G^j=(N^j,E^j)\mid j\in R,R=[1,k]\}$，其中对任意 $j\in R$，$N^j=\{s_j,t_j\}$，$E^j=\{(s_j,t_j)\}$，$b(s_j,t_j)=1$，$\rho_j=1$。

(3)显然，该特定的离线虚拟网映射问题有物理网络提供商收益为 F(即 F 个虚拟网络同时完成映射)的最优解，当且仅当对应的完整多商品流问题存在符合要求的最大子集 S，且 $|S|=F$。

2.4.1.2 物理网络不支持路径分割情况

【定理 2.2】当虚拟节点映射已知时，如物理网络不支持路径分割，则离线虚拟网映射问题是强 NP 难问题。

证明：(1)最大稳定集问题(最大独立集问题)是 NP 难的优化问题[8,9]。其定义如下：给定无向图 $G=(V,E)$，V 和 E 分别是图 G 的顶点集和边集，求图 G 的最大稳定集 V'，其中 V' 是 V 的子集，且满足 V' 中任意两个顶点不相连(即不存在连接 V' 中任意两个顶点的边)和在 V' 中增加任意顶点都将导致 V' 中包含相邻顶点对这两个条件。

(2)最大稳定集问题可多项式时间归约到特定的虚拟节点映射已知且物理网络不支持路径分割的离线虚拟网映射问题。该特定的离线虚拟网映射问题构造如下：物理网络 $G^0(N^0,E^0)=G(V,E)$，所有物理链路的带宽等于 1；虚拟网络集合为 $\{G^j=(N^j,E^j)\mid j\in R, R=[1,|N^0|]\}$，对任意 $j\in R$，$N^j=\{n_0^j\}\cup\{n_0^k\mid\forall k\,(n_0^j,n_0^k)\in E^0\}$，$E^j=\{(n_0^j,n_0^k)\mid\forall k\,(n_0^j,n_0^k)\in E^0\}$，虚拟链路带宽等于 1，$\rho_j=1$，其实第 j 个虚拟网络与以第 j 个物理节点 n_0^j 及其相连的物理节点和物理链路所组成的物理网子图同构。

(3)由于物理网络和虚拟网络的链路带宽都为 1，如接受第 j 个虚拟网络构建请求，则任意满足 $(n_0^j,n_0^k)\in E^0$ 的第 k 个虚拟网络就不可能被接受。故该特定的离线虚拟网映射问题有物理网络提供商收益为 F(即 F 个虚拟网络同时完成映射)的最优解，当且仅当对应的最大稳定集问题存在最大稳定集 S，且 $|S|=F$。

(4)故上述特定的离线虚拟网映射问题是 NP 难问题，并且该问题的参数都为常量，根据强 NP 难问题定义，故结论成立。

由于最大稳定集问题的不可近似性(不存在近似比为 $n^{1-\varepsilon}$ 的多项式时间近似算法)[8,10]，故有推论 2.1。

【推论 2.1】如 $P\neq NP$，则当虚拟节点映射已知时，如物理网络不支持路径分割，则离线虚拟网映射问题不存在近似比为 $n^{1/2-\varepsilon}$ 的多项式时间近似算法。

2.4.2　某些特殊情况

下面针对某些特殊情况，分析相应的离线虚拟网映射问题的计算复杂性。

2.4.2.1　物理网络的拓扑结构是最大度为 3 的平面图或无三角图的情况

由于最大度为 3 的平面图的最大稳定集问题[9]和无三角图的最大稳定集问题[11]都是 NP 难的优化问题，故有推论 2.2。

【推论 2.2】当虚拟节点映射已知时，如物理网络不支持路径分割，则即使物理网络是最大度为 3 的平面图或无三角图，离线虚拟网映射问题也依然是强 NP 难问题[8]。

2.4.2.2 只包含一个虚拟网络请求的情况

【定理 2.3】当虚拟节点映射未知时，如物理网络不支持路径分割(不管物理节点是否支持重复映射)，则只包含一个虚拟网络请求的特殊离线虚拟网映射问题仍是强 NP 难问题[8]，其实也是强 NPC 问题。

由于只包含一个虚拟网络请求，所以该特殊离线虚拟网映射问题(求解目标是最大化物理网络提供商收益)就等价于单个虚拟网映射可行问题。

证明：(1)最大团子式问题是强 NP 难问题[12]。其定义如下：给定无向图 $G=(V,E)$，其中 V 和 E 分别是图 G 的顶点集和边集，求图 G 的最大团子式。图 G 的最大团子式是 G 的子图，且该子图满足通过边收缩操作后所构造的子图是具有最大顶点数的完全图(最大团)。图 G' 的 e 边收缩操作是指删除图 G' 中边 e 并将该边的两个端点 u 和 v 合并(合并后顶点称为 w)，然后将图 G' 中原先与顶点 u 和顶点 v 连接的顶点改为连接顶点 w。

最大团子式问题的判定问题定义如下：给定无向图 $G=(V,E)$ 和正整数 K，其中 V 和 E 分别是图 G 的顶点集和边集，求图 G 的团子式，该团子式必须满足通过边收缩操作后所构造的子图是具有 K 个顶点的完全图(最大团)。K 的取值区间为 $[1,|V|]$，易知基于最大团子式问题的判定问题是强 NPC 问题。

(2)最大团子式判定问题可多项式时间归约到特定的只包含一个虚拟网络请求的特殊离线虚拟网映射问题(虚拟节点映射未知，物理网不支持路径分割)。该特定的离线虚拟网映射问题构造如下：物理网络 $G^0(N^0,E^0)=G(V,E)$，其所有物理节点的 CPU 容量和物理链路带宽都等于 1；虚拟网络集合为 $\{G^1(N^1,E^1)\}$，即只有一个虚拟网络请求，且该虚拟网络 G^1 是包含 K 个顶点的完全图，虚拟网络 G^1 的所有虚拟节点的 CPU 容量和虚拟链路带宽都为 1。

(3)由于物理网络和虚拟网络的 CPU 容量和链路带宽都为 1，则当且仅当对应的最大团子式判定问题有解时能接受虚拟网络 G^1 构建请求。即上述特定的离线虚拟网映射问题有最优解，当且仅当对应的最大团子式判定问题有解。

(4)故当虚拟节点映射未知时，如物理网络不支持路径分割(不管物理节点是否支持重复映射)，则只包含一个虚拟网络请求的特殊离线虚拟网映射问题是强 NP 难问题[8]。任意给定该问题(等价于单个虚拟网映射可行问题)的一个映射方案，可在多项式时间内验证该方案是否最优(即是否可行)，故该问题也属于强 NPC 问题。

2.4.2.3 虚拟网络只包含单个虚拟节点的情况

【定理 2.4】当虚拟节点映射未知时，如物理网络不支持路径分割(不管物理节点是否支持重复映射)，则即使所有虚拟网络请求只包含单个虚拟节点的特殊离线虚拟网映射问题，其也仍是强 NP 难问题[8]。

证明：(1)多背包问题是强 NP 难问题[13]。其定义如下：给定 p 个背包、q 个物品，第 $j(1\leqslant j\leqslant p)$ 个背包的容量为 b_j，第 $i(1\leqslant i\leqslant q)$ 个物品的重量和价值为 w_i 和 v_i；要求在满足背包容量限制的条件下，使装入 p 个背包的所有物品的价值最大。

(2)多背包问题可多项式时间归约到特定的所有虚拟网络请求只包含单个虚拟节点的特殊离线虚拟网映射问题(虚拟节点映射未知，物理网不支持路径分割)。该特定的离线虚拟网映射问题构造如下：物理网络 $G^0(N^0,E^0)$，其中 $N^0=\{n_0^k \mid k\in[1,p]\}$，$c(n_0^k)=b_j(k\in[1,p])$，$E^0=\varnothing$；虚拟网络集合为$\{G^j=(N^j,E^j)\mid j\in[1,q]\}$，对任意 $j\in[1,q]$，$N^j=\{n_j^0\}$，$E^j=\varnothing$，$c(n_j^0)=w_i$，$\rho_j=v_i$。

(3)显然，上述特定的离线虚拟网映射问题有最优解 Y，当且仅当对应的多背包问题有最优解 Y，故结论成立。

2.4.2.4 物理网络只包含单个物理节点的情况

求解单背包问题的动态规划算法可用于求解多背包问题[8]，虽然该算法是背包数指数时间复杂度算法，但当背包数是常数时，该算法具有伪多项式时间复杂度。这就意味着当物理网络只包含单个物理节点时(意味着虚拟网络也只能包含单个虚拟节点)，相应离线虚拟网映射问题具有伪多项式时间复杂度算法。同时，由于单背包问题是 NP 难问题，且可多项式时间归约到只包含单个物理节点的离线虚拟网映射问题，根据弱 NP 难问题定义有推论 2.3。

【推论 2.3】当虚拟节点映射未知时，如物理网络不支持路径分割(不管物理节点是否支持重复映射)，则物理网络只包含单个节点的特殊离线虚拟网映射问题是弱 NP 难问题[8]。

2.4.3 虚拟节点映射未知

一般离线虚拟网映射问题的虚拟节点映射是未知的，在这样的情况下，根据底层物理网络是否支持路径分割和物理节点是否支持重复映射，可将离线虚拟网映射问题细分为四种类型，即物理网络支持路径分割且物理节点支持重复映射的离线虚拟网映射问题、物理网络支持路径分割且物理节点不支持重复映射的离线虚拟网映射问题、物理网络不支持路径分割且物理节点支持重复映射的离线虚拟网映射问题、物理网络不支持路径分割且物理节点不支持重复映射的离线虚拟网映射问题。下面给出这四种类型的离线虚拟网映射问题的计算复杂性分析结论。

2.4.3.1 物理网络不支持路径分割且物理节点不支持重复映射的情况

【定理 2.5】物理网络不支持路径分割且物理节点不支持重复映射的离线虚拟网映射问题是 NP 难问题[8]。

证明：(1)最大稳定集问题(最大独立集问题)是 NP 难的优化问题[8,9]。其定义如下：给定无向图 $G=(V,E)$，其中 V 和 E 分别是图 G 的顶点集和边集；求图 G 的最大稳定集 V'，其中 V' 是 V 的子集，且满足 V' 中任意两个顶点不相连和在 V' 中增加任意顶点都将导致 V' 中包含相邻顶点对的条件。

(2)最大稳定集问题可多项式时间归约到特定的物理网络不支持路径分割且物理节点不支持重复映射的离线虚拟网映射问题。该特定的离线虚拟网映射问题构造如下：物理网络 $G^0(N^0,E^0)$；$N^0=V\cup\{v_x^j\mid\forall v^j\in V,x\in[1,\Delta-|\delta(j)|]\}$，其中 $\delta(j)$ 指无向图 $G=(V,E)$ 的第 j 个顶点 v^j 的邻接顶点，$|\delta(j)|$ 即第 j 个顶点 v^j 的度，$\Delta=\max_{j\in[1,|V|]}\{|\delta(j)|]\}$（即图 G 最大顶点度）；$E^0=E\cup\{(v^j,v_x^j)\mid\forall v^j\in V,x\in[1,\Delta-|\delta(j)|]\}$；物理网络 G^0 的所有物理链路的带宽都等于 1，N^0 的子集 V 中的物理节点 CPU 容量都等于 1，N^0 的子集 N^0-V 中的物理节点 CPU 容量都等于 $1/\Delta$。虚拟网络集合为 $\{G^j=(N^j,E^j)\mid j\in R,R=[1,|V|]\}$，对任意 $j\in R$，$N^j=\{n_j^0,n_j^1,\cdots,n_j^\Delta\}$，$E^j=\{(n_j^0,n_j^x)\mid x\in[1,\Delta]\}$，所有虚拟链路带宽等于 1，$\rho_j=1$，$c(n_j^0)=1$，$c(n_j^x)=1/\Delta(x\in[1,\Delta])$。

(3) 由于受物理节点 CPU 容量限制，任意虚拟网络 G^j 的虚拟节点 n_j^0 只能映射到物理节点子集 V 中的物理节点；且由于物理网络和虚拟网络的链路带宽都为 1，则如接受第 j 个虚拟网络 G^j 的构建请求（假设 n_j^0 映射到属于 V 集合的物理节点 n_0^x），则与 n_0^x 相邻的其他物理节点将不能被任意其他虚拟网络的虚拟节点所映射。故该特定的离线虚拟网映射问题有物理网络提供

商收益为 F(即 F 个虚拟网络同时完成映射)的最优解,当且仅当对应的最大稳定集问题存在最大稳定集 S,且 $|S|=F$。

(4) 故上述特定的离线虚拟网映射问题是 NP 难问题,且该问题的参数为 1 和 $1/\Delta$,显然是以问题规模的多项式为界的,根据强 NP 难问题定义,结论成立。

2.4.3.2 其他三种情况

定理 2.4 指出,在虚拟节点映射未知的情况下,如物理网络不支持路径分割(不管物理节点是否支持重复映射)且所有虚拟网络请求只包含单个虚拟节点,则离线虚拟网映射问题是强 NP 难问题。由于虚拟网络只包含单个虚拟节点,其实也就意味着虚拟网映射时不存在路径分割和物理节点重复映射问题,故有以下推论。

【推论 2.4】物理网络不支持路径分割且物理节点支持重复映射的离线虚拟网映射问题是 NP 难问题。

【推论 2.5】物理网络支持路径分割且物理节点不支持重复映射的离线虚拟网映射问题是 NP 难问题。

【推论 2.6】物理网络支持路径分割且物理节点支持重复映射的离线虚拟网映射问题是 NP 难问题。

2.5 单个虚拟网映射可行问题计算复杂性

2.5.1 虚拟节点映射已知

当虚拟节点映射已知时,单个虚拟网映射可行问题就退化为虚拟链路映射可行问题,根据底层物理网络是否支持路径分割,可分为两种类型,即物理网络支持路径分割的单个虚拟网映射可行问题和物理网络不支持路径分割的单个虚拟网映射可行问题。以下推论 2.7 和定理 2.6 给出这两种类型的单个虚拟网映射可行问题的计算复杂性结论。

2.5.1.1 物理网络支持路径分割的情况

当虚拟节点映射已知时,如物理网络支持路径分割,则单个虚拟网映射可行问题就退化为物理网络支持路径分割的虚拟链路映射问题,而该问题等价于多商品流问题[14,15],由于多商品流问题是 P 问题,可用线性规划法来求解,故有推论 2.7。

【推论 2.7】当虚拟节点映射已知时，如物理网络支持路径分割，则单个虚拟网映射可行问题是 P 问题(多项式时间可解问题)。

2.5.1.2 物理网络不支持路径分割的情况

【定理 2.6】当虚拟节点映射已知时，如物理网络不支持路径分割，则单个虚拟网映射可行问题是强 NPC 问题。

证明:(1)任意给定该问题的一个映射方案，可在多项式时间内验证该方案是否可行，故该问题属于 NP 问题。

(2)边不相交路径问题是 NPC 问题[16]。其定义如下:给定一个图 $G=(N,E)$，以及图 G 中 m 个顶点对$\{(u_i,v_i)\mid 1\leqslant i\leqslant m\}$，要求在图 G 中找到连接这 m 对顶点对的 m 条没有公共边的路径。

(3)边不相交路径问题可多项式时间归约到该类特定的单个虚拟网映射可行问题。特定问题构造如下:物理网络 $G^0(N^0,E^0)=G$，所有物理链路带宽都为 1;虚拟网络 $G^j(N^j,E^j)$，其中 $N^j=\{u_1,v_1\}\cup\cdots\cup\{u_k,v_k\}$，$E^j=\{(u_1,v_1)\}\cup\cdots\cup\{(u_k,v_k)\}$，所有虚拟链路带宽都为 1。

(4)显然，该特定的单个虚拟网映射可行问题有可行解，当且仅当对应的边不相交路径问题有可行解。

(5)故上述特定的单个虚拟网映射可行问题是 NPC 问题，并且该问题的参数都为常量，根据强 NPC 问题定义[4]可知，结论成立。

由于单个虚拟网映射可行问题就是只包含一个虚拟网络请求的离线虚拟网映射问题，根据定理 2.6 可得到以下推论:如虚拟节点映射已知且物理网络不支持路径分割，则只包含一个虚拟网请求的离线虚拟网映射问题是强 NPC 问题。

2.5.2 虚拟节点映射未知

一般单个虚拟网映射可行问题的虚拟节点映射是未知的，在这样的情况下，根据底层物理网络是否支持路径分割和物理节点是否支持重复映射，可将单个虚拟网映射可行问题细分为四种类型，即物理网络支持路径分割且物理节点支持重复映射的单个虚拟网映射可行问题、物理网络支持路径分割且物理节点不支持重复映射的单个虚拟网映射可行问题、物理网络不支持路径分割且物理节点支持重复映射的单个虚拟网映射可行问题、物理网络不支持路径分割且物理节点不支持重复映射的单个虚拟网映射可行问题。

2.5.2.1 物理网络支持路径分割且物理节点不支持重复映射的情况

可行虚拟节点映射问题等价于单个虚拟网映射可行问题，因为物理节点不支持重复映射且物理网络支持路径分割的可行虚拟节点映射问题是NP难问题(见1.3.5)，故有推论2.8。

【推论2.8】当虚拟节点映射未知时，物理网络支持路径分割且物理节点不支持重复映射的单个虚拟网映射可行问题是NP难问题。

2.5.2.2 物理网络支持路径分割且物理节点支持重复映射的情况

【定理2.7】当虚拟节点映射未知时，物理网络支持路径分割且物理节点支持重复映射的单个虚拟网映射可行问题是强NPC问题。

证明：(1)装箱问题是强NPC问题[4]。其定义如下：给定K个容量为B的箱子；n个物品的集合为$\{x_1, x_2, \cdots, x_n\}$，每个物品$x_i(1 \leqslant i \leqslant n)$的大小是$s_i$。问能否将这$n$个物品装入这$K$个箱子中，要求装入每个箱子中的物品的大小之和小于等于B。

(2)装箱问题可以多项式时间归约到该类特定的单个虚拟网映射可行问题。该特定问题构造如下：物理网络$G^0 = (N^0, \varnothing)$，$|N^0| = K$；所有物理节点的CPU容量为B；虚拟网络$G^j = (N^j, \varnothing)$，$|N^j| = n$，虚拟网络的第i个虚拟节点n_j^i的CPU容量是s_i。

(3)显然，该特定的单个虚拟网映射可行问题有可行解，当且仅当对应的装箱问题有可行解。故如物理网络支持路径分割且物理节点支持重复映射，则单个虚拟网映射可行问题是强NPC问题。

2.5.2.3 物理网络不支持路径分割的情况

根据定理2.6，当虚拟节点映射已知时，物理网络不支持路径分割的单个虚拟网映射可行问题是强NPC问题。显然，虚拟节点映射已知的单个虚拟网映射可行问题可以多项式时间归约到相应的虚拟节点映射未知的单个虚拟网映射可行问题，故有推论2.9。

【推论2.9】当虚拟节点映射未知时，不管物理节点是否支持重复映射，物理网络不支持路径分割的单个虚拟网映射可行问题都是强NPC问题。

因为包含一个虚拟网络请求的特殊离线虚拟网映射问题等价于单个虚拟网映射可行问题，故根据定理2.3(当虚拟节点映射未知时，如物理网络不支持路径分割，则不管物理节点是否支持重复映射，只包含一个虚拟网络请求的特殊离线虚拟网映射问题都是强NPC问题)，也可直接得到推论2.9。

2.5.3 某些特殊网络拓扑模型

下面针对某些特殊网络拓扑模型,对单个虚拟网映射可行问题的计算复杂性进行分析。

2.5.3.1 物理网络和虚拟网络只有节点没有链路

从定理 2.7 的证明过程可直接得到推论 2.10 。

【推论 2.10】如物理节点支持重复映射,则即使物理网络和虚拟网络只有节点没有链路,单个虚拟网映射可行问题也仍是强 NPC 问题,该结论不管物理网络是否支持路径分割都成立。

需要说明的是,如物理节点不支持重复映射,则物理网络和虚拟网络的网络拓扑模型都是在只有节点没有链路的情况下,此时单个虚拟网映射可行问题是 P 问题,因为该问题与属于 P 问题的二分图匹配问题[17]等价。

2.5.3.2 虚拟网络是高度为 1 的树

【定理 2.8】如物理节点不支持重复映射,物理网络不支持路径分割,则即使虚拟节点映射已知且虚拟网络是高度为 1 的树,单个虚拟网映射可行问题也依然是 NPC 问题。

证明:(1)单源不可分割流问题是 NPC 问题[18]。单源不可分割流问题定义如下:给定一个无向图 $G=(V,E)$、一个源顶点 $s\in V$ 和 K 个目的顶点 $\{t_i \mid 1\leqslant i\leqslant k\}$,其中 $t_i\in V(1\leqslant i\leqslant k))$,每条边 $(u,v)\in E$ 的容量是 $c(u,v)$,源顶点 s 到目的顶点 $t_i(1\leqslant i\leqslant k)$ 的容量需求是 D_i。问在图 G 中,能否对每个顶点对 $(s,t_i)(1\leqslant i\leqslant k)$ 找到一条 $s-t_i$ 路径(需在该路径的每条边上占用容量 D_i),并且在图 G 的每条边 (u,v) 上所占用的容量之和不能超出 $c(u,v)$。

(2)单源不可分割流问题可以多项式时间归约到该类特定的单个虚拟网映射可行问题。该特定问题构造如下:物理网络 $G^0(N^0,E^0)=G=(V,E)$,每条边 $(u,v)\in E$ 的容量是 $c(u,v)$;虚拟网络 $G^1=(N^1,E^1)$,其中 $N^1=\{s,t_1,t_2,\cdots,t_k\}$,$E^1=\{(s,t_i)\mid 1\leqslant i\leqslant k\}$,虚拟链路 $(s,t_i)(1\leqslant i\leqslant k)$ 的带宽等于 D_i。

(3)显然,该单个虚拟网映射可行问题有可行解,当且仅当对应的单源不可分割流问题有可行解,故结论成立。

2.5.3.3 虚拟网络只包含 4 个虚拟节点及两条不相交虚拟链路

【定理 2.9】如物理节点不支持重复映射,物理网络支持路径分割,且虚拟链路所映射的每条路径上所分配的虚拟链路带宽为正整数(即意味着虚拟链路带宽为正整数)，则即使虚拟网络只包含 4 个虚拟节点及两条不相交虚拟链路，单个虚拟网映射可行问题也依然是 NPC 问题。

证明：(1)2-商品整体流问题是 NPC 问题[19]。2-商品整体流问题定义如下：给定一个无向图 $G=(V,E)$、二个源顶点 $s_1,s_2\in V$ 和二个目的顶点 $t_1,t_2\in V$，其中每条边 $e\in E$ 的容量是 $c(e)$，顶点对 $(s_i,t_i)(1\leqslant i\leqslant 2)$ 的容量需求是 R_i。问在图 G 中，是否能找到满足边容量约束、容量需求约束和流正整数要求约束条件的可行的网络流。

(2)2-商品整体流问题可以多项式时间归约到该类特定的单个虚拟网映射可行问题。该特定问题构造如下：物理网络 $G^0(N^0,E^0)=G=(V,E)$，物理节点的 CPU 容量都为 1，物理链路 $e\in E$ 的带宽容量是 $c(e)$；虚拟网络 $G^1=(N^1,E^1)$，其中 $N^1=\{s_1,s_2,t_1,t_2\}$，$E^1=\{(s_i,t_i)\mid 1\leqslant i\leqslant 2\}$，虚拟链路 $(s_i,t_i)(1\leqslant i\leqslant 2)$ 的带宽等于 R_i，虚拟节点的 CPU 容量都为 1。

(3)显然，该单个虚拟网映射可行问题有可行解，当且仅当对应的 2-商品整体流问题有可行解，故结论成立。

2.6　单个虚拟网映射问题计算复杂性

2.6.1　虚拟节点映射已知

如虚拟节点映射已知，则单个虚拟网映射问题就退化为虚拟链路映射问题，根据底层物理网络是否支持路径分割，可分为两种类型，即物理网络支持路径分割的单个虚拟网映射问题和物理网络不支持路径分割的单个虚拟网映射问题。以下推论 2.11 和推论 2.12 给出这两种类型的单个虚拟网映射问题的计算复杂性结论。

2.6.1.1　物理网络支持路径分割的情况

当虚拟节点映射已知时，如物理网络支持路径分割，则单个虚拟网映射问题就退化为物理网络支持路径分割的虚拟链路映射问题，而该问题等价于多商品流问题[14,15]，由于多商品流问题是 P 问题，可用线性规划法求解，故有推论 2.11。

【推论 2.11】当虚拟节点映射已知时，如物理网络支持路径分割，则单个虚拟网映射问题是 P 问题。

2.6.1.2 物理网络不支持路径分割的情况

根据定理 2.6,当虚拟节点映射已知时,物理网络不支持路径分割的单个虚拟网映射可行问题(判定问题)是强 NPC 问题,而该判定问题显然可以多项式时间图灵归约到相应类的单个虚拟网映射问题(组合优化问题),故有推论 2.12。

【推论 2.12】当虚拟节点映射已知时,如物理网络不支持路径分割,则单个虚拟网映射问题是强 NP 难问题。

2.6.2 虚拟节点映射未知

一般单个虚拟网映射问题的虚拟节点映射是未知的,在这样的情况下,根据底层物理网络是否支持路径分割和物理节点是否支持重复映射,可将单个虚拟网映射问题细分为四种类型,即物理网络支持路径分割且物理节点支持重复映射的单个虚拟网映射问题、物理网络支持路径分割且物理节点不支持重复映射的单个虚拟网映射问题、物理网络不支持路径分割且物理节点支持重复映射的单个虚拟网映射问题、物理网络不支持路径分割且物理节点不支持重复映射的单个虚拟网映射问题。

2.6.2.1 物理网络支持路径分割且物理节点不支持重复映射的情况

【定理 2.10】当虚拟节点映射未知,如物理网络支持路径分割且物理节点不支持重复映射,则单个虚拟网映射问题是强 NP 难问题。

证明:(1)满足三角不等式的旅行商问题是强 NP 难问题[4]。证明如下:①满足三角不等式的旅行商问题[4,20]定义为,给定一个完全无向图 $G=(V,E)$,其中每条边 $(u,v)\in E$ 的距离是 $d(u,v)$,且任意三个顶点 u、v 和 w 之间的距离满足三角不等式 $d(u,v)\leqslant d(u,w)+d(w,v)$;要求找出 G 中距离最短的哈密顿环。② 哈密顿环问题是指在给定的无向图 $G'=(V',E')$ 中,求解一个包含图 G' 中所有顶点的一个圈(圈中顶点不重复),即求解哈密顿环,哈密顿环问题是 NPC 问题[4]。③ 哈密顿环问题可多项式时间归约到特定的满足三角不等式的旅行商问题。特定问题构造如下:完全无向图 $G=(V',E)$,$E=\{(u,v)\mid u,v\in V'\}$,如 E 中边 $(u,v)\in E'$,则 $d(u,v)=1$;如 E 中边 $(u,v)\in E-E'$,则 $d(u,v)=2$ 。这样的设置使任意三个顶点之间的距离满足三角不等式。④显然,该特定的满足三角不等式的旅行商问题有解,当且仅当对应的哈密顿环问题有可行解。⑤故满足三角不等式的旅行商问题是 NP 难问题,并且该问题的参数都为常量,根据强 NP 难问题定义[4]可知,满足三角不等式的旅行商问题是强 NP 难问题。

(2)最紧凑节点映射问题[17]是强 NP 难问题。证明如下:①最紧凑节点映射问题定义为:已知点的集合 N,第 i 个点 n_i 和第 j 个点 n_j 之间的距离 $d_{ij}=\text{dist}(n_i,n_j)\geqslant 0(1\leqslant i,j\leqslant |N|)$,且任意三点之间的距离满足三角不等式(因为 d_{ij} 其实表示两点之间最短路径的长度[17]);结点簇的集合 $C=\{c_i \mid 1\leqslant i\leqslant k\}$,$c_i\subseteq N(1\leqslant i\leqslant k)$,簇间的需求 $R=\{r_{xy}\mid 1\leqslant x,y\leqslant k, x\neq y\}$,$r_{xy}\geqslant 0(1\leqslant x,y\leqslant k)$。问是否存在点序列 $V=\langle v_1,v_2,\cdots,v_k\rangle$,其中 $v_i\in c_i(1\leqslant i\leqslant k)$,满足如果 $i\neq j$,则 $v_i\neq v_j$,且 $\sum\limits_{r_{xy}\in R}(\text{dist}(v_x,v_y)r_{xy})$ 最小化。②满足三角不等式的旅行商问题可多项式时间归约到特定最紧凑节点映射问题。特定问题构造如下:点的集合 $N=V$,第 i 个点 n_i 和第 j 个点 n_j 之间的距离 $d_{ij}=d(n_i,n_j)(1\leqslant i,j\leqslant |N|)$,且任意三个顶点之间的距离满足三角不等式;结点簇的集合 $C=\{c_i\mid 1\leqslant i\leqslant |N|\}$,$c_i=N(1\leqslant i\leqslant |N|)$,簇间的需求 $R=\{r_{xy}\mid 1\leqslant x,y\leqslant |N|, x\neq y\}$,如 $y=x+1$ 或 $x=|N|\wedge y=1$,则 $r_{xy}=1$,否则 $r_{xy}=0$。问是否存在点序列 $V=\langle v_1,v_2,\cdots,v_{|N|}\rangle$,其中 $v_i\in c_i(1\leqslant i\leqslant |N|)$,满足如果 $i\neq j$,则 $v_i\neq v_j$,且 $\sum\limits_{r_{xy}\in R}(\text{dist}(v_x,v_y)\times r_{xy})$ 最小化。③显然,该特定最紧凑节点映射的最优解与对应的满足三角不等式的旅行商问题的最优解对应。④由于满足三角不等式的旅行商问题是强 NP 难问题,故最紧凑节点映射问题是强 NP 难问题。

(3)最紧凑结点映射问题与物理链路带宽资源不受限的该类单个虚拟网映射问题等价[21],故物理链路带宽资源不受限的该类单个虚拟网映射问题是强 NP 难问题。

(4)物理链路带宽资源不受限的该类单个虚拟网映射问题可以多项式时间图灵归约到该类单个虚拟网映射问题(只要将物理链路的带宽设置得足够大,如每条物理链路的带宽等于所有虚拟链路带宽之和),故当物理网络支持路径分割且物理节点不支持重复映射时,单个虚拟网映射问题是强 NP 难问题。

2.6.2.2 物理网络支持路径分割且物理节点支持重复映射的情况

根据定理 2.7,当虚拟节点映射未知时,物理网络支持路径分割且物理节点支持重复映射的单个虚拟网映射可行问题是强 NPC 问题。而该可行问题显然可以多项式时间图灵归约到该情况下的单个虚拟网映射问题,故有推论 2.13。

【推论 2.13】当虚拟节点映射未知时,如物理网络支持路径分割且物理节点支持重复映射,则单个虚拟网映射问题是强 NP 难问题。

2.6.2.3 物理网络不支持路径分割的情况

根据推论 2.12,当虚拟节点映射已知时,如物理网络不支持路径分割,则单个虚拟网映射问题是强 NP 难问题。显然,虚拟节点映射已知的单个虚拟网映射问题可以多项式时间图灵归约到相应的虚拟节点映射未知的单个虚拟网映射问题,故有推论 2.14。

【推论 2.14】当虚拟节点映射未知时,则不管物理节点是否支持重复映射,物理网络不支持路径分割的单个虚拟网映射问题都是强 NP 难问题。

2.6.3 某些特殊情况

下面针对某些特殊情况,对单个虚拟网映射问题的计算复杂性进行分析。

2.6.3.1 物理网络和虚拟网络只有节点没有链路的情况

根据推论 2.13 ,当虚拟节点映射未知时,在物理网络支持路径分割且物理节点支持重复映射的情况下,单个虚拟网映射问题是强 NP 难问题。从推论 2.13 及定理 2.7 的证明过程可直接得到推论 2.15。

【推论 2.15】当虚拟节点映射未知时,如物理节点支持重复映射(不管物理网络是否支持路径分割),则即使物理网络和虚拟网络只有节点没有链路,单个虚拟网映射问题也仍是强 NP 难问题。

需要说明的是,如物理节点不支持重复映射,则在物理网络和虚拟网络的网络拓扑模型都是只有节点没有链路的情况下,单个虚拟网映射问题是 P 问题,因为该问题与属于 P 问题的二分图匹配问题[17]等价。

2.6.3.2 物理网络是线图的情况

【定理 2.11】如物理节点不支持重复映射,则即使物理网络 $G^0=(N^0,E^0)$ 是满足 $|N^0|=|E^0|+1$ 的连通图(即物理网络就是一条路径或线),单个虚拟网映射问题也依然是强 NP 难问题。上述结论不管物理网络是否支持路径分割都成立,且即使虚拟网映射时不考虑容量约束条件,上述结论也依然成立。

证明:显然,如物理网络的网络拓扑模型是一条线,则一旦确定虚拟节点映射方案,对应的虚拟链路映射方案是唯一的,因为任意两个物理节点之间的物理路径是唯一的。

(1)满足 $d_{kl}=|k-l|, c_{ij}=c_{ij}\in\{0,1\}$ 的二次分配问题,即最优线性分

配问题是 NP 难问题[19,22]。最优线性分配问题定义如下：给定 n 个设施和 m 个地点，任意两个设施 i 和 j 之间的费用为 $c_{ij}(1 \leqslant i,j \leqslant n)$，任意两个地点 k 和 l 之间的距离为 $d_{kl}(1 \leqslant k,l \leqslant m)$；求一个一对一函数 $f:\{1,2,\cdots,n\} \to \{1,2,\cdots,m\}$（即给每个设施分配一个地点），使代价 $\sum_{i=1}^{n}\sum_{j=1}^{n}(c_{ij} \times d_{f(i)f(j)})$ 最小。

（2）最优线性分配问题可多项式时间归约到该类特定的单个虚拟网映射问题。特定问题构造如下：物理网络 $G^0(N^0,E^0)$，$N^0 = \{n_1^0, n_2^0, \cdots, n_m^0\}$，物理节点的 CPU 容量都为 1，$E^0 = \{(n_1^0, n_2^0), (n_2^0, n_3^0), \cdots, (n_p^0, n_{p+1}^0), \cdots, (n_{m-1}^0, n_m^0)\}$，任意物理链路的带宽都等于 n；显然，任意两个物理节点 n_k^0 和 n_1^0 之间只有一条物理路径，且路径长度记为 $d_{kl} = |k-l|$。虚拟网络 $G^1 = (N^1,E^1)$ 是完全图，其中 $N^1 = \{n_1^1, n_2^1, \cdots, n_n^1\}$，虚拟节点的 CPU 容量都为 1，虚拟链路$(n_i^1, n_j^1)$的带宽等于 c_{ij}（取值为 0 或 1）。显然，一个可行的虚拟网映射方案的映射成本等于 $\sum_{i=1}^{n}\sum_{j=1}^{n}(c_{ij} \times d_{f(i)f(j)})+n$，其中虚拟节点映射成本都为 n，$f(i)$ 和 $f(j)$ 分别表示虚拟节点 n_i^1 和 n_j^1 所映射的物理节点的序号。

（3）显然，该特定的单个虚拟网映射问题的最优解所对应的虚拟节点映射方案为 $\{f(1), f(2), \cdots, f(n)\}$，当且仅当一对一函数 $\{1,2,\cdots,n\} \to \{f(1), f(2), \cdots, f(n)\}$ 是对应的最优线性分配问题的最优解。

（4）故上述特定的单个虚拟网映射问题是 NP 难问题，并且该问题的参数都为常量和虚拟节点数，根据强 NPC 问题定义[4]可知，结论成立。

2.7 在线虚拟网映射问题计算复杂性

在线问题的计算复杂度可用该问题的竞争比下界来表述，如某问题的竞争比下界为 c，则表示不存在该问题竞争比小于 c 的在线算法。

单个虚拟网映射问题是在线虚拟网映射问题的子问题，离线虚拟网映射问题是在线虚拟网映射问题的特例。显然，在线虚拟网映射问题的求解难度高于单个虚拟网映射问题和离线虚拟网映射问题。

2.7.1 一般在线虚拟网映射问题

一般在线虚拟网映射问题是指虚拟节点映射未知的在线虚拟网映射问题。

【定理 2.12】一般在线虚拟网映射问题的任意确定在线算法的竞争比会趋向无穷大[23]。

证明：第 j 个虚拟网络属性 ρ_j 取虚拟节点 CPU 容量和虚拟链路带宽的累加和。根据竞争比的定义[6]，只需找到一个实例，其离线最优算法所获收益是任意确定在线算法所获收益的无穷倍即可。具体实例构造如下：设物理网络和虚拟网络都只有一个节点；物理节点 CPU 容量为 1，虚拟网络 B 的虚拟节点 CPU 容量为 $\varepsilon(\varepsilon \to 0)$，虚拟网络 A 的虚拟节点 CPU 容量为 1；虚拟网络 A 和虚拟网络 B 的生存期相同。当虚拟网络 B 的请求到达后，如在线算法拒绝虚拟网络 B，则把虚拟网络 B 作为唯一的虚拟网络构建请求，此时离线最优算法必然接受虚拟网络 B，则此实例下的在线算法的竞争比为 $\varepsilon/0 \to +\infty$；如在线算法接受虚拟网络 B，则虚拟网络 A 作为第 2 个虚拟网络构建请求，因在线算法必然拒绝虚拟网络 A，而离线最优算法是拒绝虚拟网络 B 接受虚拟网络 A，则此实例下的在线算法的竞争比为 $1/\varepsilon \to +\infty$，得证。

从证明过程可知，不管物理网络是否支持路径分割和物理节点，是否支持重复映射，结论都成立。

2.7.2 虚拟节点映射已知的在线虚拟网映射问题

【定理 2.13】即使虚拟节点映射已知，任意确定在线虚拟网映射算法的竞争比也会趋向无穷大[15]。

证明：第 j 个虚拟网络属性 ρ_j 取虚拟节点 CPU 容量和虚拟链路带宽的累加和，根据竞争比的定义，只需找到一个实例，其离线最优算法所获收益是任意确定在线算法所获收益的无穷倍即可。具体实例构造如下：物理网络和虚拟网络都只有一条链路和两个节点，物理网络和虚拟网络的两个节点相同（即虚拟节点映射已知）；物理链路带宽为 1，虚拟网络 B 的链路带宽为 $\varepsilon(\varepsilon \to 0)$，虚拟网络 A 的链路带宽为 1。当虚拟网络 B 的请求到达后，如在线算法拒绝虚拟网络 B，则把虚拟网络 B 作为唯一的虚拟网络构建请求，此时离线最优算法必然接受虚拟网络 B，则此实例下的在线算法的竞争比为 $\varepsilon/0 \to +\infty$；如在线算法接受虚拟网络 B，则虚拟网络 A 作为第二个虚拟网络构建请求，因在线算法必然拒绝虚拟网络 A，而离线最优算法是拒绝虚拟网络 B 接受虚拟网络 A，则此实例下的在线算法的竞争比为 $1/\varepsilon \to +\infty$，得证。

从证明过程可知，不管物理网络是否支持路径分割，结论都成立。

2.7.3 虚拟网所需资源有约束的在线虚拟网映射问题

虚拟网络所需资源有约束是指根据物理网络的物理节点 CPU 容量和

物理链路带宽容量，对虚拟网络的虚拟节点 CPU 容量和虚拟链路带宽容量的最大值进行限定。

针对虚拟节点映射已知的情况，文献[15]给出了物理网络不支持路径分割的具有有限竞争比的 VNMCA 竞争算法；文献[25]给出了物理网络支持路径分割的具有有限竞争比的 GVOP 竞争算法。故有推论 2.16。

【推论 2.16】如对虚拟链路带宽容量的最大值进行限定，当虚拟节点映射已知时，不管物理网络是否支持路径分割，在线虚拟网映射问题都存在有界竞争比。

针对虚拟节点映射未知的情况，文献[24]给出了物理网络不支持路径分割和物理节点不支持重复映射的在线虚拟网映射问题的具有有限竞争比的 CAAC 竞争算法；文献[23]给出了物理网络不支持路径分割和物理节点支持重复映射的在线虚拟网映射问题的具有有限竞争比的 VNM_PDA 竞争算法。故有推论 2.17。

【推论 2.17】如对虚拟节点 CPU 容量和虚拟链路带宽容量的最大值进行限定，则当虚拟节点映射未知且物理网络不支持路径分割时，不管物理节点是否支持重复映射，在线虚拟网映射问题都存在有界竞争比。

参考文献

[1]杨名．若干流水作业排序问题的算法研究[D]．上海：华东理工大学，2011．

[2]顾小丰，孙世新，卢光辉，等．计算复杂性[M]．北京：机械工业出版社，2005．

[3]堵丁柱，葛可一，王浩．计算复杂性导论[M]．北京：高等教育出版社，2002．

[4]Garey M R，Johnson D S．"Strong"NP-completeness results：motivation，examples，and implications[J]．Journal of the Association for Computing Machinery，1978，25(3)：499-508．

[5]Vijay V．Approximation Algorithms[M]．Berlin：Springer，2001．

[6]Borodin A，EI-Yaniv R．Online Computation and Competitive Analysis[M]．New York：Cambridge University Press，1998．

[7]Chekuri C，Khanna S，Shepherd F B．The all-or-nothing multicommodity flow problem[C]．36th Annual ACM Symposium on Theory of Computing，2004．

[8]Amaldi E,Coniglio S,Koster A M C A,et al. On the computational complexity of the virtual network embedding problem[J]. Electronic Notes in Discrete Mathematics,2016,52:213-220.

[9]Poljak S. A note on stable sets and coloring of graphs[J]. Commentationes Mathematicae Universitatis Carolinae,1974,15:307-309.

[10]Hastad J. Clique is hard to approximate within[J]. Acta Mathematica,1999,182:105-142.

[11]Garey M R,Johnson D S,Stockmeyer L. Some simplied NP-complete graph problems[J]. Theoretical computer science,1976,1(3):237-267.

[12]Eppstein D. Finding large clique minors is hard[J]. Journal of Graph Algorithms and Applications,2009,13(2):197-204.

[13]Geng S,Zhang L. The complexity of the 0-1 multi-knapsack problem[J]. Journal of Computer Science and Technology,1986,1(1):46-50.

[14]Yu M,Yi Y,Rexford J,et al. Rethinking virtual network embedding:Substrate Support for path splitting and migration[J]. ACM SIGCOMM Computer Communication Review,2008,38(2):17-29.

[15]余建军,吴春明. 虚拟网映射竞争算法设计与分析[J]. 计算机科学, 2015,42(2):33-38.

[16]Kleinberg J M. Approximation algorithms for disjoint paths problems[J]. Operations Research Letters,1996,35(4):533-540.

[17]余建军,吴春明. 基于二分图 K 优完美匹配的虚拟网映射算法设计[J]. 电信科学,2014,30(2): 70-75.

[18]Baier G,Skutella M. On the k-splittable flow problem[J]. European Symposium on Algorithms,2002,42(3):101-113.

[19]Garey M R,Johnson D S. Computers and Intractability,A Guide to the Theory of NP-Completeness[M]. New York:Freeman W H and Company,1979.

[20]戚远航,蔡延光,蔡颢,等. 旅行商问题的混沌混合离散蝙蝠算法[J]. 电子学报,2016,44(10):2543-2547.

[21]刘新刚,怀进鹏,高庆一,等. 一种保持结点紧凑的虚拟网络映射方法[J]. 计算机学报,2012,35(12):2492-2504.

[22]钟一文,蔡荣英. 求解二次分配问题的离散粒子群优化算法[J]. 自动化学报,2007,33(8):871-874.

[23]余建军，吴春明. 基于成本约束的虚拟网映射策略及竞争分析[J]. 电信科学，2016，32(2)：47-54.

[24]余建军，吴春明. 支持接入控制的虚拟网映射近似算法[J]. 电子与信息学报，2014，36(5)：1235-1241.

[25]Even G, Medina M, Schaffrath G, et al. Competitive and deterministic embeddings of virtual networks[J]. Theoretical Computer Science, 2013, 496: 184-194.

3 一般在线虚拟网映射问题的算法设计与分析

一般在线虚拟网映射问题是指由单一物理网络提供商提供虚拟网映射服务且以物理网络提供商长期收益最大化为目标的在线虚拟网映射问题（如1.2.1所定义）。通常情况下，虚拟网络构建请求是动态到达的，故目前虚拟网映射问题的算法研究主要集中在在线算法研究上。在线虚拟网映射算法设计的关键是要在后续虚拟网络构建请求未知的情况下，解决动态到达的单个虚拟网映射问题。本章将介绍作者在在线虚拟网映射算法设计方面的研究成果。

3.1 节点和链路同步映射的虚拟网映射算法

3.1.1 概述

针对在虚拟节点映射时不考虑虚拟链路映射将限制解空间从而可能导致解性能下降的问题，文献[1]提出了虚拟节点映射和虚拟链路映射相互协调的虚拟网映射两阶段算法。在虚拟节点映射阶段，该算法基于物理网络的增广图构建虚拟网映射问题的混合整数规划模型，然后，通过对混合整数规划模型的松弛得到线性规划模型，并用线性规划法进行求解；最后，通过确定性舍入算法和随机性舍入算法选择虚拟节点所映射的物理节点。在虚拟链路映射阶段，则采用多商品流或最优路径算法完成。仿真试验表明，该算法在减少映射代价的同时，提高了虚拟网络构建请求的接受率和物理网络提供商收益。文献[1]提出的算法虽然在虚拟节点映射时考虑了虚拟链路映射的因素,但虚拟节点映射和虚拟链路映射还是分两个阶段进行,同样限制了解空间,导致优化性能下降。

针对文献[1]提出的算法所存在的问题,本人于2011年提出了节点和链路同步映射的一阶段虚拟网映射算法 ViNM(Virtual Network Mapping)[2],该算法是求解物理网络不支持路径分割且物理节点不支持重复映射的在线虚拟网映射问题的启发式算法。ViNM 算法将虚拟节点和虚拟链路映射同步进行,具体地说,ViNM 算法基于物理网络的增广图[1],通过构建虚拟网映射问题的0-1线性整数规划模型,然后基于分而治之的思想,通过随机和迭代的方法把虚拟链路的集合分成几个子集,使每个子集所对应的0-1线性整数规划模型,通过松弛后用线性规划的方法进行求解的结果仍是0-1线性整数规划模型的解,这样就能实现每个子集求解的最优化,从而提高整体优化的性能。

3.1.2 网络模型和问题定义

3.1.2.1 物理网络和虚拟网络

将物理网络表示为无向图 $G^0=(N^0,E^0)$,其中 N^0 和 E^0 分别表示物理节点的集合和物理链路的集合。每个物理节点具有 CPU 容量和位置两个属性,第 i 个物理节点的 CPU 容量和位置属性分别记为 $c(n_0^i)$ 和 $\mathrm{loc}(n_0^i)$;每条物理链路具有链路带宽属性,第 j 条物理链路的带宽记为 $b(e_0^j)$ 。

将第 j 个虚拟网络表示为无向图 $G^j=(N^j,E^j)$,其中 N^j 和 E^j 分别表示第 j 个虚拟网络的虚拟节点集合和虚拟链路集合。每个虚拟节点附带 CPU 容量和虚拟节点位置两个属性,第 j 个虚拟网络的第 i 个虚拟节点的 CPU 容量需求和位置信息分别记为 $c(n_j^i)$ 和 $\mathrm{loc}(n_j^i)$。每条虚拟链路具有链路带宽属性,第 j 个虚拟网络的第 i 条虚拟链路的带宽记为 $b(e_j^i)$。另外,第 j 个虚拟网络请求附带一个非负值 D_j^v,表示第 j 个虚拟网络的虚拟节点与所映射的物理节点所在地之间的距离必须小于等于 D_j^v,距离可以表示物理距离、延迟等;T_j^s 和 T_j^f 属性表示第 j 个虚拟网络的开始时间和结束时间,即该虚拟网络生存周期为 $[T_j^s,T_j^f]$。

3.1.2.2 剩余网络

将物理网络 $G^0(N^0,E^0)$ 中物理节点的 CPU 容量减去映射到该物理节点的所有虚拟节点(可能来自不同的虚拟网络)的 CPU 容量和,并将 G^0 中物理链路的带宽减去映射到该物理链路的所有虚拟链路(可能来自不同的虚拟网络）的带宽和后的网络称为 G^0 的剩余网络 $G^0_{res}(N^0, E^0)$，其中映射到某物理链路的虚拟链路指该虚拟链路所映射的物理路径包含该物理链路。剩余网络 G^0_{res} 中第 i 个物理节点的剩余 CPU 容量记为 $r_n(n^i_0)$，第 j 条物理链路的剩余带宽记为 $r_e(e^j_0)$ 。

3.1.2.3 虚拟网映射

虚拟网映射是指把虚拟网络 $G^j(N^j, E^j)$ 映射到物理网络 $G^0(N^0, E^0)$ 的一个子图上（严格地说是物理网络的剩余网络 G^0_{res} 的一个子图上），同时需满足每个虚拟节点只能映射到一个物理节点、每个物理节点最多只能被一个虚拟节点所映射、每条虚拟链路只能映射到物理网络的一条无圈的物理路径（物理路径的两个端点分别是虚拟链路的两个虚拟节点所映射的物理节点）等约束条件。另外，在虚拟网映射时必须满足由 D^v_j、$c(n^i_j)$、$b(e^i_j)$ 给出的其他约束条件 。

3.1.2.4 虚拟网映射收益和映射代价

将物理网络提供商在完成第j个虚拟网络 $G^j(N^j, E^j)$ 映射后所获收益，定义为第 j 个虚拟网络的所有虚拟节点 CPU 容量和所有虚拟链路带宽的累加和，即 $\sum_{i=1}^{|N^j|} c(n^i_j) + \sum_{i=1}^{|E^j|} b(e^i_j)$ 。

将第 j 个虚拟网络 $G^j(N^j, E^j)$ 的映射代价定义为分配给该虚拟网络的物理网络资源（CPU 容量和物理链路带宽）之和，可形式化表示为 $\sum_{i=1}^{|N^j|} c(n^i_j) + \sum_{i=1}^{|E^j|} (b(e^i_j) \times |M^e(e^i_j)|)$，其中 $|M^e(e^i_j)|$ 表示虚拟链路 e^i_j 所映射的物理路径的长度。

3.1.2.5 虚拟网映射目标

最大化物理网络提供商长期收益是在线虚拟网映射问题的主要优化目标[3-7]。针对动态到达的虚拟网络 $G^j(N^j, E^j)$ 构建请求，为提高物理网络提供商长期收益，映射虚拟网 G^j 的具体优化目标是最大化虚拟网映射收益和最小化虚拟网映射代价，即将虚拟网映射问题定义为多目标优化问题。

3.1.3 虚拟网映射问题的数学模型

3.1.3.1 物理网络增广图

对第 j 个虚拟网络 $G^j(N^j, E^j)$ 的每个虚拟节点 n^i_j（$i \in [1, |N^j|]$）定

义集合 $\Omega(n_j^i)$，该集合包含虚拟节点 n_j^i 可以映射的所有物理节点。虚拟节点 n_j^i 所能映射的物理节点必须符合以下两个条件：①物理节点与虚拟节点 n_j^i 之间的距离必须小于等于 D_j^V；②物理节点的 CPU 剩余容量必须大于等于虚拟节点 n_j^i 的 CPU 容量。

对第 j 个虚拟网络 $G^j(N^j,E^j)$，其对应的物理网络增广图是在物理网络的剩余网络 $G_{res}^0(N^0,E^0)$ 的基础上，对每个虚拟节点 $n_j^i \in N^j$（$i \in [1, |N^j|]$），增加一个相应的元节点 $\mu(n_j^i)$，并在 $\mu(n_j^i)$ 与所有的属于 $\Omega(n_j^i)$ 的物理节点间增加具有无限带宽的元边，元节点 $\mu(n_j^i)$ 的 CPU 容量等于 $c(n_j^i)$。第 j 个虚拟网络 G^j 的物理网络增广图可表示为 $G^{0'}=(N^{0'},E^{0'})$，其中 $N^{0'}=N^0 \cup \{\mu(n_j^i) \mid n_j^i \in N^j\}$；$E^{0'}=E^0 \cup \{(\mu(n_j^i),n_0^x) \mid n_j^i \in N^j, n_0^x \in \Omega(n_j^i)\}$。

3.1.3.2　0-1 线性整数规划模型

将动态到达的第 j 个虚拟网络 $G^j(N^j,E^j)$ 的构建问题看作 0-1 线性整数不可分割 $|E^j|$ - 商品流问题。其中将第 j 个虚拟网络的每条虚拟链路 $e_j^i(n_j^a,n_j^b)(i \in [1, |E^j|])$ 看成源节点和目标节点分别是 n_j^a 和 n_j^b 的单商品流；在物理网络增广图上，每个单商品流都从一个元节点流出，流向另一个元节点；在进行第 j 个虚拟网映射时，必须满足每个虚拟节点只能映射到一个物理节点且每个物理节点只能被一个虚拟节点所映射的约束条件。

下面给出第 j 个虚拟网络构建问题的 0-1 线性整数规划数学模型 VNM_IP，模型中提到的物理节点和物理链路都是针对物理网增广图的。

1）决策变量

$x_{u,v}^{j,i}$：一个二进制变量，取 0 或 1，表示第 j 个虚拟网络的第 i 条虚拟链路 e_j^i（对应单商品流）流经物理链路（n_0^u，n_0^v）的总流量占虚拟链路 e_j^i 的带宽 $b(e_j^i)$ 的比例。此变量取值约束保证流不可分割，从而确保虚拟链路只能映射到物理网络的一条物理路径上。

2）目标函数

在进行第 j 个虚拟网映射时，其优化目标是最大化虚拟网映射收益和最小化虚拟网映射代价，即在尽量获取第 j 个虚拟网映射收益（即完成第 j 个虚拟网络构建）的前提下，尽量减少虚拟网络映射代价。为提高后继虚拟网络构建请求的接受率，进而提高物理网络提供商长期收益，在进行第 j 个虚拟网映射时，其代价的计算既要考虑物理网络资源的绝对消耗量，也要考虑物理网络资源的均衡利用。因为完成第 j 个虚拟网映射的收益是确定的，所以具体优化目标是最小化式(3.1)：

$$\sum_{\omega\in N^0}\left[\frac{\beta_\omega}{r_n(\omega)+\delta}\sum_{m\in N^{0'}\setminus N^0}\sum_{i\in[1,|E^j|]}\left(\frac{(x_{m,\omega}^{j,i}+x_{m,\omega}^{j,i})}{|E_m^v|}\times c(m)\right)\right]$$

$$+\sum_{(u,v)\in E^0}\left[\frac{\alpha_{u,v}}{r_e(u,v)+\delta}\sum_{i\in[1,|E^j|]}(x_{u,v}^{j,i}\times b(e_j^i))\right] \tag{3.1}$$

其中，$1\leqslant\alpha_{u,v}\leqslant r_e(u,v)$ 和 $1\leqslant\beta_\omega\leqslant r_n(\omega)$ 是控制资源利用均衡的权重；$\delta\rightarrow 0$ 是一个为了避免在目标函数中出现除数为 0 情况的小常量；$E_m^j\subset E^j$ 是指以元节点 m 对应的虚拟节点为源或目标节点的虚拟链路的集合。

3)约束条件

(1)物理节点和物理链路的容量约束：

$$\sum_{i\in[1,|E^j|]}[(x_{u,v}^{j,i}+x_{v,u}^{j,i})\times b(e_j^i)]\leqslant r_e(u,v),\forall u,v\in N^{0'} \tag{3.2}$$

$$r_n(\omega)\geqslant\sum_{i\in[1,|E^j|]}\left(\frac{(x_{m,\omega}^{j,i}+x_{\omega,m}^{j,i})}{|E_m^j|}\times c(m)\right),\forall m\in N^{0'}\setminus N^0,\forall\omega\in N^0 \tag{3.3}$$

约束集(3.2)确保任意物理链路上所映射的第 j 个虚拟网络的所有虚拟链路带宽之和小于等于该物理链路的剩余带宽，从而确保虚拟链路所映射的物理路径上有足够的带宽资源用于分配。

约束集(3.3)确保第 j 个虚拟网络的虚拟节点所映射的物理节点的剩余CPU 容量大于等于虚拟节点的 CPU 容量需求。

(2)流守恒约束：

$$\sum_{\omega\in N^{0'}}(x_{u,\omega}^{j,i}\times b(e_j^i))-\sum_{\omega\in N^{0'}}(x_{\omega,u}^{j,i}\times b(e_j^i))=0\ ,\forall i,\forall u\in N^{0'}\setminus\{s_{j,i},t_{j,i}\} \tag{3.4}$$

$$\sum_{\omega\in N^{0'}}(x_{s_{j,i},\omega}^{j,i}\times b(e_j^i))-\sum_{\omega\in N^{0'}}(x_{\omega,s_{j,i}}^{j,i}\times b(e_j^i))=b(e_j^i),\forall i \tag{3.5}$$

$$\sum_{\omega\in N^{0'}}(x_{t_{j,i},\omega}^{j,i}\times b(e_j^i))-\sum_{\omega\in N^{0'}}(x_{\omega,t_{j,i}}^{j,i}\times b(e_j^i))=-b(e_j^i),\forall i \tag{3.6}$$

$$\sum_{i\in[1,||E^j|]}\sum_{\omega\in N^0}x_{m,\omega}^{j,i}\leqslant|E_{m\_b}^j|\ ,\forall m\in N^{0'}\setminus N^0 \tag{3.7}$$

其中，$e_j^i=\{s_{j,i},t_{j,i}\}$，$s_{j,i}$ 和 $t_{j,i}$ 分别是虚拟链路 e_j^i 的端节点(源节点和目标节点)。约束集(3.4)(3.5)(3.6)确保流守恒，表示除了源节点 $s_{j,i}$ 和目标节点 $t_{j,i}$ 外，其他节点的网络净流量为 0。

其中，$E^j_{m\_b} \subset E^j$，是指以元节点 m 对应的虚拟节点为源节点的虚拟链路的集合。约束集(3.7)确保元节点不能成为流的中间节点。

(3)虚拟节点映射的二元约束：

$$\forall m \in N^{0'} \backslash N^0 \{ x^{j,m1}_{m,\omega} = \cdots = x^{j,mp}_{m,\omega} = x^{j,1m}_{\omega,m} = \cdots = x^{j,qm}_{\omega,m}, \forall \omega \in \Omega(m^j) \} \tag{3.8}$$

$$\forall \omega \in N^0 \{ (\sum_{m \in NB} x^{j,m1}_{m,\omega} + \sum_{m \in NE} x^{j,1m}_{\omega,m}) \leqslant 1 \} \tag{3.9}$$

其中，$\{m1, m2, \cdots, mp\}$ 是指以元节点 m 对应的虚拟节点 m^j 为源节点的流(虚拟链路)的序号的集合，$\{1m, 2m, \cdots, qm\}$ 是指以元节点 m 对应的虚拟节点 m^j 为目标节点的流(虚拟链路)的序号的集合。约束集(3.8)确保构建第 j 个虚拟网络时，每个元节点(对应虚拟节点)只能映射到一个物理节点上。

对任一物理节点 ω，NB 都是符合下列特征的虚拟节点 n^x_j 所对应的元节点的集合：① $\omega \in \Omega(n^x_j)$；② 存在以 n^x_j 为源节点的虚拟链路。NE 是符合下列特征的虚拟节点 n^x_j 所对应的元节点的集合：① $\omega \in \Omega(n^x_j)$；② 存在以 n^x_j 为目标节点的虚拟链路。$m1$ 任取一个以 m 为源的流的编号，$1m$ 任取一个以 m 为目标的流的编号 。约束集(3.9)确保每个物理节点最多只能被一个虚拟节点所映射。

(4)决策变量的取值域约束：

$$x^{j,i}_{u,v} \in \{0,1\}, \forall i, \forall u, v \in N^{0'} \tag{3.10}$$

3.1.4　算法设计

3.1.4.1　0-1 线性整数规划模型 VNM_IP 的松弛

0-1 线性整数规划是 NP 难问题[8]，故将 VNM_IP 模型中的整数约束 $x^{j,i}_{u,v} \in \{0,1\}$ 进行松弛，得到第 j 个虚拟网络构建问题的线性规划模型 VNM_LP_RELAX。VNM_LP_RELAX 模型与 VNM_IP 模型类似，其区别有：

(1)把 VNM_IP 模型中的约束集(3.10)改为约束集(3.11)。

$$x^{j,i}_{u,v} \geqslant 0, \forall i, \forall u, v \in N^{0'} \tag{3.11}$$

(2)增加了约束集(3.12)，目的是使可行解中 $x^{j,i}_{u,v}$ 的变量取值尽量为 1 或 0。

$$x^{j,i}_{u,v} = 0, \forall (u,v) \in E^0, b(u,v) < b(e^i_j), \forall i \tag{3.12}$$

(3)增加约束(3.13),目的是使可行解中避免出现虚拟链路的源节点和目标节点连接到同一个物理节点的情况。

$$\sum_{\omega \in N^{0'}} \sum_{v \in N^{0'}} x_{\omega,v}^{j;i} \geqslant 3, \forall i \tag{3.13}$$

3.1.4.2 虚拟网映射算法 ViNM

1)ViNM 算法设计的基本思想

当第 j 个虚拟网络构建请求动态到达后,如基于当前物理网络剩余资源能够求得第 j 个虚拟网络的映射方案,则完成映射,否则拒绝,即采用尽力而为的服务模式。具体地说:① 当第 j 个虚拟网络构建请求动态到达后,ViNM 算法首先构建第 j 个虚拟网映射问题的 VNM_LP_RELAX 模型,然后用线性规划的方法进行求解。②如解中所有决策变量 $x_{u,v}^{j;i}$ 取值都为 0 或 1,则完成第 j 个虚拟网络的映射(虚拟节点和虚拟链路同步映射)。③如解中存在决策变量 $x_{u,v}^{j;i}$ 取值不是 0 或 1,则基于分而治之的思想,用随机方法构造第 j 个虚拟网络的虚拟链路集的第一个子集 $E1^j$(元素个数为 $|E^j|-1$,即元素个数递减),并在构建相应的 VNM_LP_RELAX 模型后用线性规划的方法进行求解,如解中所有决策变量 $x_{u,v}^{j;i}$ 取值都为 0 或 1,则完成该子集及相应的虚拟节点的映射;如解中存在决策变量 $x_{u,v}^{j;i}$ 取值不为 0 或 1,则重新构造第一个子集(元素个数为 $|E^j|-2$)。以此类推,直到完成符合解中决策变量 $x_{u,v}^{j;i}$ 取值都为 0 或 1 的第一个子集的构造并完成映射。如当第一个子集的元素个数为 1 时还不符合解中决策变量 $x_{u,v}^{j;i}$ 取值都为 0 或 1 的条件,则基于 VNM_LP_RELAX 模型,采用文献[1]中的两阶段启发式算法对整个虚拟网络构建请求进行求解。④接着构造虚拟链路集的第二个子集(元素的个数为 $|E^j|-|E1^j|$),并在构建其相应的 VNM_LP_RELAX 模型后用线性规划的方法进行求解,如解中所有决策变量 $x_{u,v}^{j;i}$ 取值都为 0 或 1,则进行第二个子集和相应的虚拟节点(已完成虚拟节点映射的除外)的映射;如解中有决策变量 $x_{u,v}^{j;i}$ 取值不为 0 或 1,则重新构造第二个子集(元素个数为 $|E^j|-|E1^j|-1$)。以此类推,直到完成符合解中决策变量 $x_{u,v}^{j;i}$ 取值都为 0 或 1 的第二个子集的构造并完成映射。如当子集的元素个数为 1 时还不符合解中决策变量 $x_{u,v}^{j;i}$ 取值都为 0 或 1 的条件,则对未完成映射的虚拟节点和虚拟链路,基于 VNM_LP_RELAX 模型,采用文献[1]中的两阶段启发式算法进行求解。⑤以此类推,直到最后一个子集构造完成,即为完成虚拟网的映射。

2)ViNM 算法的具体流程

输入:第 j 个虚拟网络 $G^j(N^j,E^j)$,物理网络的剩余网络 $G^0_{res}(N^0,E^0)$。

输出:第 j 个虚拟网络的映射方案。

1:建立物理网络增广图 $G^{0'}=(N^{0'},E^{0'})$。

2: $N^{j'}=\varnothing,E^{j'}=\varnothing$,$N^j_{\_cur}=N^j,E^j_{\_cur}=E^j$ 。

// $N^{j'}$ 和 $E^{j'}$ 是已经完成映射的虚拟节点和虚拟链路的集合。

// $N^j_{\_cur}$ 和 $E^j_{\_cur}$ 是当前子集的虚拟节点和虚拟链路的集合。

3:while($E^{j'}\neq E^j$)//外循环,每次循环构造一个子集。

{

3.1:RemoveViEdges=0

3.2: PartFinished=false//表示子集构造没有完成。

3.3:while(PartFinished==false)//内循环。

{

3.3.1: $E^{j''}$ = 在$\{E^j-E^{j'}\}$ 中随机选择出的 RemoveViEdges 条边。

3.3.2: $E^j_{\_cur}=\{E^j-E^{j'}-E^{j''}\}$

3.3.3: $N^j_{\_cur}=N^j-N^{j'}$

3.3.4:if ($E^j_{\_cur}==\varnothing$){break ;}//如 $E^j_{\_cur}$ 为空,则跳出内循环。

3.3.5:根据已完成的虚拟节点和虚拟链路映射情况,构造与虚拟节点子集 $N^j_{\_cur}$ 和虚拟链路子集 $E^j_{\_cur}$ 相对应的 VNM_LP_RELAX 模型[如某个虚拟结点 n^b_j 已经映射到物理节点 n^a_0,则修改物理网增广图,使 $\Omega(n^b_j)=\{n^a_0\}$;如第 i 条虚拟链路已经映射到物理路径 p 上,则增加 VNM_LP_RELAX 模型的约束条件,使该路径上的物理链路(n^u_0 , n^v_0)的 $x^{j;i}_{u,v}$ 为 1],然后用线性规划算法求解。

3.3.6:if(没有可行解){拒绝该请求,退出算法}

3.3.7:if(可行解中任意 $x^{j;i}_{u,v}$ 取值都为 1 或 0){PartFinished=true;}

3.3.8:RemoveViEdges=RemoveViEdges+1

}//内循环结束。

3.4:if ($E^j_{\_cur}\neq\varphi$)

{

3.4.1:for all $e\in E^j_{\_cur}$ do {根据可行解对虚拟链路 e 进行映射;}

3.4.2: $E^{j'}=E^{j'}\cup E^j_{\_cur}$

3.4.3:for all $n\in\{\{n^x_j\mid\exists(n^a_j,n^b_j)\in E^j_{\_cur},n^x_j=n^a_j \text{ or } n^x_j=n^b_j\}-N^{j'}\}$

do{根据可行解对虚拟节点 n 进行映射;}

3.4.4: $N^{j'} = N^{j'} \cup \{n_j^x \mid \exists(n_j^a, n_j^b) \in E_{\_cur}^j, n_j^x = n_j^a \text{ or } n_j^x = n_j^b\}$

}

3.5:if ($E_{\_cur}^j == \varnothing$){ break;}

}//外循环结束。

4:if($E^{j'} == E^j$){输出第 j 个虚拟网络的映射方案;}

5:if($E^{j'} \neq E^j$)

{

5.1:对没有完成映射的虚拟节点($N^j - N^{j'}$)和虚拟链路($E^j - E^{j'}$)构建 VNM_LP_RELAX 模型,并用文献[1]中的两阶段启发式算法进行求解。

5.2:if(求解成功){输出第 j 个虚拟网络的映射方案;}else {拒绝该请求;}

6:结束。

3.1.5 算法分析

3.1.5.1 时间复杂性分析

ViNM 算法的时间复杂度取决于线性规划算法的复杂度,而线性规划问题用 Karmarkar 提出的内点法可在多项式时间内解决[9]。ViNM 算法最多执行线性规划算法 $|E^j|(|E^j|+1)/2$ 次,故 ViNM 算法是多项式时间算法。

3.1.5.2 算法平均性能实验分析

1)实验环境及性能评估指标

基于 ViNE-Yard 仿真软件[10]开发虚拟网映射模拟仿真软件,用于对 ViNM 算法的平均性能评估,模拟仿真软件利用开源线性规划库 GLPK[11]对 VNM_LP_RELAX 模型进行求解。

同文献[1]相同,采用工具 GT-ITM[12]随机产生物理网络,物理网络有 50 个物理节点,物理节点两两之间用 0.5 的概率随机连接,物理节点的 CPU 容量和物理链路的带宽在 50 到 100 整数间均匀分布,表示物理节点所在地的 x 和 y 的值都在 1 到 100 整数间均匀分布。虚拟网络请求的到达是一个泊松过程,平均每 100 时间单位有 4 个虚拟网络构建请求,每个虚拟网络的生存期符合指数分布,平均每个虚拟网络的生存期为 1000 时间单位。对每个虚拟网络请求,虚拟节点数在 2 和 10 之间等概率随机产生,虚拟网络平均连通度是 50%,虚拟节点的 CPU 容量在 1 到 20 整数间均匀分布,虚拟链路的带宽在 1 到 50 整数间均匀分布,表示虚拟节点所在地的 x 和 y 的值都在 1 到 100 整数间均匀分布，所有虚拟网络的虚拟节点所在地与所映射的物理节点所在地间的距离必须小于等于 10。

对算法性能的评估指标同文献[1]相同，即虚拟网络构建请求的接受率、虚拟网映射平均收益和虚拟网映射平均代价等。下面把 ViNM 算法同其他两阶段虚拟网映射算法（针对物理网络不支持路径分割且物理节点不支持重复映射的情况）进行比较分析（见表 3.1）。由于文献[1]提出的 D-ViNE-SP 和 R-ViNE-SP 算法，在不考虑资源利用均衡时的性能比考虑资源利用均衡时的性能差[1]，故仿真实验中就不考虑资源利用不均衡的情况。

表 3.1 相关两阶段虚拟网映射算法

算法标记符号	说明
G-SP	虚拟链路映射采用最短路径算法，虚拟节点映射采用贪婪算法[13]
R-ViNE-SP	虚拟链路映射采用最短路径算法，虚拟节点映射采用随机节点映射法[1]
D-ViNE-SP	虚拟链路映射采用最短路径算法，虚拟节点映射采用确定节点映射法[1]
ViNM	基于 0-1 线性整数规划的虚拟网映射算法（目标函数(3.1)中 $\alpha_{u,v}$ 和 β_ω 分别取 $r_e(u,v)$ 与 $r_n(\omega)$，即不考虑资源均衡利用）
ViNM_LB	基于 0-1 线性整数规划的虚拟网映射算法（$\alpha_{u,v}$ 和 β_ω 都取 1，即资源均衡利用）

2）实验结果及分析

（1）虚拟网络构建请求接受率、映射收益和映射代价分析。

ViNM 算法把虚拟节点和虚拟链路映射同步进行，与把虚拟网络构建分两个阶段的算法相比，对解空间的限制会变小，且能实现每个子集求解的最优化，从而提高整体优化的性能。

从图 3.1、图 3.2 和图 3.3 可以看出，ViNM 和 ViNM_LB 算法与其他算法相比，在较大幅度减少虚拟网络构建平均代价的前提下，提高了虚拟网络构建请求接受率和平均收益。

（2）资源均衡利用能提高性能。

从图 3.1、图 3.2 和图 3.3 可以看出，考虑资源均衡利用的 ViNM_LB 算法与不考虑资源均衡利用的 ViNM 算法相比，在小幅度增加虚拟网络构建平均代价的前提下，提高了虚拟网络构建请求接受率和平均收益。虚拟网络构建平均代价增加，是因为考虑资源均衡利用时，可能会在虚拟链路映射时选择一条相对较长，但剩余带宽较多的物理路径，这样在后面就能接受更多的虚拟网络构建请求。

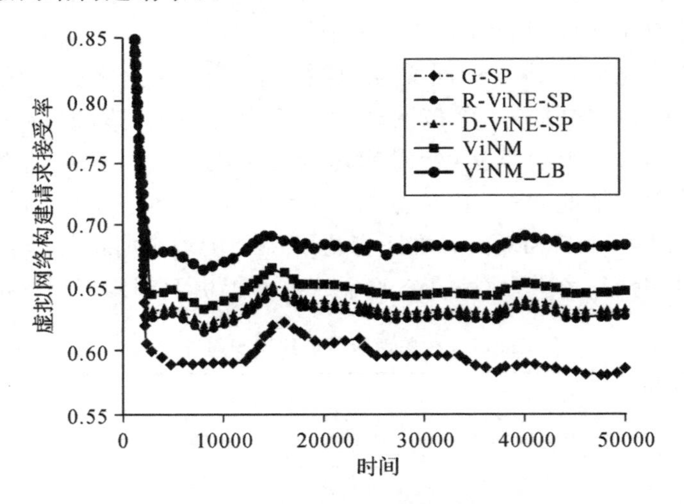

图 3.1 虚拟网络构建请求接受率

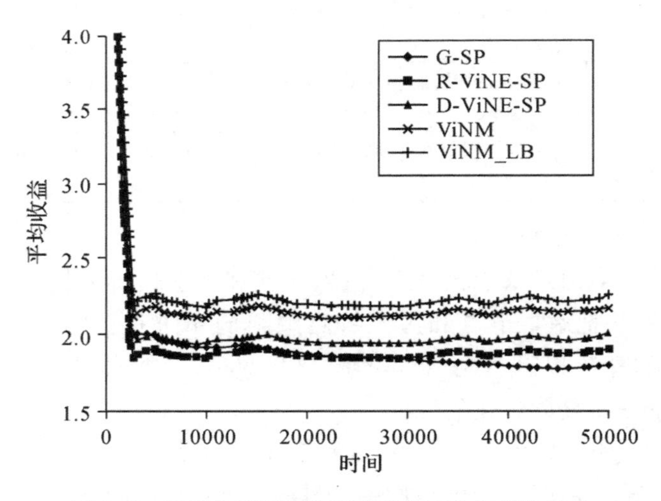

图 3.2 接受虚拟网络构建请求所产生的平均收益

(3)随机化具有资源利用均衡的作用。

从图 3.1、图 3.2 和图 3.3 可以看出，R-ViNE-SP 和 D-ViNE-SP 算法性能差异较小，即在资源利用均衡的情况下，随机化效果不明显，这验证了随机化具有资源利用均衡作用的结论[14]。

(4)资源利用情况。

从表 3.2 可以看出，ViNM 和 ViNM_LB 算法与其他算法相比较，物理链路利用率方差小，但物理节点利用率方差大，即物理链路使用的均衡性能好，但物理节点使用的均衡性较差。造成这种情况的原因是，算法的目标是在物理节点利用均衡、物理链路利用均衡、虚拟链路所映射的物理路径尽量短之间综合优化。上述情况表明，在我们的实验环境下，牺牲一定的物理节点利用的均衡性，能较多地提高物理链路利用的均衡性。

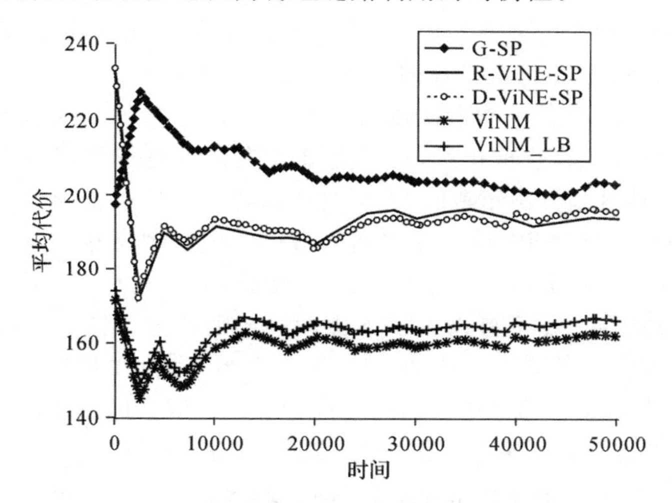

图 3.3　接受虚拟网络构建请求所产生的平均代价

表 3.2 中的实验数据同时表明，ViNM 算法和 ViNM_LB 算法在具有较高的收益和请求接收率的同时，具有较高的物理节点利用率，但物理链路平均利用率反而比其他算法低。这说明，在我们的实验环境下，牺牲一定的物理节点利用的均衡性，不仅能提高物理链路利用的均衡性，而且能把虚拟链路映射到较短的物理路径上。

表 3.2　资源利用情况

算法	节点平均利用率	链路平均利用率	节点利用率方差	链路利用率方差
G-SP	0.178	0.390	0.235	0.288
R-ViNE-SP	0.201	0.430	0.251	0.284
D-ViNE-SP	0.205	0.410	0.258	0.282
ViNM	0.254	0.331	0.264	0.241
ViNM_LB	0.324	0.311	0.271	0.230

以上是 ViNM 算法和 ViNM_LB 算法在当前实验环境下的优化计算的结果，如实验环境（物理网络结构、虚拟网络结构等）发生变化，ViNM 算法和 ViNM_LB 算法能作出相应的反应，并找到相对较优的解决方案。

(5)虚拟链路子集划分。

在当前实验环境中，每个虚拟网络请求所要求的虚拟链路数的期望值为 6。当采用 ViNM_LB 算法时，我们测试的结果是，虚拟链路集合分成子集数的均值大致为 2，每个子集的元素个数的均值大致是 3。

(6)分析 ViNM 算法中两阶段启发式算法[1]（步骤 5.1)被执行的概率。

两阶段启发式算法被执行，说明有某个虚拟链路子集仅包含一条虚拟链路，且用线性规划方法求解时，有可行解且解中 x 值不全为 1 或 0。因在构造该子集的线性规划模型时，物理网络增广图中物理链路带宽小于这条虚拟链路带宽的，已经通过约束条件(3.12)使该虚拟链路所映射的物理路径不经过该物理链路。如不考虑约束条件(3.9)，则该虚拟链路在物理网络增广图上一定存在一条最优路径，即解 x 取值必为 1 或 0。如解中 x 取值不全为 1 或 0，说明该最优路径违反约束条件(3.9)，即该最优路径把该虚拟链路的两个虚拟节点都映射到同一物理节点上。$\mu(n_j^1) - n_0^1 - \mu(n_j^2)$ 是在不考虑约束(3.9)时第一条虚拟链路 $e_j^1(n_j^1, n_j^2)$ 和虚拟节点（n_j^1 和 n_j^2）进行同步映射的最优路径，但由于 $x_{v1,1}^{j;1} + x_{1,v2}^{j;1} \leqslant 1$（$v1$ 和 $v2$ 表示元节点 $\mu(n_j^1)$ 和 $\mu(n_j^1)$ 在物理网络增广图中的节点编号）的约束，故线性规划求解结果是把虚拟链路 $e_j^1(v1, v2)$ 映射到三条物理网络增广图的路径上，$\mu(n_j^1) - n_0^2 - n_0^1 - \mu(n_j^2)$ 为第二优路径，$\mu(n_j^1) - n_0^2 - n_0^3 - \mu(n_j^2)$ 为第三优路径。图 3.4 中 $\mu(n_j^1)$、$\mu(n_j^2)$、n_0^1、n_0^2 和 n_0^3 分别用 $v1$、$v2$、$e1$、$e2$ 和 $e3$ 表示，物理链路上所标记的权重是第一条虚拟链路 e_j^1 流经该物理链路上的总流量占虚拟链路 e_j^1 的带宽的比例。

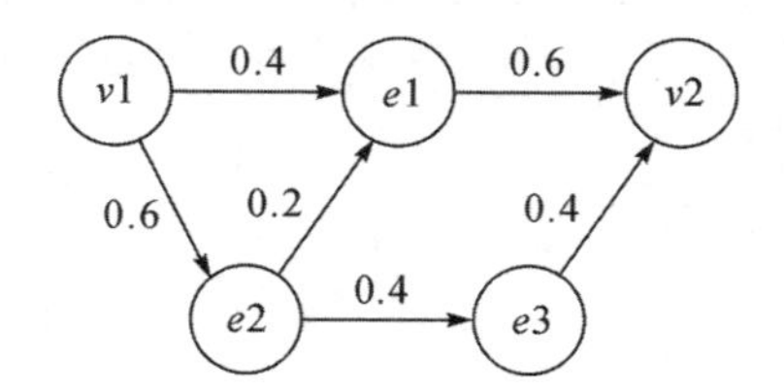

图 3.4 虚拟网映射

在我们的测试环境中，代表物理节点和虚拟节点所在地的 x 和 y 值都在 1 到 100 整数间均匀分布，每个虚拟节点与所映射的物理节点之间的距离小于等于10,那么虚拟链路的两个虚拟节点可以同时映射到某个物理结点的概率不到0.1%。另外,在虚拟网络构建过程中,虚拟链路集合可能会分成多个子集,如前面子集的解中已经有其他虚拟节点映射到 n_0^1 ,且 n_0^2 和 n_0^3 还没有被映射的话,则线性规划算法在求 $e_j^1(v1,v2)$ 映射路径时,最优路径为 $\mu(n_j^1)-n_0^2-n_0^3-\mu(n_j^2)$,该解 x 取值全为1或0,即把虚拟节点 n_j^1 和 n_j^2 分别映射到物理节点 n_0^2 和 n_0^3 上,虚拟链路 $e_j^1(v1,v2)$ 映射到物理路径 $\mu(n_j^1)-n_0^2-n_0^3-\mu(n_j^2)$ 上。

3.1.6　小结

针对物理网络不支持路径分割和物理节点不支持重复映射场景下的动态到达的虚拟网络构建请求,本节基于0-1线性整数规划模型及分而治之思想提出了虚拟网映射算法ViNM。与两阶段虚拟网映射算法相比,ViNM算法把虚拟节点和虚拟链路映射同步进行。仿真实验表明,ViNM算法能够在减少物理网络开销的情况下,提高物理网络提供商收益和虚拟网络建立请求接受率,算法性能优于其他两阶段虚拟网映射算法。当然,还有许多问题有待进一步研究,如算法的近似度分析、如何根据虚拟网络建立请求模式动态调整算法等。

3.2　求解虚拟网映射问题的模拟退火遗传算法

3.2.1　概述

针对两阶段虚拟网映射算法存在限制解空间,导致优化性能下降的问题,本人于2012年提出了求解虚拟网映射问题的模拟退火遗传算法SAGA-VM(Simulate Anneal Genetic AlgorithmVirtual network Mapping)[15],该算法是针对物理节点不支持重复映射(不管物理网路是否支持路径分割)情况下的在线虚拟网映射算法。

当虚拟网络构建请求动态到达后,SAGAVM算法用模拟退火遗传算法优化虚拟节点映射,使当采用启发式算法(针对物理网络不支持路径分割的情况)或多商品流算法(针对物理网络支持路径分割的情况)完成虚拟链路映射(即完成虚拟网络构建)后,虚拟网映射的目标尽量最优(最小)。SA-GAVM算法使虚拟节点映射和虚拟链路映射两个阶段相互协调,在减少映射代价的同时,提高了虚拟网络建立请求的接受率和虚拟网映射收益。

3.2.2 网络模型和问题定义

3.2.2.1 物理网络和虚拟网络

将物理网络表示为无向图 $G^0=(N^0,E^0)$，其中 N^0 和 E^0 分别表示物理节点的集合和物理链路的集合。每个物理节点都具有CPU容量和位置两个属性，第 i 个物理节点的CPU容量和位置属性分别记为 $c(n_0^i)$ 和 $\mathrm{loc}(n_0^i)$；每条物理链路具有链路带宽属性，第 j 条物理链路的带宽记为 $b(e_0^j)$。

将第 j 个虚拟网络表示为无向图 $G^j=(N^j,E^j)$，其中 N^j 和 E^j 分别表示第 j 个虚拟网络的虚拟节点集合和虚拟链路集合。每个虚拟节点附带CPU容量和位置两个属性，第 j 个虚拟网络的第 i 个虚拟节点的CPU容量需求和位置信息分别记为 $c(n_j^i)$ 和 $\mathrm{loc}(n_j^i)$。每条虚拟链路具有链路带宽属性，第 j 个虚拟网络的第 i 条虚拟链路的带宽记为 $b(e_j^i)$。另外，第 j 个虚拟网络请求附带一个非负值 D_j^v，表示第 j 个虚拟网络的虚拟节点与所映射的物理节点所在地之间的距离必须小于等于 D_j^v，距离可以表示物理距离、延迟等；第 j 个虚拟网络的 T_j^s 和 T_j^f 属性表示第 j 个虚拟网络的开始时间和结束时间，即该虚拟网络生存周期为 $[T_j^s,T_j^f]$。

3.2.2.2 虚拟网映射

虚拟网映射是指把虚拟网络 $G^j(N^j,E^j)$ 映射到物理网络 $G^0(N^0,E^0)$ 的一个子图上，且满足每个虚拟节点只能映射到一个物理节点、每个物理节点最多只能被一个虚拟节点所映射、每条虚拟链路只能映射到物理网络的一条或多条无圈的物理路径（物理路径的两个端点分别是虚拟链路的两个虚拟节点所映射的物理节点）等约束条件。另外，在虚拟网映射时，必须满足由 D_j^v、$c(n_j^i)$、$b(e_j^i)$ 给出的其他约束条件。

3.2.2.3 虚拟网映射收益和映射代价

将物理网络提供商在完成第 j 个虚拟网络 $G^j(N^j,E^j)$ 映射后所获的收益，定义为第 j 个虚拟网络的所有虚拟节点CPU容量和所有虚拟链路带宽的累加和，即 $\sum_{i=1}^{|N^j|}c(n_j^i)+\sum_{i=1}^{|E^j|}b(e_j^i)$。

将第 j 个虚拟网络 $G^j(N^j,E^j)$ 的映射代价定义为分配给该虚拟网络的物理网络资源（CPU容量和物理链路带宽）之和，可形式化表示为 $\sum_{i=1}^{|N^j|}c(n_j^i)+\sum_{i=1}^{|E^j|}(b(e_j^i)\times|M^e(e_j^i)|)$，其中 $|M^e(e_j^i)|$ 表示虚拟链路 e_j^i 所映射的物理路径的长度。

3.2.2.4 虚拟网映射目标

最大化物理网络提供商长期收益是在线虚拟网映射问题的主要优化目标[3-7]。针对动态到达的虚拟网络 $G^j(N^j, E^j)$ 构建请求，为提高物理网络提供商长期收益，将映射单个虚拟网 G^j 的优化目标设计为最大化虚拟网映射收益和最小化虚拟网映射代价，即在尽量获取第 j 个虚拟网络映射收益的前提下，尽量减少虚拟网映射代价。为提高后继虚拟网络构建请求的接受率，进而提高物理网络提供商长期收益，在进行第 j 个虚拟网络映射时，其代价的计算既要考虑物理网络资源的绝对消耗量，也要考虑物理网络资源的均衡利用。因第 j 个虚拟网映射的收益是确定的，所以具体优化目标是最小化以下均衡代价：$\sum_{\omega \in N^0}(\frac{\beta_\omega}{r_n(\omega)+\delta} \times c(m)) + \sum_{(u,v)\in E^0}(\frac{\alpha_{u,v}}{r_e(u,v)+\delta}\sum_{i\in[1,|E^j|]} f_{u,v}^{j,i})$。其中，$1 \leqslant \alpha_{u,v} \leqslant r_e(u,v)$，$1 \leqslant \beta_\omega \leqslant r_n(\omega)$，$\alpha_{u,v}$ 和 β_ω 是控制物理链路和物理节点均衡利用的权重；$\delta \to 0$ 是一个为了避免在目标函数中出现除数为 0 情况的小常量；m 是映射到物理节点 ω 的唯一虚拟节点，如物理节点 ω 没有被任何虚拟节点所映射，则 $c(m)$ 取 0；$f_{u,v}^{j,i}$ 表示第 i 条虚拟链路 e_j^i 流经物理链路 (n_0^u, n_0^v) 的流量。

3.2.2.5 虚拟节点能映射的物理节点集合 $\Omega(n_j^i)$

对第 j 个虚拟网络 $G^j(N^j, E^j)$ 的每个虚拟节点 n_j^i（$i \in [1, |N^j|]$）定义集合 $\Omega(n_j^i)$，该集合包含虚拟节点 n_j^i 可以映射的所有物理节点。虚拟节点 n_j^i 所能映射的物理节点必须符合以下两个条件：①物理节点与虚拟节点 n_j^i 之间的距离必须小于等于 D_j^v；②物理节点的 CPU 剩余容量必须大于等于虚拟节点 n_j^i 的 CPU 容量。

3.2.3 算法设计

3.2.3.1 遗传算法

1)遗传算法的形成

遗传算法(Genetical Algorithm，GA)[16,17]源于对生物系统所进行的计算机模拟研究。美国密歇根大学的 Holland 教授及其学生受到生物模拟技术的启发，创造出了一种基于生物遗传和进化机制、适合于复杂系统优化的自适应概率优化技术，即遗传算法。把计算机科学与进化论揉合到一块的最初尝试是在 50 年代末 60 年代初，但由于过分依赖突变(mutation)而不是配对(breedig)来产生新的基因，所以收效甚微，而 Holland 的功绩在于开发了一种既可描述交换也可描述突变的编码技术，这是最早的遗传算法，现在把它称为简单遗传算法(Simple GA,SGA)。

2)遗传算法的基本原理

遗传算法是一种借鉴生物界自然选择机制、自然遗传机制和群体遗传学机理的高度并行、随机、迭代、进化和自适应的搜索算法。它结合了达尔文适者生存理论和随机信息交换机制，前者消除了解中的不适应因素，后者利用了原有解已有的知识，从而有力地加快了搜索过程。遗传算法的构成要素和算法基本步骤如下：

(1)编码。由于遗传算法不能直接处理解空间的解数据，因此在进行搜索之前，必须先通过编码把解空间变量表示成遗传空间的基因型串结构数据——染色体。人们提出了许多种不同的编码方法，如二进制编码方法、浮点数编码方法等，编码方法必须具有完备性、健全性和非冗余性。

(2)初始群体。遗传算法是群体型操作算法，在对解空间变量进行编码后，紧接着就要以某种方法产生 N 个染色体，以构造遗传算法的初始群体，然后以这个初始群体作为起点开始迭代搜索。

(3)个体适应度。遗传算法在搜索进化过程中一般不需要其他外部信息，仅用个体适应度函数值来评估个体或解的优劣，并作为后续遗传操作的依据。个体适应度函数表明个体对环境适应能力的强弱。问题不同，个体适应度函数的定义方式也不同，对函数优化问题，一般取目标函数作为适应度函数。

(4)选择(selection)，又称复制或繁殖(reproduction)。选择操作是从当前群体中选出生命力强的染色体，使它有机会被保留以繁殖后代。判断染色体优良与否的准则就是各自的适应度值，个体适应度值越大，其被选择的机会就越多。选择操作体现了达尔文的优胜劣汰和适者生存原则。根据问题的特征，选择可采用无回放随机选择、无回放余数随机选择、最优保存策略、确定式聚样选择、随机联赛选择和排序选择等方法。

(5)交叉(crossover)，又称重组(recombination)或配对。交叉操作是遗传算法中最主要的遗传操作，通过交换选定的两个个体的基因串的部分信息来实现。最常用的交叉算子是单点交叉，其他还有双点交叉、多点交叉、均匀交叉和算术交叉，多点交叉破坏个体结构的可能性比较大，一般不用。交叉算子的设计主要考虑如何确定交叉点的位置及如何进行部分基因的交换。

(6)变异(mutation)。选择和交叉基本上完成了遗传算法的大部分搜索任务，而变异则提高了遗传算法找到接近最优解的能力。最简单的变异算子是基本位变异算子，为适应不同应用，人们开发了均匀变异、边界变异、非均匀变异及高斯变异等算子。基本位变异算子只改变个体编码串的几个基因，发生变异的概率也比较小，发挥的作用也比较小，效果不明显；均匀变异适合于遗传算法的初期阶段，可增加群体的多样性；边界变异是均匀变异的变形，适合于最优解接近于边界的一类问题；非均匀变异和高斯变异可使最优解的搜索过程更加集中在最有希望的重点区域中。

(7)约束条件的处理。在遗传算法中必须对约束条件进行处理，但目前尚无处理各种约束条件的一般方法，根据具体问题可选择三种方法，即搜索空间限定法、可行解变换法及罚函数法。对一些比较简单的约束条件可通过适当编码使搜索空间与解空间一一对应，限定搜索空间能提高遗传算法的效率，但在使用搜索空间限定法时必须保证交叉、变异之后的新个体在解空间中有对应解。可行解变换法是寻找个体基因型与个体表现型的多对一变换关系，扩大了搜索空间，对交叉、变异无特殊要求，但会降低运行效率。对在解空间中无对应可行解的个体计算其适应度时，可以处以一个罚函数，如何确定合理的罚函数是这种处理方法难点所在，在考虑罚函数时，既要度量解对约束条件不满足的程度，又要考虑计算效率。

(8)标准遗传算法的步骤如下：

1：随机产生一组初始个体构成初始种群，并评价每个个体的适应度值。

2：判断算法收敛准则是否满足。若满足则输出搜索结果，否则执行以下步骤。

3：根据适应度值大小以一定方式执行复制操作。

4：按交叉概率执行交叉操作。

5：按变异概率执行变异操作。

6：返回步骤2。

上述算法中，适应度值是对染色体(个体)进行评价的一种指标，是GA进行优化所用的主要信息，它与个体的目标值存在一种对应关系。复制操作通常使用比例复制，即复制概率正比于个体的适应度值，如此意味着适应度值高的个体在下一代中复制自身的概率大，从而提高了种群的平均适应度值。交叉操作通过交换两父代个体的部分信息构成后代个体，是后代继承父代的有效模式，有利于产生优良的个体。变异操作通过随机改变个体中某些基因而产生新个体，有利于种群的多样性，避免早熟收敛。

3)遗传算法的特点、优点和缺点

遗传算法有以下特点:遗传算法不是直接作用在参变量集上,而是作用于参变量集上的某种编码;遗传算法不是从单个点,而是从群体进行搜索的;遗传算法利用适应度值信息,不需要导数或其他辅助信息;遗传算法利用概率转移规则,而不是确定性规则。

遗传算法有以下优点:遗传算法在搜索过程中不容易陷入局部最优的陷阱,即使在所定义的适应度函数是不连续的、非规则的或有噪声的情况下,也能以很大的概率找到全局最优解;遗传算法采用自然进化机制来表现复杂的现象,能够快速可靠地解决非常困难的问题;遗传算法具有固有的并行性和并行计算的能力;遗传算法具有可扩展性,易于同别的技术混合等。

遗传算法有以下缺点:不能及时利用反馈信息,导致算法的搜索速度比较慢,要得到较精确的解需要较长的时间;局部搜索能力差;控制变量较多;无确定的终止准则;交叉概率和变异概率等参数的选择严重影响解的品质,而目前这些参数的选择大部分是依靠经验;算法对初始种群的选择有一定的依赖性等。

4)控制参数的选择和中止条件的设计

控制参数的不同选取会对遗传算法的性能产生较大的影响。遗传算法的控制参数主要包括群体规模、交叉概率和变异概率等。在求解实际问题时,这些参数主要按经验值给出,一般群体规模取 20 至 100,交叉概率取 0.6 至 0.95,变异概率取 0.001 至 0.01。实际应用中发现,当变异概率很小时,解群体的稳定性好,一旦陷入局部极值陷阱就很难跳出来,易产生未成熟收敛,而增大变异概率的值,可破坏解群体的同化,使解空间保持多样性,搜索过程可以从局部极值点跳出来,收敛到全局最优解。在求解过程中也可以使用可变的变异概率,即算法早期变异概率取较大值,以扩大搜索空间;算法后期变异概率取较小值,以加快收敛速度。

常用的中止条件是事先给定一个最大化的进化步数,或者判断最佳优化值是否连续若干步没有明显的变化等。

3.2.3.2 模拟退火算法

1)模拟退火算法基本思想

模拟退火(Simulated Annealing,SA)算法[16]于 20 世纪 80 年代初被提出,其思想源于固体退火过程:将固体加温至充分高,再让其徐徐冷却;加温时,固体内部粒子随温度上升变为无序状,内能增大;而徐徐冷却时粒子渐趋有序，在每个温度下都达到平衡态；最后在常温时达到基态，内能降为最小。

固体在恒温下达到热平衡的过程可以用 Monte Carlo 方法加以模拟，虽然该方法简单，但必须大量采样才能得到比较精确的结果，因而计算量很大。鉴于物理系统倾向于能量较低的状态，而热运动又妨碍它准确落到最低态的现实，采样时着重采取那些有重要贡献的状态可较快达到较好的结果，因此 Metropdis 等人于 1953 年提出了重要性采样法，即以概率接受新状态，具体而言：①在温度 t，由当前状态 i 产生新状态 j，两个状态的能量分别是 E_i 和 E_j，如 $E_j < E_i$ 则接受新状态 j 为当前状态，否则如 $p_r = e^{\frac{E_i - E_j}{K \times T}}$ 大于[0，1）区间内的随机数则接受新状态 j 为当前状态；否则保留状态 i 为当前状态，其中 K 和 T 为 Boltzmann 常数和温度。②当以上过程多次重复，即经过大量迁移后，系统将趋于能量较低的平衡态，各状态的概率分布将趋于某种动态分布。③这种重要性采样过程在高温下可接受与当前状态能量差较大的新状态，而在低温下基本上只接受与当前能量差较小的新状态，这与不同温度下热运动的影响完全一致，而且当温度趋于零时，就不能接受比当前状态能量高的新状态，这种接受准则通常称为 Metropolis 准则。④它的计算量相对 Monte Carlo 方法更小。

1983 年，Kirkpatrick 等意识到组合优化与物理退火有相似性，并受到 Metropolis 准则的启迪，提出了模拟退火算法。归纳而言，模拟退火算法是基于 Monte Carlo 迭代求解策略的一种随机寻优算法，其出发点是基于组合优化与物理退火的相似性，模拟退火算法由某一较高温度开始，利用具有概率突变特性的 Metropolis 抽样策略在解空间中进行随机搜索，伴随温度的不断下降重复抽样过程，最终得到问题的全局最优解。

2)标准模拟退火算法基本步骤

1：给定初温 $t = t_0$，随机产生初始状态 $s = s_0$，令 $k = 0$ 。

2：repeat//外循环。

{

2.1：repeat//内循环。

{

2.1.1：s_j = Genete(s)// 产生新状态 。

2.1.2：if(min{1,$e^{(c(s)-c(s_j))/t_k}$]} ≥ random[0,1])$s = s_j$ 。

// $c(s)$ 为状态 s 的目标函数值 。

2.2：} until（抽样稳定准则满足）；//内循环结束。

2.3：$t_{k+1} = \text{update}(t_k), k = k+1$；// 退温 。

3：} until (算法终止准则满足)；//外循环结束。

3)模拟退火算法特点

模拟退火算法具有质量高、初值鲁棒性强、通用易实现的优点。但是为寻到最优解，算法要求较高的初温、较慢的降温速度、较低的终止温度以及各温度下足够多的抽样，因而模拟退火算法往往优化过程较长，这是模拟退火算法的最大缺点。

4)关键参数和操作的设计

从算法流程可知，状态产生函数、状态接受函数、退温函数、内循环终止准则和外循环终止准则(简称三函数两准则)以及初始温度(初温)是直接影响算法优化结果的主要因素。至今模拟退火算法的参数选择依然是个难题，通常只能依据一定的启发式准则或大量的实验加以选取。

(1)状态产生函数。设计状态产生函数(邻域函数)的出发点是尽可能保证产生的候选解遍布全部解空间。通常，状态产生函数由两部分组成，即产生候选解的方式和候选解产生的概率分布。候选解的产生方式由问题的性质决定，通常在当前状态的邻域结构内以一定概率方式产生，而邻域函数和概率方式可以多样化设计，其中概率设计可以是均匀分布、正态分布、指数分布、柯西分布等。

(2)状态接受函数。该函数一般以概率方式给出，不同接受函数的差别主要在于接受概率的形式不同。状态接受函数的引入是模拟退火算法实现全局搜索的关键因素，但实验表明状态接受函数的具体形式对算法性能的影响不显著。因此，模拟退火算法中通常采用 $\min[1, e^{(c(s)-c(s_j))/t_k}]$ 作为状态接受函数。

(3)退温函数，即温度的下降方式，用于在外循环中修改温度值。

目前常用的退温函数为指数退温，即 $t_{k+1} = \lambda t_k$，其中 $0 < \lambda < 1$，且其大小可以不断变化。

(4)内循环终止准则，或称 Metropolis 抽样稳定准则，用于决定在各温度下产生候选解的数目。常用的抽样稳定准则包括：检验目标函数的均值是否稳定；连续若干步的目标值变化很小；按一定步数抽样。

(5)外循环终止准则，即算法终止准则。设置温度终值 t_e 是一种简单的方法。模拟退火算法的收敛性理论中要求 t_e 趋于零，这显然是不实际的。通常做法是设置终止函数的阈值、设置外循环迭代的次数、使算法搜索到的最优值连续若干步保持不变、检验系统熵是否稳定等。

(6)初温。实验表明,初温越高,获得高质量解的概率越大,但花费的计算时间将增加。因此,初温的确定应折中考虑优化质量和优化效率。常用的方法包括:随机抽样一组状态,以各状态目标值的方差为初温;随机产生一组状态,确定两两状态间的最大目标值差 $|\Delta\max|$,然后根据差值,利用一定的函数产生初温,譬如 $t_0 = -\Delta\max/\ln p_r$,其中 p_r 为初始接受概率,如 p_r 接近于1,且初始随机产生的状态能够一定程度上表征整个状态空间,则算法将以几乎等同的概率接受任意状态,完全不受极小解的限制。

3.2.3.3　模拟退火遗传算法

遗传算法能从概率意义上以随机的方式寻求到最优解,其把握搜索过程的能力较强,但存在易产生早熟现象、局部寻优能力较差等问题;而模拟退火算法具有较强的局部搜索能力,但模拟退火算法不适合整个搜索空间,不能使搜索过程进入最有希望的搜索区域。由于遗传算法和模拟退火算法具有互补性,故学者提出了融合模拟退火算法和遗传算法的模拟退火遗传算法,使得优化过程的搜索行为更加完善,并增强全局搜索以及局部搜索能力,而且有效控制早熟现象的出现,从而提高算法运行效率和求解质量。

在遗传算法的搜索过程中,融合模拟退火算法思想的模拟退火遗传算法[18,19]以遗传算法运算流程作为主体流程,把模拟退火机制融入其中,用以进一步调整优化群体。其基本的执行过程是:①先随机产生初始群体,设定初始化温度 t_0;②开始随机搜索,通过选择、交叉、变异等遗传操作来产生一组新的个体,接着独立地通过对所产生的每个个体分别进行模拟退火,最后退温,以其结果作为下一代群体中的个体;③运行过程反复迭代,直到满足某个终止条件为止。模拟退火遗传算法的执行过程主要由两个步骤组成,即首先通过遗传算法的进化操作(侧重全局搜索)产生出较优良的一个群体,然后利用模拟退火算法的退火操作(侧重局部搜索)来对基因个体进行进一步的优化调整。

3.2.3.4　求解虚拟网映射问题的模拟退火遗传算法SAGAVM设计

1)解的编码和初始种群的生成

设 $N^j = \{n_j^1, n_j^2, \cdots, n_j^l\}$,其中 $l = |N^j|$,即第 j 个虚拟网络有 l 个虚拟节点需要映射,则用长度为 l 的串表示问题的解(染色体),串中第 i 个元素(表示第 i 个虚拟节点 n_j^i)的取值来自集合 $\Omega(n_j^i)$,各元素取值不能相同,以保证每个虚拟节点只能映射到一个物理节点,每个物理节点只能被一个虚拟节

点所映射。

初始种群通过随机方法和启发式算法生成[13]。

2)适应函数

假设种群的大小为 N,对每个染色体 $i(0 < i < N+1)$,按染色体确定的虚拟节点映射方案,采用启发式算法[13](对路径不可分割情况)或多商品流算法(对路径可分割情况)完成虚拟链路映射(即完成虚拟网构建);然后计算映射代价 $\text{cost}(i) = \sum_{\omega \in N^{0}} (\frac{\beta_{\omega}}{r_{n}(\omega) + \delta} \times c(m)) + \sum_{(u,v) \in E^{0}} (\frac{\alpha_{u,v}}{r_{e}(u,v) + \delta} \times \sum_{i \in [1,|E'|]} f_{u,v}^{j,i})$,则染色体的适应度值是 $F_i = \max[\text{cost}(j) \mid 0 < j < N+1] - \text{cost}(i) + 1$,其中 $\max[\text{cost}(j) \mid 0 < j < N+1]$ 表示当前种群中所有个体对应的虚拟网映射方案的均衡代价的最大值。

3)复制算子

复制算子采取无回放余数随机选择方式选择。假设种群大小为 N,个体的适应度为 F_i。则复制操作如下:

(1)先计算群体中每个个体在下一代群体中的期望生存数目 $N_i = N \times F_i / \sum_{j=1}^{N} F_j$。

(2)取 N_i 的整数部分$[N_i]$为对应个体在下一代群体中的生存数目,这样共可确定出下一代群体中的 $\sum_{j=1}^{N}[N_j]$ 个个体。

(3)用比例选择法(赌盘选择方法)确定下一代群体中还未确定的个体,共 $N - \sum_{j=1}^{N}[N_j]$ 个个体。

此方法可确保适应度比平均适应度大的个体能够被遗传到下一代群体中,选择误差较小。

4)交叉算子

使用部分匹配交叉(Partially Matched Crossover,PMC)法。首先,随机产生两个串的交配点,定义这两点之间的区域为匹配区域,并使用位置交配操作交配两个父串的匹配区域。如两个父串为 A=17,4,|5,6,1|,2,20,23(表示有 8 个虚拟节点,分别映射到第 17、4、5、6、1、2、20、23 号物理节点上)和 B=3,36,|2,7,12|,35,4,13,其中匹配区域用两个"|"符号进行划分,则交配 A 和 B 的两个匹配区域将得到 A 1=17,4,|2,7,12|,2,20,23 和 B 1=3,36,|5,6,1|,35,4,13。然后,对交配操作所产生的两个父串中匹配

区域以外出现的重复序号(即两个虚拟节点映射到同一物理节点)通过随机的方法进行有效不重复映射。如 A 1 串中匹配区域以外的第 6 个位置与匹配区域以内的第 3 个位置出现重复序号 2,即表示将虚拟网络的第 3 个和第 6 个虚拟节点都映射到第 2 个物理节点,则对第 6 个虚拟节点用随机方法再映射,如映射到 9(该节点必须属于 $\Omega(n_j^6)$,且没有被 A 1 串的其他虚拟节点所映射),则得 A 2=17,4,|2,7,12|,9,20,23。

5)变异算子

对个体中基因的变异采用随机的方式,在每个个体中随机选择一个元素 i(i 代表第 i 个虚拟节点 n_j^i) 进行变异,使其取值 a 突变为取自 $\Omega(n_j^i)$ 中的另一个值 b。由于各元素的取值不能相同,因此需把个体中取值为 b 的另一个元素 j(如有的话) 再次进行变异,直到各元素的取值都不相同或到达指定变异深度(迭代深度)。如到达指定变异深度,各元素的取值还不相同,则取消对以元素 i 开始的所有突变,另外再随机选择元素,直到完成;如达到指定的随机选择次数后,还没能完成突变任务,则取消本次突变。

6)模拟退火的关键参数的设计

状态产生函数的操作设计为上述的突变算子。

采用模拟退火算法中常用的 $\min[1, e^{-\Delta F/t}]$ 作为状态接受函数。ΔF 为新旧状态的适应值之差。

模拟退火算法的初始温度应选得足够高,使算法不会很快落入局部最优值的陷阱,但又不能选得太高,否则会产生较多冗余的迭代。因此确定初始温度 $T_0 = (F_{\max} - F_{\min}) / \ln p_r$,其中 $p_r \in (0,1)$,实际取 0.1。$F_{\max}$ 和 $F_{\min}$ 分别为初始群体中目标函数(适应度函数)的最大值和最小值。

温度下降采用时齐算法的定比率下降法,即 $t_{k+1} = \lambda t_k$,其中 $0 < \lambda < 1$,一般取 0.85~0.95。

Metropolis 抽样稳定准则是连续若干步目标值不变化。

7)SAGAVM 算法的具体流程

输入:第 j 个虚拟网络 $G^j(N^j, E^j)$,物理网络的剩余网络 $G_{res}^0(N^0, E^0)$,种群大小 N,遗传代数 T,初始接受概率 p_r,交叉概率 P_c,变异概率 P_m,退火速度 λ 。

输出:第 j 个虚拟网络的映射方案。

1:随机生成初始种群,大小为 $N-2$,另外用启发式算法[13]生成 2 个染色体加入种群,使种群大小为 N 。

2:用个体适应度函数计算每个个体的适应度 F_i 。具体是先采用启发式算法(对路径不可分割情况)[13]或多商品流算法(对路径可分割情况)[2]完成虚拟链路映射(即完成虚拟网构建),然后计算 F_i,计算完成后取消链路映射,下面同。

3:保存"best so far"的个体和适应度。

4:给定初温 $t = (F_{max} - F_{min}) / \ln p_r$ // p_r 为初始接受概率。

5:count=0

6:while(count<T)//外循环。

{

6.1:执行复制遗传算子得到种群 A。

6.2:按交叉概率 P_c 执行交叉遗传算子得到种群 B。

6.3:按变异概率 P_m 执行变异遗传算子得到种群 C,计算每个个体的适应度 F_i。

6.4:对种群 C 的每个个体执行模拟退火算子,计算每个个体的适应度 F_i。

//具体见标准模拟退火算法基本步骤,其中目标函数值用个体的适应度替换。

6.5:更新"best so far"个体和适应度。

6.6:count=count+1

}

7:按照求出的"best so far"个体进行虚拟节点映射。

8:采用启发式算法(对路径不可分割情况)[13]或多商品流算法[2](对路径可分割情况)完成虚拟链路映射(即完成虚拟网构建),输出第 j 个虚拟网络的映射方案。

3.2.4 算法平均性能实验分析

3.2.4.1 实验环境及性能评估指标

基于 ViNE-Yard 仿真软件[10]开发虚拟网映射的模拟仿真软件,用于对 SAGAVM 算法的性能进行评估。

同文献[2]一样,采用工具 GT-ITM[12]随机产生物理网络,物理网络有 50 个物理节点,物理节点两两之间用 0.5 的概率随机连接,物理节点的 CPU 容量和物理链路的带宽在 50 到 100 整数间均匀分布,表示物理节点所在地的 x 和 y 的值都在 1 到 100 整数间均匀分布。虚拟网络请求的到达是一个泊松过程,平均每 100 时间单位有 4 个虚拟网络构建请求,每个虚拟网络的生存期符合指数分布，平均每个虚拟网络的生存期为1000时间单位。每个虚拟网络请求的虚拟节点数在2和10之间等概率随机产生，虚拟网络平均连通度是50%，虚拟节点的CPU容量在1到20整数间均匀分布，虚拟链路的带宽在1到50整数间均匀分布，表示虚拟节点所在地的x和y的值都在1到100整数间均匀分布，所有虚拟网络的虚拟节点所在地与所映射的物理节点所在地间的距离必须小于等于10。

SAGAVM算法的参数选择如下：交叉概率0.7，变异概率0.1，初始接受概率0.1，退火速率0.95，群体规模30，遗传代数30。

对算法性能的评估指标与文献[2]相同，即虚拟网络构建请求的接受率、虚拟网映射平均收益和虚拟网映射平均代价等。下面把SAGAVM算法同其他两阶段虚拟网映射算法（针对物理节点不支持重复映射的情况）进行比较分析（见表3.3）。

表3.3 相关两阶段虚拟网映射算法

算法标记符号	说明	备注
G-SP	虚拟链路映射采用最短路径算法，虚拟节点映射采用启发式算法[13]	针对路径不可分割场景
R-ViNE-SP(1)	虚拟链路映射采用最短路径算法，虚拟节点映射采用随机节点映射法[1]	
SAGAVM(1)	虚拟链路映射采用最短路径算法，虚拟节点映射采用模拟退火遗传算法	
G-MCF	虚拟链路映射采用多商品流算法，虚拟节点映射采用启发式算法[20]	针对路径可分割场景
R-ViNE-SP(2)	虚拟链路映射采用多商品流算法，虚拟节点映射采用随机节点映射法[1]	
SAGAVM(2)	虚拟链路映射采用多商品流算法，虚拟节点映射采用模拟退火遗传算法	

3.2.4.2 实验结果及分析

从图3.5、图3.6和图3.7可以看出SAGAVM算法与其他算法相比，在较大幅度减少虚拟网络构建平均代价的前提下，提高了虚拟网络构建请求接受率和平均收益。

3.2.5 小结

针对物理节点不支持重复映射的场景及动态到达的虚拟网络构建请求，本节提出适用于物理网络不支持路径分割和物理网络支持路径分割两

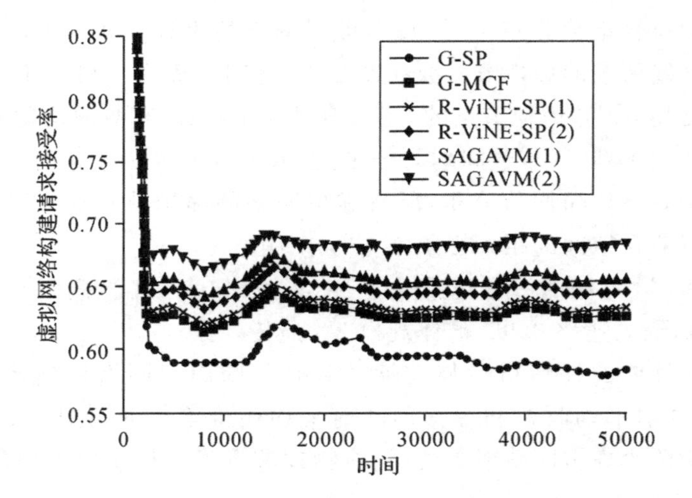

图 3.5 虚拟网构建请求接受率

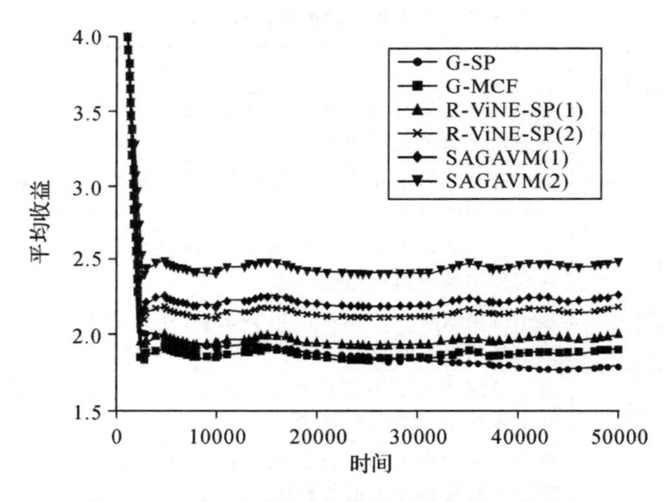

图 3.6 接受虚拟网构建请求所产生的平均收益

种情景的虚拟网映射问题的元启发式算法——模拟退火遗传算法。与其他两阶段虚拟网映射算法相比，SAGAVM 算法在虚拟节点映射和虚拟链路映射之间相互协调，能根据虚拟链路映射成本动态调整虚拟节点映射方案。仿真实验表明，SAGAVM 算法能够在减少物理网络开销的情况下，提高物理网络提供商收益和虚拟网络构建请求接受率。当然，还有许多问题有待进一步研究，如算法的进一步优化问题、算法参数的优化选择问题、动态虚拟网映射问题等。

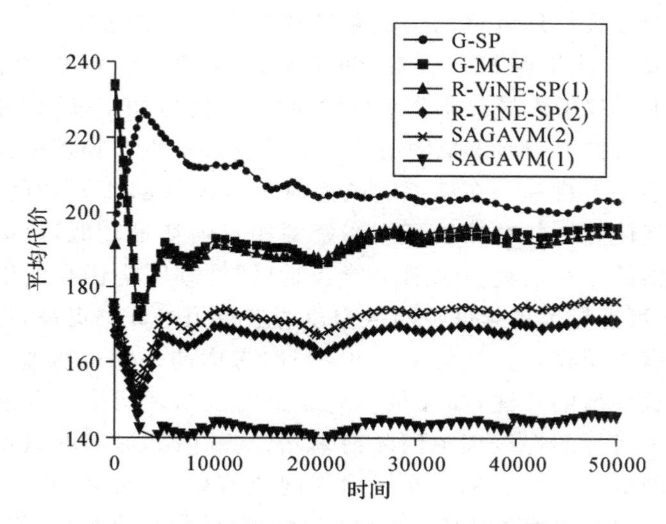

图 3.7 接受虚拟网构建请求所产生的平均代价

3.3 基于负载均衡的虚拟网映射随机算法

3.3.1 概述

当前提出的虚拟网映射算法大都基于“尽力服务”的模式,即当虚拟网络建立请求动态到达后,如虚拟网映射算法能够在底层物理网络上构建该虚拟网络,则一定会完成构建,只有当不能完成该虚拟网构建时才拒绝。在一般情况下,这种服务模式确实能提高物理网络提供商的收益,但当物理网络负载较重,且为完成该虚拟网络构建,会导致物理网络资源利用较严重不均衡时,接受该虚拟网络请求可能会得不偿失,即可能会为得到眼前收益而牺牲将来更多收益。

对动态到达的每个虚拟网络构建请求,在尽量获取该虚拟网映射收益的同时,为了提高物理网络提供商长期收益和长期虚拟网络构建请求接受率,在构建虚拟网络时,既要考虑虚拟网映射所消耗的物理网络资源,也要考虑物理网络资源的均衡利用。

在线虚拟网映射算法,根据负载均衡特性可以简单地分为以下几类:①虚拟网映射时不考虑物理网络资源利用的均衡性的算法,如文献[20]至文献[23]所提出的算法均属于此类。在虚拟网映射时不考虑负载均衡,此类算法可能会导致物理网络的关键路径和节点上负载过重，从而使后续虚拟网络构建请求被拒绝概率提高，进而影响物理网络提供商长期收益。②虚拟网映射时仅考虑局部非公平负载均衡的算法，如文献[1]和文献[24]所提出的算法直接以当前虚拟网络所映射的物理节点和物理链路的相对消耗量之和最小化为目标。在虚拟网映射时仅考虑局部非公平负载均衡，此类算法虽然能使叠加的总体物理网络资源相对消耗量较低，但单个物理节点或物理链路的相对消耗量仍然可能较高，即物理网络仍会产生瓶颈节点或链路，同样可能导致后续虚拟网络构建请求被拒绝概率提高，进而影响物理网络提供商长期收益。③在虚拟网映射时考虑的是针对物理网络资源的全局公平负载均衡的算法，如文献[13]提出的以物理网络资源的最大消耗量的最小化为目标的在线虚拟网映射算法、文献[25]提出的以物理网络瓶颈资源使用的最小化为目标的在线虚拟网映射算法、文献[26]提出的以当前虚拟网络所映射的物理链路的最大相对消耗量最小化为目标的在线虚拟网映射算法、文献[27]提出的以当前虚拟网络所映射的物理链路的平均相对消耗量与当前虚拟网络所映射的物理链路的最大相对消耗量之比的最大化为目标的在线虚拟网映射算法。采用物理网络全局公平负载均衡的在线虚拟网映射算法对虚拟网络进行映射后，虽然能使物理网络资源消耗较均衡，但可能造成叠加的总体物理资源消耗较大。文献[26]没有考虑物理节点的映射及负载均衡；文献[28]提出的针对逻辑承载网（与虚拟网络有很多相似之处）构建的负载均衡算法，以当前物理网络的各物理链路的相对消耗量与剩余带宽之比的和的最小化为目标，该算法虽能实现物理链路资源的剩余带宽的均衡，但同样可能造成叠加的总体物理链路消耗较大。

基于在线虚拟网映射算法存在的上述问题，本人于 2014 年提出了求解物理节点不支持重复映射和物理网络不支持路径分割的在线虚拟网映射问题的负载均衡虚拟网映射（Load Balancing Virtual Network Mapping，LBVM）算法和负载均衡虚拟网映射随机（Load Balancing Randomized Virtual Network Mapping，LBRVM）算法[29]。LBVM 算法的核心是设计基于既能体现物理网络资源的消耗量，又能体现物理网络负载均衡性的物理网络负载均衡代价指标。LBRVM 算法是在 LBVM 算法的基础上，基于随机的思想设计的负载均衡虚拟网映射随机算法。LBRVM 算法针对动态到达的可以完成映射的虚拟网络构建请求，将按一定概率主动拒绝该虚拟网络构建请求，拒绝的概率将根据物理网络当前状态来确定。LBRVM 算法的核心是确定不同状态的拒绝概率，具体采用强化学习的方法，动态学习各状态拒绝概率。

3.3.2 网络模型和问题定义

3.3.2.1 物理网络和虚拟网络

将物理网络表示为无向图 $G^0=(N^0,E^0)$，其中 N^0 和 E^0 分别表示物理节点的集合和物理链路的集合。每个物理节点具有 CPU 容量和位置两个属性，第 i 个物理节点的 CPU 容量和位置属性分别记为 $c(n_0^i)$ 和 $\mathrm{loc}(n_0^i)$；每条物理链路具有链路带宽属性，第 j 条物理链路的带宽记为 $b(e_0^j)$ 。

将第 j 个虚拟网络表示为无向图 $G^j=(N^j,E^j)$，其中 N^j 和 E^j 分别表示第 j 个虚拟网络的虚拟节点集合和虚拟链路集合。每个虚拟节点附带 CPU 容量和位置两个属性，第 j 个虚拟网络的第 i 个虚拟节点的 CPU 容量需求和位置信息分别记为 $c(n_j^i)$ 和 $\mathrm{loc}(n_j^i)$。每条虚拟链路具有链路带宽属性，第 j 个虚拟网络的第 i 条虚拟链路的带宽记为 $b(e_j^i)$。另外，第 j 个虚拟网络请求附带一个非负值 D_j^v，表示第 j 个虚拟网络的虚拟节点与所映射的物理节点所在地之间的距离必须小于等于 D_j^v，距离可以表示物理距离、延迟等；T_j^s 和 T_j^f 属性表示第 j 个虚拟网络的开始时间和结束时间，即该虚拟网络的生存周期为 $[T_j^s, T_j^f]$ 。

3.3.2.2 剩余网络

将物理网络 $G^0(N^0,E^0)$ 中物理节点的 CPU 容量减去映射到该物理节点的所有虚拟节点（可能来自不同的虚拟网络）的 CPU 容量和，并将 G^0 中物理链路的带宽减去映射到该物理链路的所有虚拟链路（可能来自不同的虚拟网络）的带宽和后的网络称为 G^0 的剩余网络 $G^0_{\mathrm{res}}(N^0,E^0)$，其中映射到某物理链路的虚拟链路指该虚拟链路所映射的物理路径包含该物理链路。剩余网络 G^0_{res} 中第 i 个物理节点的剩余 CPU 容量记为 $r_n(n_0^i)$，第 j 条物理链路的剩余带宽记为 $r_e(e_0^j)$ 。

3.3.2.3 虚拟网映射

虚拟网映射是指把虚拟网络 $G^j(N^j,E^j)$ 映射到物理网络 $G^0(N^0,E^0)$ 的一个子图上（严格地说是物理网络的剩余网络 G^0_{res} 的一个子图上），同时需满足每个虚拟节点只能映射到一个物理节点、每个物理节点最多只能被一个虚拟节点所映射、每条虚拟链路只能映射到物理网络的一条无圈的物理路径（物理路径的两个端点分别是虚拟链路的两个虚拟节点所映射的物理节点）等约束条件。另外，在虚拟网映射时必须满足由 D_j^v 、$c(n_j^i)$ 、$b(e_j^i)$ 给出的其他约束条件。

3.3.2.4 虚拟网映射收益和映射目标

将物理网络提供商在完成第 j 个虚拟网络 $G^j(N^j, E^j)$ 映射后所获收益，定义为第 j 个虚拟网络的所有虚拟节点 CPU 容量之和和所有虚拟链路带宽之和的线性加权和，即 $\sum_{i=1}^{|N^j|}(c(n_j^i)\times p_n)+\sum_{i=1}^{|E^j|}(b(e_j^i)\times p_e)$，其中 p_n 和 p_e 分别是单位 CPU 容量的收费价格和单位链路带宽的收费价格。

最大化物理网络提供商长期收益是在线虚拟网映射问题的主要优化目标。针对动态到达的虚拟网络 $G^j(N^j, E^j)$ 构建请求，为提高物理网络提供商长期收益，在映射虚拟网络 G^j 时，必然希望尽量减少物理网络资源消耗量，并使物理网络资源的利用尽量均衡，以能够保留更多的资源来满足未来虚拟网络映射的需要。

3.3.3 负载均衡虚拟网映射算法的设计

3.3.3.1 物理网络负载均衡代价指标设计

物理网络负载均衡代价指标必须既能体现物理网络资源的相对消耗量，又能体现物理网络负载的均衡性。下面给出基于多目标效用函数设计[30]思想的具体设计方案。该指标越小，说明当前物理网络资源分配的效用越好，即物理网络资源相对消耗量较低且物理网络资源消耗较均衡。

(1)物理节点使用均衡度：

$$\mathrm{f\_n}=\frac{\mathrm{node\_consumptions}^2}{|N^0|\times \mathrm{node\_con\_qu}} \tag{3.14}$$

其中，$\mathrm{node\_con\_qu}=\sum_{\omega\in N^0}\left(\frac{c(\omega)-r_n(\omega)}{c(\omega)}\right)^2$；$\mathrm{node\_consumptions}=\sum_{\omega\in N^0}\frac{c(\omega)-r_n(\omega)}{c(\omega)}$，是物理节点的利用率之和。当所有物理节点的利用率相等时，f_n 取最大值 1，物理节点的利用率的波动越大，f_n 值越小，可以无限趋近于 0，f_n 取值范围是(0,1]。

(2)物理链路使用均衡度：

$$\mathrm{f\_e}=\frac{\mathrm{link\_consumptions}^2}{|E^0|\times \mathrm{link\_con\_qu}} \tag{3.15}$$

其中，$\mathrm{link\_con\_qu}=\sum_{(u,v)\in E^0}\left(\frac{b(u,v)-r_e(u,v)}{b(u,v)}\right)^2$；$\mathrm{link\_consumptions}=\sum_{(u,v)\in E^0}\frac{b(u,v)-r_e(u,v)}{b(u,v)}$，是物理链路利用率之和。物理链路的利用率相等

时，f_e 取最大值 1，物理链路利用率的波动越大，f_e 值越小，可以无限趋近于 0，f_e 取值范围是(0,1]。

(3)物理节点负载均衡代价指标：

$$\text{u\_n} = \frac{\text{node\_consumptions} / |N^0|}{\text{f\_n}} \tag{3.16}$$

其中，node_consumptions/$|N^0|$是物理节点资源相对消耗量。选择 u_n值小的虚拟节点映射方案，能够降低物理节点相对资源消耗量且提高物理节点资源使用的均衡性。

(4)物理链路负载均衡代价指标：

$$\text{u\_e} = \frac{\text{link\_consumptions} / |E^0|}{\text{f\_e}} \tag{3.17}$$

其中，link_consumptions/$|E^0|$是物理链路资源相对消耗量。选择 u_e 值小的虚拟链路映射方案，能够降低物理链路资源相对消耗量且提高物理链路资源使用的均衡性。

(5)物理网络负载均衡代价指标：

$$u = \text{u\_n} \times \frac{G_n}{G_n + G_e} + \text{u\_e} \times \frac{G_e}{G_n + G_e} \tag{3.18}$$

其中，G_n 和 G_e 分别表示物理节点和物理链路的平均利用率。

物理网络负载均衡代价指标的设计涉及 u_n 和 u_e 两个因素。根据多目标效用函数设计的加法规则[30]，设计物理网络负载均衡代价指标如式(3.18)所示。其中，u_n 和 u_e 的权重是依据物理节点和物理链路的负载进行确定的，如某类资源的负载越重，则该类资源的代价在物理网络负载均衡代价中所占比例越大。这样选择物理网络负载均衡代价指标小的虚拟网映射方案，就能提高物理网络资源利用均衡性且降低资源相对消耗量。

3.3.3.2 负载均衡虚拟网映射算法的具体流程

基于物理网络负载均衡代价指标设计负载均衡虚拟网映射(LBVM)算法。①求初始可行解：对动态到达的虚拟网络构建请求，把虚拟节点和虚拟链路映射到相对资源消耗量最小的资源上；②对初始可行解进行迭代优化：计算针对当前可行解的物理网络负载均衡代价指标，然后依次改变虚拟节点所映射的符合约束要求的物理节点，如改变后物理网络的负载均衡代价指标能够减少，则接受改变，直到最后一个节点完成。具体步骤如下：

输入：第 j 个虚拟网络 $G^j(N^j, E^j)$，物理网络的剩余网络 $G^0_{\text{res}}(N^0, E^0)$。

输出：第 j 个虚拟网络的映射方案。

1：对虚拟网 $G^j(N^j, E^j)$ 的虚拟节点 n_j^i 按 $c(n_j^i)$ 升序排序。

2：按排好序的顺序，依次对所有虚拟节点 n_j^i 进行映射。

{

2.1：找出符合节点 n_j^i 的 $c(n_j^i)$ 和 D_j^v 约束的物理节点集合 K 。

2.2：把虚拟节点 n_j^i 映射到集合 K 中映射后相对消耗量最小的物理节点。

}

3：对虚拟网络的虚拟链路 e_j^a 按 $b(e_j^a)$ 升序排序。

4：按排好序的顺序，依次对所有虚拟链路 e_j^a 进行映射。

{

4.1：求出当前虚拟链路 e_j^a 可以映射的符合 $b(e_j^a)$ 约束的K短简单路径（k 取4）。

4.2：把当前虚拟链路 e_j^a 映射到 k 条路径中平均链路剩余比例最大的路径。

}

5：针对当前虚拟网映射方案，计算物理网络负载均衡代价指标 u（公式3.18）。

6：在当前映射方案中，各虚拟节点 n_j^i 依次完成。

{

6.1：找出符合节点 n_j^i 的 $c(n_j^i)$ 和 D_j^v 约束的物理节点集合 M（因物理网络部分资源已经按当前映射方案分配给了当前虚拟网络，故集合 M 和集合 K 不一定相同）。

6.2：修改当前虚拟网映射方案：把当前虚拟节点所映射的物理节点，用集合 M 中的物理节点 x 替换。x 是集合 M 中，使替换后的映射方案所对应的 u 指标取值最大的物理节点。（计算 u 值前，需要把当前虚拟节点的相关虚拟链路按步骤4.1和步骤4.2重新映射）。

}

7：输出第 j 个虚拟网络的映射方案。

3.3.4 负载均衡虚拟网映射随机算法的设计

3.3.4.1 算法设计的关键问题

针对基于“尽力服务”模式的在线虚拟网映射算法（包括LBVM算法）存在的问题，本节设计了负载均衡虚拟网映射随机算法。该算法用LBVM

算法完成虚拟网映射，再根据当前物理网络状态，按一定概率拒绝请求。算法的关键问题是如何确定不同状态的拒绝概率，LBRVM 算法使用强化学习的方法，动态学习各状态的拒绝概率。

3.3.4.2 基于先验知识的强化学习

强化学习[31]，又称再励学习、评价学习，是一种重要的机器学习方法。强化学习是智能体基于环境到行为映射的学习，如果智能体的某个行为策略导致环境对智能体正的奖赏，则学习者以后采取这个行为策略的趋势会加强，即智能体在行动-评价的环境中获得知识，改进行动方案以适应环境，达到预想的目的。智能体并不会被告知采取哪个动作，而只能通过尝试每一个动作自己作出判断。试错搜索和延迟回报是强化学习的两个最显著的特征，它主要依靠环境对所采取行为的反馈信息产生评价，并根据评价去指导以后的行动，使优良行动得到加强，通过试探得到较优的行动策略来适应环境。除了智能体和环境，一个强化学习系统还有四个主要的组成因素，即策略、奖赏函数、值函数以及环境的模型（不是必需的）。

强化学习是从环境状态到动作映射的学习，其所用模型通常都假设系统参数未知、先验知识未知，即强化学习算法必须在没有任何基础的前提下开始搜索最优策略，从而导致搜索范围过大，进而出现算法收敛速度慢的问题。因此，更合理的学习系统应该是建立在先验知识的基础之上，即只将先验知识无法解决的部分问题交由学习算法处理，这样既能有效利用前人的工作成果，又能提高算法的收敛速度[32]。

针对虚拟网映射问题，我们有以下先验知识：当物理网络负载较轻且新的虚拟网络构建不会导致物理网络负载严重不均衡时，应以很低的概率拒绝新的虚拟网络构建请求；当物理网络负载很重且新的虚拟网络构建会导致物理网络负载严重不均衡时，应以很高的概率拒绝新的虚拟网络构建请求。如抛开此先验知识，必然导致开始时拒绝了较多不该拒绝的请求。

3.3.4.3 物理网络各状态拒绝概率

虚拟网络构建请求是动态到达的，其到达时间和所请求资源量具有不确定性，物理网络状态的转移函数很难建立，而 Q 学习算法[31]无需已知精确状态转移概率，适合于动态学习在各物理网络状态下的拒绝概率。

1）值函数 $Q(s,a)$

Q学习算法是一种与模型无关的强化学习算法，Q学习算法通过对状态动作对的值函数 $Q(s,a)$ 进行估计求得最优策略，$Q(s,a)$ 为在状态 s 执行完

动作 a 后期望获得的累积回报，它取决于当前的即时回报和期望的延时回报。Q 值的修正公式如下：

$$Q(s_t, a_t) \leftarrow (1-\alpha) \times Q(s_t, a_t) + \alpha \times [r_{t+1} + \gamma \times \max_a Q(s_{t+1}, a)] \tag{3.19}$$

其中，α 为学习率，γ 为折扣率，r_{t+1} 是在状态 s_t 执行动作 a_t 后的即时回报。

2)状态变量和状态空间

状态变量的设置必须能反映物理网络的负载状态和虚拟网络请求对物理网络资源的要求。为此定义系统的状态为 S = 〈Gn,Ge,f_nd,f_ed〉。其中状态变量 Gn 和 Ge 分别表示物理网络的物理节点和物理链路的当前平均利用率的所属区间；状态变量 f_nd 表示接受当前虚拟网络请求前后物理节点的使用均衡度的差(均衡度计算见公式 3.14)的所属区间；状态变量 f_ed 表示接受当前虚拟网络请求前后物理链路的使用均衡度的差(均衡度计算见公式 3.15)的所属区间。

使用较多系统状态数目可以使 $Q(s,a)$ 值的变化更加敏感和精确，但是过多的状态数又会使搜索空间增大。根据实践经验，状态变量 Gn 和 Ge 取值为 1～5，分别对应平均利用率区间(0,0.2]、(0.2,0.3]、(0.3,0.4]、(0.4,0.6]、(0.6,1]；状态变量 f_nd 和 f_ed 取值为 1、2、3 或 4，分别对应区间(−∞,0.06]、(0.06,0.10]、(0.10,0.14]、(0.14,1)，即共有 400 个状态，编号为 1～400。

3)基于先验知识的 Q 值初始化

根据虚拟网映射的先验知识，对 $Q(s,a)$ 值初始化：① 当 $s = \langle 1,1,a,b \rangle (a,b \in \{1,2,3\})$ 时，$Q(s,1) = 5$，$Q(s,0) = 0$；② 当 $s = \langle 5,5,4,4 \rangle$ 时，$Q(s,1) = 0$，$Q(s,0) = 2$；③ 其他情况，$Q(s,1) = Q(s,0) = 0$。动作分为“接受”和“拒绝”两种，分别以 1 和 0 表示 。

4)回报函数的计算

在状态 $s1$ 下如接受虚拟网络构建请求，则即时回报值 r 为 1，如拒绝则 r 为 0，即所有状态的拒绝动作的即时回报值都暂为 0，但如后继的虚拟网络构建需要用到状态 $s1$ 所拒绝的资源，则要对 $Q(s1,0)$ 值重新修整，具体修正方法见 LBRVM 算法流程。

3.3.4.4 负载均衡虚拟网映射随机算法的具体流程

LBRVM 算法分为两个过程：①用 LBVM 算法完成虚拟网映射；②如用

LBVM 算法能够完成虚拟网络构建，则根据当前状态，按一定概率拒绝该请求。

算法中集合 $R_i(1 \leqslant i \leqslant 400)$，表示各状态下所拒绝资源的集合，该集合元素是四元组〈资源类型、资源编号、资源量、结束时间〉，如 R_1 集合含元素〈0,3,10,2000〉，则表示状态 1 拒绝了 3 号物理节点（资源类型 0 表示物理节点，1 表示物理链路）10 单位 CPU 容量，该元素将在时间 2000 单位时移出集合。算法具体步骤如下：

输入：物理网络 $G_0(N^0, E^0)$。

1：初始化 $Q(s,a)$；初始化 $R_k(1 \leqslant k \leqslant 400)$ 为空。

2：接受当前虚拟网络构建请求（设为第 j 个虚拟网络 $G^j(N^j, E^j)$）。

3：用 LBVM 算法完成虚拟网络 $G^j(N^j, E^j)$ 的构建。

4：如构建失败，拒绝构建请求，转步骤 2。

5：计算状态变量〈Gn,Ge,f_nd,f_ed〉，确定当前状态 s_i（i 是当前状态的编号）。

6：以概率 ε 随机选择拒绝或是接受当前请求，以概率 $1-\varepsilon$ 根据 $Q(s_i,0)$ 和 $Q(s_i,1)$ 的大小选择拒绝（$Q(s_i,0)$ 大）或接受（$Q(s_i,1)$ 大）。

7：删除 $R_k(1 \leqslant k \leqslant 400)$ 中结束时间小于当前时间或资源量为零的所有元素。

8：如拒绝 $G^j(N^j, E^j)$，则对当前虚拟网络所映射的每个物理节点和每条物理链路，分别构造四元组元素，然后添加到集合 R_i 中。

9：如选择的动作是接受，则分析所有拒绝状态对本次虚拟网络构建的贡献度，根据贡献度修正相应拒绝状态的 Q 值，$Q(s_j,0) = Q(s_j,0) +$ 贡献度 $\times\, \alpha$，其中 α 是学习率。并把 $R_k(1 \leqslant k \leqslant 400)$ 中对当前虚拟网络构建有贡献的元素的资源量减去本次贡献的资源量。

10：根据公式（3.19），修正当前状态和所选择动作对应的 Q 值，转步骤 2。

在步骤 8 构建四元组元素时，结束时间取虚拟网络的生命周期结束时间；资源量取 min{当前所拒绝资源量，该资源剩余量 $-$ R_i 中该资源拒绝量之和}，min 指取两个数的相对小值，即本次拒绝资源的资源量要减去属于以前已经拒绝过的部分。

步骤 9 中贡献度的计算方法是，先计算 $R_i(1 \leqslant i \leqslant 400)$ 中对当前虚拟网络构建有贡献的元素所贡献的资源量（如物理节点 n_1^s 的 CPU 容量是 100，剩余 CPU 容量是 60，400 个状态中仅有 $s1$ 和 $s2$ 两个状态拒绝 n_0^i 节点，拒绝的 CPU 容量分别是 15 和 30，当前虚拟网构建需要 n_0^i 的 CPU 容量是 45，则 $s1$ 和 $s2$ 状态贡献的 n_0^i 节点的 CPU 容量是 45－(60－15－30)＝30，按比例计算 $s1$ 和 $s2$ 所贡献的 n_0^i 节点的 CPU 量，即 10 和 20)，然后累积各 R_i 中各元素对虚拟网络构建所贡献的资源总量 CR_i，$CR_i/\sum CR_i$ 即为 i 状态的贡献度。

在步骤 10 中，因虚拟网络请求是随机到达的，故下一个状态要等到下一个能够完成映射的虚拟网络请求到达后才能计算，即真正的修正也要等到下一个能够完成映射的虚拟网络构建请求到达后才能进行，即在本算法流程下一次执行到步骤 5 之后、步骤 6 之前完成修正。

3.3.5 算法分析

3.3.5.1 时间复杂性分析

LBVM 和 LBRVM 算法中求解 K 短简单路径，采用文献[33]提出的算法，在无向图中，该算法的复杂度是 $O(K(m+n\log_2 n))$，其中 m 是边数，n 是顶点数。

LBVM 和 LBRVM 算法的时间复杂度由 LBVM 算法的步骤 6 决定，即其最坏时间复杂度为 $O[K\times|N^j|\times|N^0|\times|E^j|\times(|E^0|+|N^0|\times\log_2|N^0|)]$。

3.3.5.2 算法最差性能理论分析

尽管竞争分析过于保守，但由于在定量分析上的可行性，竞争分析法[34]仍是在线算法分析领域中的主流方法。定理 2.12 已经说明一般在线虚拟网映射问题的任意确定在线算法的竞争比会趋向无穷大。下面给出在线虚拟网映射随机算法的竞争分析结论。

【定理 3.1】虚拟网映射随机算法(拒绝概率 $1-p$) 的竞争比小于等于 $1/[p(1-p)^{m-1}]$，m 是物理网络上同时存在的最多虚拟网络个数，$m\geqslant 1$，$0<p<1$。

证明：虚拟网映射随机算法是指先用无拒绝的虚拟网映射在线算法完成映射，然后对能够完成构建的虚拟网络构建请求按概率 $1-p$ 进行拒绝。下面采用数学归纳法进行证明，其中 $E(\mathrm{ALG}(a_1,a_2,\cdots,a_m))$ 表示当有 m 个虚拟网络构建请求$(a_1,a_2,\cdots,a_m)$ 且采用在线虚拟网映射随机算法时，物理网络提供商收益的数学期望；$\mathrm{OPT}(a_1,a_2,\cdots,a_m)$ 表示采用离线最优算法时，物理网络提供商的收益。另外，对使用全部物理网络资源都不能满足的单个虚拟网络构建请求，因没有意义而不予考虑。

(1) 当 $N=1$ 时(即只有一个虚拟网络请求),竞争比 $=\mathrm{OPT}(a1)/E(\mathrm{ALG}(a_1))=1/p\leqslant 1/[p(1-p)^{m-1}]$。

(2)设 $N=k$,竞争比 $=\mathrm{OPT}(a_1,a_2,\cdots,a_k)/E(\mathrm{ALG}(a_1,a_2,\cdots,a_k))\leqslant 1/[p(1-p)^{m-1}]$ 成立。

(3)则当 $N=k+1$ 时:

① 如离线最优算法拒绝 a_{k+1},则 $\mathrm{OPT}(a_1,a_2,\cdots,a_k,a_{k+1})=\mathrm{OPT}(a_1,a_2,\cdots,a_k)$,那么,竞争比 $=\mathrm{OPT}(a_1,a_2,\cdots,a_k,a_{k+1})/E(\mathrm{ALG}(a_1,a_2,\cdots,a_k,a_{k+1}))\leqslant \mathrm{OPT}(a_1,a_2,\cdots,a_k,a_{k+1})/E(\mathrm{ALG}(a_1,a_2,\cdots,a_k))=\mathrm{OPT}(a_1,a_2,\cdots,a_k)/E(\mathrm{ALG}(a_1,a_2,\cdots,a_k))\leqslant 1/p(1-p)^{m-1}$,得证。

② 如离线最优算法接受虚拟网络 a_{k+1},则 $\mathrm{OPT}(a_1,a_2,\cdots,a_k,a_{k+1})=x+\mathrm{OPT}_{k+1}(a_1,a_2,\cdots,a_k)$,$x$ 表示接受虚拟网络 a_{k+1} 所产生的收益,$\mathrm{OPT}_{k+1}(a_1,a_2,\cdots,a_k)$ 表示离线最优算法在剩余物理网络(指物理网络中资源减去离线最优算法为虚拟网 a_{k+1} 所分配的物理网络资源后的网络)上针对虚拟网络请求$(a_1,a_2,\cdots,a_k)$的映射收益。而 $E(\mathrm{ALG}(a_1,a_2,\cdots,a_k,a_{k+1}))=E(\mathrm{ALG}(a_1,a_2,\cdots,a_k))+xp(1-p)^q$,在线算法为了完成虚拟网络 a_{k+1} 映射所需的物理网络资源与当前物理网络上 q 个虚拟网络所占资源有冲突,则在线随机算法如要能够完成第 a_{k+1} 个虚拟网络映射,在线随机算法必须在之前拒绝这 q 个虚拟网络构建请求,显然 $q\leqslant m-1$。

$$
\begin{aligned}
\text{竞争比} &= [x+\mathrm{OPT}_{k+1}(a_1,a_2,\cdots,a_k)]/[E(\mathrm{ALG}(a_1,a_2,\cdots,a_k))+xp(1-p)^q)] \\
&\leqslant [x+\mathrm{OPT}_{k+1}(a_1,a_2,\cdots,a_k)]/[\mathrm{OPT}(a_1,a_2,\cdots,a_k)\times p\times(1-p)^{m-1}+xp(1-p)^q] \\
&\leqslant [x+\mathrm{OPT}(a_1,a_2,\cdots,a_k)]/[\mathrm{OPT}(a_1,a_2,\cdots,a_k)\times p\times(1-p)^{m-1}+xp(1-p)^q] \\
&\leqslant [x+\mathrm{OPT}(a_1,a_2,\cdots,a_k)]/[\mathrm{OPT}(a_1,a_2,\cdots,a_k)\times p\times(1-p)^{m-1}+xp(1-p)^{m-1}] \\
&= 1/[p(1-p)^{m-1}]
\end{aligned}
$$

,得证。

从定理 2.12 和定理 3.1 可以看出,由于 LBRVM 算法对能够完成构造的虚拟网络请求保持一定的随机拒绝性,故 LBRVM 算法和无拒绝虚拟网映射算法相比改善了算法的最差性能。

3.3.5.3 算法平均性能实验分析

1)对比算法

目前,在线算法的平均性能分析尚未取得理论上的突破[34,35],故下面采用实验的方法,把 LBVM 算法和 LBRVM 算法与启发式算法 G-SP(虚拟链路映射采用最短路径算法,虚拟节点映射采用贪婪算法[13])、均衡的自适应虚拟网构建方法 BACA[27] 和基于负载均衡的 I-MMCF 算法(不允许分流)[28]进行比较分析,从而评价 LBVM 算法和 LBRVM 算法的平均性能。

2)仿真环境及性能评估指标

对 LBVM 算法和 LBRVM 算法平均性能的评估,通过 Matlab 模拟仿真来进行。对算法性能的评估指标,除了采用虚拟网络构建请求的接受率(虚拟网构建成功的个数占构建请求数的百分比)和物理网络提供商的平均收益(单位时间虚拟网映射收益)外,还使用物理节点利用率、物理链路利用率、物理节点使用均衡度、物理链路使用均衡度、物理节点最高负载(针对单个物理节点)和物理链路最高负载(针对单条物理链路)等指标来衡量物理网络资源的利用情况和资源使用的均衡性。

另外,物理节点单位 CPU 容量的收费价格和物理链路单位带宽的收费价格都取 1;Q 学习算法相关参数设定如下:学习率 $\alpha = 0.1$,折扣因子 $\gamma = 0.9$,探索率 $\varepsilon = 0.05$。

3)仿真实验数据的设定

物理网络提供商的物理网络采用随机的方式产生,物理网络提供商的业务(构建虚拟网络)的到达是一个泊松过程。

为了衡量在不同的业务量下,各算法的平均性能指标,本实验数据分为两组,两组数据的区别是:第一组数据,每 100 个时间单位平均有 3 个虚拟网络构建请求 ($\lambda = 3$),对应业务量较轻的情况;第二组数据,每 100 个时间单位平均有 6 个虚拟网络构建请求($\lambda = 6$),对应业务量较重的情况。两组数据的其他部分相同,具体如下:

物理网络有 50 个物理节点,物理节点两两之间用 0.5 的概率随机连接,物理节点的 CPU 容量和物理链路的带宽都在 50 到 100 整数间均匀分布,表示物理节点所在地的 x 和 y 的值都在 1 到 100 整数间均匀分布。每个虚拟网络的生存期符合指数分布,平均每个虚拟网络的生存期为 1000 个时间单位。每个虚拟网络请求的虚拟节点数在 2 和 10 之间等概率随机产生,虚拟网络平均连通度是 50%,虚拟节点的 CPU 容量在 1 到 20 整数间均匀分布，虚拟链路的带宽在 1 到 50 整数间均匀分布，表示虚拟节点所在地的 x 和 y 的值都在 1 到 100 整数间均匀分布，所有虚拟网络的虚拟节点所在地与所映射的物理节点所在地间的距离必须小于等于 10。

4）实验结果及分析

（1）虚拟网络构建请求接受率和映射收益分析。

从图 3.8 至图 3.11 的数据中可明显观察到，当虚拟网络构建请求数不断增多时，随着物理网络负载逐渐加重，虚拟网络构建请求接受率和平均收益接近线性下降。但当请求数到达一定数量之后，随着请求数的进一步增加，由于原来存在的虚拟网络到达生存时间而不断释放物理网络资源，虚拟网络构建请求接收率和平均收益会逐渐达到稳态。从实验结果可以看出，在业务量较小和业务量较大的两种情况下，采用 LBVM 算法和 LBRVM 算法都有利于提高虚拟网络接受率和物理网络提供商的平均收益。且在物理网络资源负载较重（业务量较大）的情况下，LBVM 算法和 LBRVM 算法的性能更加突出。

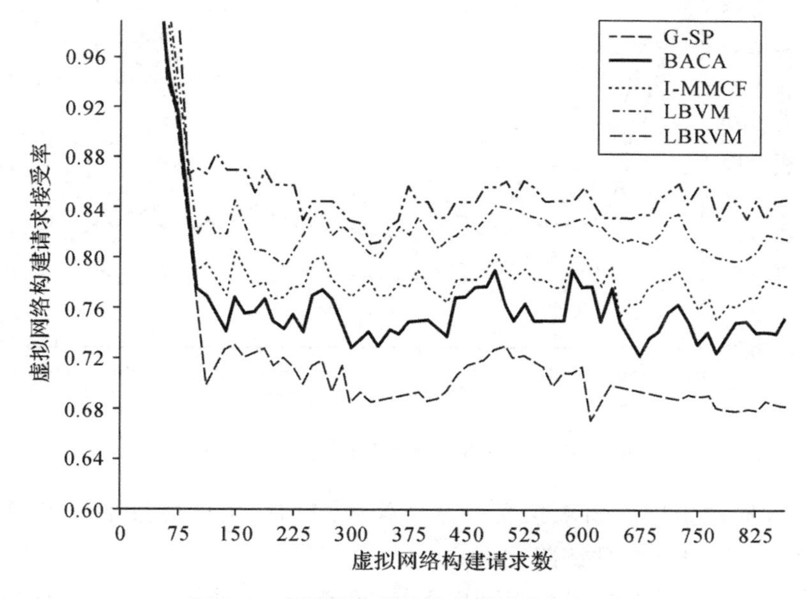

图 3.8　虚拟网络构建请求接受率（$\lambda=3$）

（2）物理网络负载均衡性和资源利用情况分析。

表 3.4 统计了在业务量较大（$\lambda=6$）的情况下，有关物理网络负载均衡的各项指标。其中，重负载节点比例和重负载链路比例是虚拟网络请求数

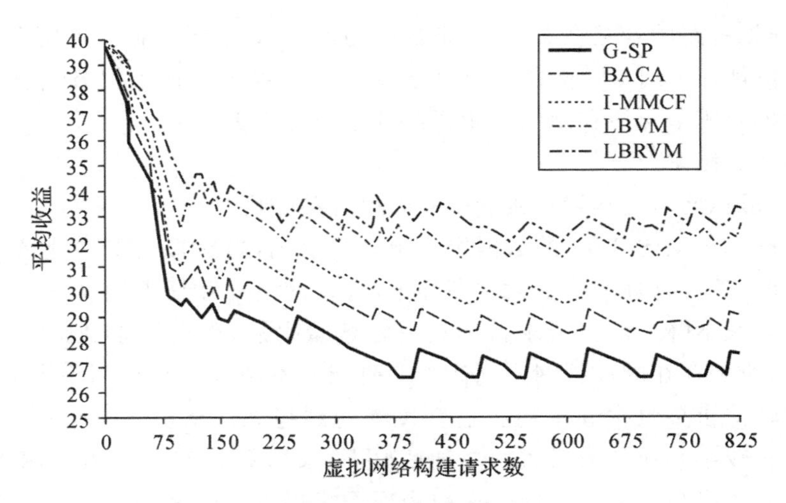

图 3.9 物理网络提供商平均收益($\lambda=3$)

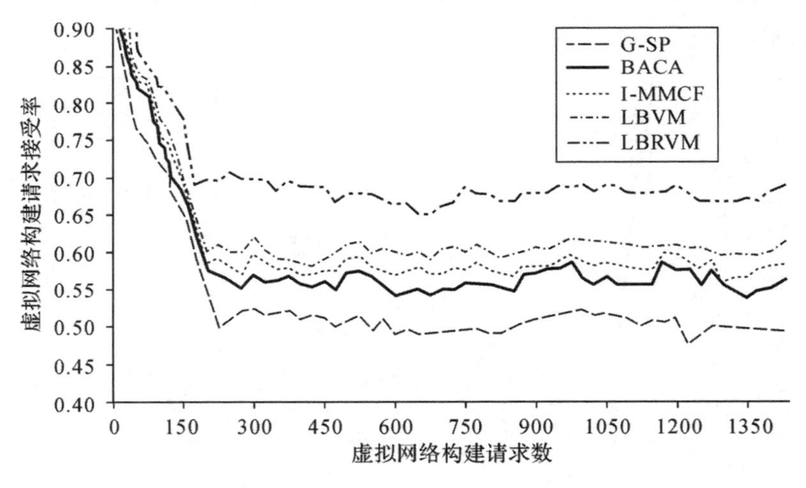

图 3.10 虚拟网络构建请求接受率($\lambda=6$)

为 750(此时虚拟网络请求接受率已经较稳定)时,负载超过平均负载 50% 的物理节点比例和物理链路比例。

分析表 3.4 的数据可以得到以下结论:首先,每种算法仍会出现瓶颈节点,但采用 LBVM 算法和 LBRVM 算法后,瓶颈节点相对少于其他算法;其次,采用 LBVM 算法和 LBRVM 算法,物理网络的物理节点使用均衡度和物理链路使用均衡度要高于其他算法;最后,采用 LBVM 算法和 LBRVM 算法,物理节点的平均利用率和物理链路的平均利用率更高。这些都表明

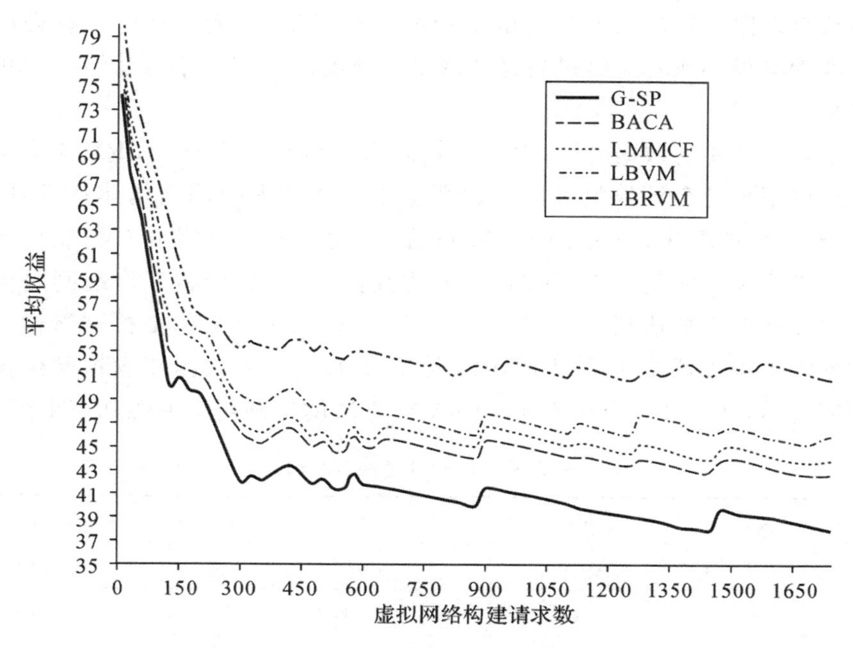

图 3.11 物理网络提供商平均收益($\lambda=6$)

LBVM 算法和 LBRVM 算法能够使负载更加均衡地分布，既提高了物理网络资源的利用率，又降低了瓶颈节点的数量。

表 3.4 资源利用情况($\lambda=6$)

算法	节点平均利用率	链路平均利用率	节点使用均衡度	链路使用均衡度	节点最高负载	链路最高负载	重负载节点比例	重负载链路比例
G-SP	0.220	0.483	0.645	0.631	0.465	0.975	10%	12.0%
BACA	0.226	0.491	0.711	0.721	0.432	0.811	8%	7.5%
I-MMCF	0.229	0.494	0.692	0.742	0.451	0.757	8%	6.4%
LBVM	0.233	0.501	0.765	0.771	0.403	0.756	6%	6.2%
LBRVM	0.245	0.512	0.793	0.789	0.399	0.735	5%	5.4%

(3)虚拟网络构建的拒绝概率分析。

表 3.5 是在业务量较大($\lambda=6$)的情况下，LBRVM 算法仿真结束后 $Q(s,a)$ 值的部分数据(选取物理网络负载较轻、较重和均值这三种情况下的部分数据)。从表 3.5 可以看出，LBRVM 算法在物理网络负载较轻时，拒绝虚拟网络构建请求的概率很低；在物理网络负载较重时，将以较高概率拒绝

会导致物理网络较严重不均衡的虚拟网络构建请求，而对那些对物理网络均衡度影响很小或者能够提高物理网络均衡度的虚拟网络构建请求的拒绝概率很小。

结合表 3.4 的数据可知，由于在物理网络负载较重时，LBRVM 算法将以较高概率拒绝会导致物理网络较严重不均衡的虚拟网络构建请求，因此相对于 LBVM 算法，采用 LBRVM 算法时，物理网络负载分布更加均衡且瓶颈节点更少。从图 3.10 和图 3.11 的数据可以观察到，当物理网络上运行的虚拟网络个数达到一定规模后，采用 LBRVM 算法的虚拟网络构建的成功率和平均收益要比采用 LBVM 算法高 10%左右。由于虚拟网络构建成功率提高，从表 3.4 可以看出 LBRVM 算法的物理网络资源利用率更高。

表 3.5 $Q(s,a)$ 值表($\lambda=6$)

Gn	Ge	f_nd	f_ed	$Q(s,1)$	$Q(s,0)$
1	1	(−∞,0.06]	(−∞,0.06]	8.05	0.16
1	1	(0.06,0.10]	(0.06,0.10]	8.35	0.18
1	1	(0.10,0.14]	(0.10,0.14]	6.84	0.17
1	1	(0.14, 1)	(0.14, 1)	1.68	0.59
2	4	(−∞,0.06]	(−∞,0.06]	4.25	2.22
2	4	(0.06,0.10]	(0.06,0.10]	4.76	2.26
2	4	(0.10,0.14]	(0.10,0.14]	3.54	2.18
2	4	(0.14, 1)	(0.14, 1)	1.97	1.10
5	5	(−∞,0.06]	(−∞,0.06]	1.64	0.31
5	5	(0.06,0.10]	(0.06,0.10]	1.03	1.03
5	5	(0.10,0.14]	(0.10,0.14]	0.14	1.21
5	5	(0.14, 1)	(0.14, 1)	1.10	3.43

3.3.6 小结

本节从负载均衡的视角介绍了虚拟网映射算法的研究现状，并从算法竞争比和资源分配均衡性的角度对当前虚拟网映射算法存在的问题进行了分析。针对存在的问题，基于物理节点不支持重复映射和物理网络不支持路径分割的场景，设计了负载均衡虚拟网映射(LBVM)算法和负载均衡虚拟网映射随机(LBRVM)算法，并对 LBVM 和 LBRVM 算法进行了理论分析和实验验证，证实了所设计算法的有效性和实用性。

3.4　支持接入控制的虚拟网映射竞争算法

3.4.1　概述

当前提出的在线虚拟网映射算法在接入控制的策略设计方面和对虚拟网映射问题解的质量保证方面存在较大缺陷。首先，绝大部分算法没有提供接入控制，即当虚拟网络建立请求动态到达后，如在线虚拟网映射算法能够在底层物理网络上构建该虚拟网络，则一定会完成构建，只有当不能构建时才拒绝；其次，绝大部分算法对算法性能的评估主要通过实验手段，而没有进行竞争比分析，然而在很多现实应用中，物理网络提供商往往希望求解方法能够对解的质量提供一定的保证。

文献[36]给出所提出的在线虚拟网映射算法的竞争比分析（针对 Pipe 流量模型和多路径路由模型的 GVOP 算法），但文献[36]给出的算法存在以下问题：①不支持虚拟节点映射；②仅支持物理网络支持路径分割的虚拟链路映射。文献[36]和文献[37]提出支持接入控制的在线虚拟网映射算法，其中文献[37]给出的接入控制策略存在以下问题：①仅考虑物理节点的使用情况，而不考虑物理链路的使用情况；②不考虑虚拟网络构建所能获得的收益情况。

针对当时仅有文献[36]和文献[37]涉及接入控制以及仅有文献[36]给出虚拟网映射算法的竞争比分析的情况，本人于 2014 年，针对物理网络资源有限且虚拟网络构建请求数量很大的应用场景，提出物理节点不支持重复映射和物理网络不支持路径分割情况下的支持接入控制的在线虚拟网映射问题的竞争算法[38]（Competitive Algorithm with Admission Control，CAAC），其接入控制策略综合考虑了物理节点和物理链路资源的使用情况以及虚拟网构建所能获得的收益。

3.4.2　网络模型和问题定义

3.4.2.1　物理网络和虚拟网络

将物理网络表示为无向图 $G^0=(N^0,E^0)$，其中 N^0 和 E^0 分别表示物理节点的集合和物理链路的集合。每个物理节点具有 CPU 容量属性，第 i 个物理节点的 CPU 容量记为 $c(n_0^i)$；每条物理链路具有链路带宽属性，第 j 条物

理链路的带宽记为 $b(e_0^j)$ 。

将第 j 个虚拟网络表示为无向图$G^j = (N^j, E^j)$，其中 N^j 和E^j 分别表示第 j 个虚拟网的虚拟节点集合和虚拟链路集合。每个虚拟节点附带 CPU 容量属性，第 j 个虚拟网络的第i 个虚拟节点的 CPU 容量需求记为 $c(n_j^i)$。每条虚拟链路具有链路带宽属性，第 j 个虚拟网络的第 i 条虚拟链路的带宽记为 $b(e_j^i)$。另外，第 j 个虚拟网络请求附带 T_j^s 和 T_j^f 两个属性，分别表示第 j 个虚拟网络的开始时间和结束时间，即该虚拟网络的生存周期为$[T_j^s, T_j^f]$，当第 j 个虚拟网络生命期结束后，其映射的物理资源将会被释放。

3.4.2.2 虚拟网映射

虚拟网映射是指把虚拟网络 $G^j(N^j, E^j)$ 映射到物理网络 $G^0(N^0, E^0)$ 的一个子图上，且映射必须满足每个虚拟节点只能映射到一个物理节点、每个物理节点最多只能被一个虚拟节点所映射、每条虚拟链路只能映射到物理网络的一条无圈的物理路径（且物理路径的两个端点分别是虚拟链路的两个虚拟节点所映射的物理节点）等约束条件。另外，在虚拟网络映射时必须满足由 $c(n_j^i)$ 、$b(e_j^i)$ 给出的其他约束条件。

3.4.2.3 虚拟网映射收益

在完成第 j 个虚拟网络映射后，物理网络提供商所获收益因研究角度的不同有多种定义方法。如文献[20]定义为第 j 个虚拟网络的所有虚拟链路带宽之和，即 $\sum_{e \in E^j} b(e)$ ；更多的文献给出的定义[1,23,39]是第 j 个虚拟网络的所有虚拟节点 CPU 容量之和与所有虚拟链路带宽之和的累加，即 $\sum_{i=1}^{|N^j|} c(n_j^i) + \sum_{i=1}^{|E^j|} b(e_j^i)$ ；还有文献[36]定义为 $(T_j^f - T_j^s) \times b$ ，其中 b 是单位时间收益。本书把物理网络提供商完成第 j 个虚拟网络映射所获收益 ρ_j 定义为第 j 个虚拟网络的所有虚拟节点 CPU 容量和所有虚拟链路带宽的累积和与持续时间的乘积，即 $\rho_j = T_j \times (\sum_{i=1}^{|N^j|} c(n_j^i) + \sum_{i=1}^{|E^j|} b(e_j^i))$ ，其中 $T_j = T_j^f - T_j^s$ ，记 $\rho_{j,n} = T_j \times \sum_{i=1}^{|N^j|} c(n_j^i)$ ，$\rho_{j,e} = T_j \times \sum_{i=1}^{|E^j|} b(e_j^i)$ ，分别表示虚拟节点映射收益和虚拟链路映射收益。

设物理网络提供商提供 x 单位的 CPU 容量的收费价格是每单位时间 1 元，提供 y 单位虚拟带宽的收费也是每单位时间 1 元，则物理网络定义中物理节点 CPU 容量和虚拟网络定义中虚拟节点的 CPU 容量为 m，表示其真实容量是 $m \times x$ 个单位；物理网络定义中物理链路的带宽容量和虚拟网络定义中虚拟链路的带宽容量为 n，表示其真实容量是 $n \times y$ 个单位。这样，物理网络提供商完成第 j 个虚拟网映射所获收益就等于单位时间虚拟节点和虚拟链路收益之和与持续时间的乘积 。

虚拟网映射问题的目标是物理网络提供商长期收益的最大化。

3.4.3 算法设计

3.4.3.1 假设与定义

【假设 1】虚拟网络的开始时间 T^s 和结束时间 T^f 都是整数；虚拟节点的 CPU 容量大于等于 1；虚拟链路的带宽大于等于 1；每个虚拟网络的虚拟节点最多为 M_n 个，虚拟链路最多为 M_e 条。

【假设 2】虚拟节点的 CPU 容量不大于最小的物理节点的 CPU 容量的 $1/\log_2\mu$，其中 $\mu = 2F + 2$，F 是最大的虚拟网络单位时间收益。

【假设 3】第 j 个虚拟网络的虚拟链路的带宽不大于最小的物理链路带宽的 $1/(\log_2 u \times | E^j |)$ 。

之所以通过假设 2 和 3 对虚拟节点的 CPU 容量和虚拟链路的带宽容量的上限进行限定，是因为如不限定，则根据定理 2.12，在线虚拟网映射问题的任意确定在线算法的竞争比会趋向无穷大。

1)物理链路的相对负载

对第 j 个虚拟网络的第 i 条虚拟链路，定义 $B(e_j^i,t) = \begin{cases} b(e_j^i), t \in [T_j^s, T_j^f], \\ 0,\ t \notin [T_j^s, T_j^f]。\end{cases}$ 设 $P_{j,i}$ 是第 j 个虚拟网络的第 i 条虚拟链路所映射的路径，如拒绝该虚拟网络，则 $P_{j,i}$ 为空，则第 s 条物理链路 e_0^s 在时间 t 针对前面 $k-1$ 个虚拟网络构建请求的相对负载 $\lambda_{e_0^s}(t,k)$ 定义为：$\sum_{j=1}^{k-1} \sum_{i \in [1,|E^j|]} \left(\frac{B(e_j^i,t)}{b(e_0^s)} \times f(e_0^s, e_j^i)\right)$，其中 $f(e_0^s, e_j^i) = \begin{cases} 1, e_0^s \in P_{j,i}, \\ 0, e_0^s \notin P_{j,i}, \end{cases}$ 显然 $\lambda_{e_0^s}(t, k) \leqslant 1$ 。

2)物理节点的相对负载

对第 j 个虚拟网络的第 i 个虚拟节点，定义 $C(n_j^i,t) = \begin{cases} c(n_j^i), t \in [T_j^s, T_j^f], \\ 0, t \notin [T_j^s, T_j^f]。\end{cases}$

则第 s 个物理节点 n_0^s 在时间 t 针对前 $k-1$ 个虚拟网络构建请求的相对负载

$\lambda_{n_0^s}(t,k)$ 定义为：$\sum_{j=1}^{k-1}\sum_{i\in[1,|N^j|]}(\frac{C(n_j^i,t)}{c(n_0^s)}\times g(n_0^s,n_j^i))$，其中 $g(n_0^s,n_j^i)=\begin{cases}1,\text{虚拟节点 } n_j^i \text{ 映射到物理节点 } n_0^s, \\ 0,\text{其他,}\end{cases}$ 显然 $\lambda_{n_0^s}(t,k)\leqslant 1$ 。

3)物理链路和物理路径的映射代价

当第 j 个虚拟网络 $G^j=(N^j,E^j)$ 的请求到达时，如该虚拟网络的第 i 条虚拟链路 e_j^i 所映射的物理路径为 $P_{j,i}$，则针对虚拟链路 e_j^i，路径 $P_{j,i}$ 所含的每条物理链路 e_0^s 的映射代价定义为：$\sum_t[B(e_j^i,t)\times(\mu^{\lambda_{e_0^s}(t,j)}-1)]$，而物理路径 $P_{j,i}$ 的映射代价为该路径所含各物理链路的映射代价之和。

4)物理节点的映射代价

当第 j 个虚拟网络 $G^j=(N^j,E^j)$ 的请求到达时，该虚拟网络的第 i 个虚拟节点 n_j^i 映射到第 s 个物理节点 n_0^s 的代价定义为：$\sum_t[C(n_j^i,t)\times(\mu^{\lambda_{n_0^s}(t,j)}-1)]$。

5)接入控制条件

虚拟网映射的接入控制条件的设计，是基于在线原始对偶法[36]的设计思想的，该思想是拒绝映射代价大于映射带来的收益的在线请求。按照该思想，把物理链路和物理节点的映射代价定义成所映射虚拟网络的资源需求和资源影子价格之积，因资源影子价格主要取决于其累积的需求情况，故把第 s 条物理链路 e_0^s 和第 s 个物理节点 n_0^s 的影子价格定义为 $\mu^{\lambda_{e_0^s}(t,j)}-1$ 和 $\mu^{\lambda_{n_0^s}(t,j)}-1$ 。与在线原始对偶法不同的是，CAAC 算法通过第 i 个虚拟节点的接入控制条件（$\sum_t[C(n_j^i,t)\times(\mu^{\lambda_{n_0^s}(t,j)}-1)]\leqslant\rho_j$）和第 i 条虚拟链路的接入控制条件（$\sum_t[B(e_j^i,t)\times(\mu^{\lambda_{e_0^s}(t,j)}-1)]\leqslant\rho_j$），过滤掉不合要求的物理节点和物理链路，间接实现虚拟网络构建请求的接入控制。

3.4.3.2 CAAC 算法具体流程

基于贪婪算法的思想，对到达的第 j 个虚拟网络 $G^j=(N^j,E^j)$ 的构建请求，分两个阶段来完成：①把虚拟节点映射到满足虚拟节点接入控制条件的映射代价最小的物理节点上；②把虚拟链路映射到满足虚拟链路接入控制条件的映射代价最小的物理网路径上。算法具体流程如下：

输入：第 j 个虚拟网络 $G^j=(N^j,E^j)$，物理网络 $G^0=(N^0,E^0)$。

输出：第 j 个虚拟网络的映射方案。

1：Mn= ∅ ，Me= ∅ 。//集合 Mn 和 Me 表示分别用于保存虚拟节点和虚拟链路的映射方案。

2：$\rho_j = (T_j^f - T_j^s) \times (\sum_{i=1}^{|N^j|} c(n_j^i) + \sum_{i=1}^{|E^j|} b(e_j^i))$ //计算第 j 个虚拟网络的映射收益。

3：对虚拟网络的虚拟节点按 CPU 容量升序排序。

4：$i = 1$

5：repeat//外循环完成对所有虚拟节点的映射。

{

5.1：$m = 1, K = \varnothing$ 。

5.2：while ($m \leqslant | N^0 |$)//内循环构建满足虚拟节点 n_j^i 映射条件的集合 K 。

{

// n_0^m 表示第 m 个物理节点，如 n_0^m 没有被当前虚拟网节点所映射且满足接入控制条件，则把 n_0^m 加入集合 K 。

5.2.1：if ($n_0^m \notin \mathrm{Mn} \wedge \sum_t [C(n_j^i, t) \times (\mu^{\lambda_{n_0^m}(t,j)} - 1)] \leqslant \rho_j$) $\{K = K \cup \{n_0^m\}\}$

5.2.2：$m = m + 1$ 。

}//内循环结束。

5.3：if($K == \varnothing$) {拒绝第 j 个虚拟网络，退出。}

//把虚拟节点 n_j^i 映射到代价最小的物理节点 n_0^y 。

5.4：求出 n_0^y，满足 $\sum_t [C(n_j^i, t) \times (\mu^{\lambda_{n_0^y}(t,j)} - 1)] = \min \{ \sum_t [C(n_j^i, t) \times (\mu^{\lambda_x(t,j)} - 1)], x \in K \}$。

5.5：$\mathrm{Mn} = \mathrm{Mn} \cup \{ n_0^y \}$

5.6：$i = i + 1$

}until($i > | N^j |$)

6：对虚拟网络的虚拟链路按带宽升序排序。

7：$i = 1$

8：repeat//本循环完成所有虚拟链路的映射。

{

//把虚拟链路 e_j^i 映射到最小代价的物理路径上。

8.1：把物理网络中不符合虚拟链路接入控制条件 $\sum_t [B(e_j^i, t) \times$

$(\mu^{\lambda_{e_0^s}(t,j)}-1)] \leqslant \rho_j$ 的物理链路 e_0^s 删除，然后用 Dijkstra 算法求出虚拟链路 e_j^i 最小映射代价的路径 $P_{j,i}$ 。

//如 e_j^i 没有映射路径，则拒绝该虚拟网络请求。

8.2：if($P_{j,i} == \varnothing$){拒绝第 j 个虚拟网络，退出。}else { Me＝Me∪{ $P_{j,i}$ }}。

8.3：$i = i + 1$

}until ($i > |E^j|$)

9：输出第 j 个虚拟网络的映射方案(Mn 和 Me)。

3.4.4 算法分析

对算法性能的评价从两个方面进行：①采用竞争分析法，分析 CAAC 算法在最坏情况下的性能；②用仿真实验法，分析 CAAC 算法的平均性能。

3.4.4.1 时间复杂性分析

Dijkstra 算法的时间复杂度是 $O(|N^0|^2)$；计算每个物理节点的映射代价时，只需针对生存周期在$[T_j^s, T_j^f]$的虚拟网络进行，其时间复杂度为 $O(J_1)$，J_1 是同时映射到物理节点上的最多虚拟节点数；计算物理链路映射代价的时间复杂度是 $O(J_2)$，J_2 是同时映射到物理链路上的最多虚拟链路数。CAAC 算法的时间复杂度由虚拟节点映射的时间复杂度 $O(|N^j|\times|N^0|\times J_1)$ 和虚拟链路映射的时间复杂度 $O[|E^j|\times(|E^0|\times J_2+|N^0|^2)]$ 决定。由于 $|E^0|<|N^0|^2$，$|N^j|\leqslant|N^0|$，故 CAAC 算法的时间复杂度低于 $O(\max\{J_1, J_2\}\times|E^j|\times|N^0|^2)$，可见 CAAC 算法的时间复杂度是不高的 。

3.4.4.2 算法正确性和竞争比分析

对 CAAC 算法在最坏情况下的性能分析，采用竞争分析法。该法以离线的虚拟网映射问题的最优解作为参照，用在线算法在最坏情况下的性能来衡量算法性能的好坏。

对 CAAC 算法的分析分成两部分。首先证明该算法不会违反物理节点的 CPU 容量约束和物理链路的带宽约束；然后证明 CAAC 算法的竞争比，具体是分析在任意时间 t，针对时间 t 之前所接受的所有虚拟网络构建请求，分析采用 CAAC 算法所获收益与采用最优离线算法所获得收益之比。

记 A 为 CAAC 算法成功完成构建的虚拟网络序号的集合。

记 $p_{n_0^s}(t,j) = c(n_0^s)\times(\mu^{\lambda_{n_0^s}(t,j)}-1)$ ，$p_{e_0^s}(t,j) = b(e_0^s)\times(\mu^{\lambda_{e_0^s}(t,j)}-1)$ 。

【定理 3.2】对物理网络的所有物理节点 $n_0^s \in N^0$，CAAC 算法不会违反物理节点的 CPU 容量约束，即 $\forall t, \forall j\ \lambda_{n_0^s}(t,j) \leqslant 1$ 。

证明：用反证法。设第 j 个虚拟网络 $G^j=(N^j,E^j)(j \in A)$ 是第一个导致物理节点 n_0^s 的相对负载大于 1 的虚拟网络。设该物理节点 n_0^s 被虚拟网络 G^j 的第 b 个虚拟节点 n_j^b 所映射。即在某个时间 $t \in [T_j^s, T_j^f]$，物理节点 n_0^s 的相对负载 $\lambda_{n_0^s}(t,j+1)>1$，因在 $t \in [T_j^s, T_j^f]$ 时，$\lambda_{n_0^s}(t,j+1)=\lambda_{n_0^s}(t,j)+c(n_j^b)/c(n_0^s)$，故 $\lambda_{n_0^s}(t,j)>1-c(n_j^b)/c(n_0^s)$。根据假设 2 可知：$c(n_j^b)/c(n_0^s) \leqslant 1/\log_2\mu$，由此我们可得：$\mu^{\lambda_{n_0^s}(t,j)}-1>\mu^{1-c(n_j^b)/c(n_0^s)}-1 \geqslant \mu^{1-\frac{1}{\log_2\mu}}-1=\mu/2-1=F$ 。

根据假设 1，当 $t \in [T_j^s, T_j^f]$ 时，$C(n_j^b,t) \geqslant 1$；根据假设 2，$F \times T_j \geqslant \rho_j$。故 $\sum_t [C(n_j^i,t) \times (\mu^{\lambda_{n_0^s}(t,j)}-1)] > \sum_t [C(n_j^i,t) \times F] \geqslant T_j \times F \geqslant \rho_j$，这与 CAAC 算法步骤 5.2.1 中虚拟节点接入控制条件相矛盾，即虚拟节点 n_j^b 不可能映射到物理节点 n_0^s 上，与假设相矛盾。

【定理 3.3】对物理网络的所有物理链路 $e_0^s \in E^0$，CAAC 算法不会违反物理链路的带宽容量约束，即 $\forall t, \forall j\ \lambda_{e_0^s}(t,j) \leqslant 1$ 。

证明：用反证法。设第 j 个虚拟网络 $G^j=(N^j,E^j)(j \in A)$ 是第一个导致物理链路的相对负载大于 1 的虚拟网络。设该物理链路为 e_0^s（同时设虚拟网 G^j 的第 $a_1, a_2, \cdots, a_c$ 条，共 c 条虚拟链路映射到包含物理链路 e^s 的物理路径上）。即在某个时间 $t \in [T_j^s, T_j^f]$，物理链路 e_0^s 的相对负载 $\lambda_{e_0^s}(t,j)>1-\sum_{i\in[1,c]} b(e_j^{a_i})/b(e_0^s)$，根据假设 3 可得：$\mu^{\lambda_{e_0^s}(t,j)}-1>\mu^{1-\sum_{i\in[1,c]}(b(e_j^{a_i})/b(e_0^s))}-1 \geqslant \mu^{1-\frac{c}{|E^j|}\times\frac{1}{\log_2\mu}}-1 \leqslant \mu^{1-\frac{1}{\log_2\mu}}=\mu/2-1=F$，又因为根据假设 1，当 $t \in [T_j^s, T_j^f]$ 时，$B(n_j^{a_1},t) \geqslant 1$，进而有：

$\sum_t [B(e_j^i,t) \times (\mu^{\lambda_{e_0^s}(t,j)}-1)] > \sum_t (B(e_j^i,t) \times F) \geqslant T_j \times F \geqslant \rho_j$，这与 CAAC 算法步骤 8.1 中虚拟链路接入控制条件相矛盾，即第 j 个虚拟网络 G^j 的第 a_1 条虚拟链路不可能映射到包含物理链路 e_0^s 的物理路径上，与假设相矛盾。

【引理 3.1】A 是 CAAC 算法成功完成构建的虚拟网络序号的集合，k 是最后一个虚拟网络请求的虚拟网络序号，则

$$\log_2\mu \times \sum_{j\in A}\rho_{j,n} + \mathrm{Mn} \times \log_2\mu \times \sum_{j\in A}\rho_j \geqslant \sum_t \sum_{n\in N^0} p_n(t,\ k+1) \tag{3.20}$$

证明：用数学归纳法，记 k' 是虚拟网络请求序号。

(1)当 $k'=0$ 时，不等式(3.20)两边都为 0，不等式(3.20)显然成立。

(2)设当 $k'=j$ 时，不等式(3.20)成立。

(3)当 $k1=j+1$ 时,如 CAAC 算法拒绝第 $j+1$ 个虚拟网络请求,则不等式(3.20) 两边都不变,显然成立。如接受第 $j+1$ 个虚拟网络请求,则证明不等式(3.21)成立即可。

$$\log_2\mu\times\rho_{j+1,n}+\mathrm{Mn}\times\log_2\mu\times\rho_{j+1}\geqslant\sum_t\sum_{n\in N^0}(p_n(t,j+2)-p_n(t,j+1))\tag{3.21}$$

①设物理节点 n 被第 $j+1$ 个虚拟网络第 in 个结点 n_{j+1}^{in} 所映射(in 取值与 n 相关),则

$$p_n(t,j+2)-p_n(t,j+1)=c(n)\times(\mu^{\lambda_n(t,j+1)+\frac{C(n_{j+1}^{in},t)}{c(n)}}-\mu^{\lambda_n(t,j+1)})$$

$$=c(n)\times\mu^{\lambda_n(t,j+1)}\times(\mu^{\frac{C(n_{j+1}^{in},t)}{c(n)}}-1)=c(n)\times\mu^{\lambda_n(t,j+1)}\times 2^{\log_2\mu}$$

根据假设 2, $C(n_{j+1}^{in},t)\leqslant c(n)/\log_2\mu$,故 $\mu^{\frac{C(n_{j+1}^{in},t)}{c(n)}}\leqslant 2$,又因为 $2^x-1\leqslant x$, $0\leqslant x\leqslant 1$,所以

$$p_n(t,j+2)-p_n(t,j+1)\leqslant c(n)\times\mu^{\lambda_n(t,j+1)}\times\log_2\mu$$
$$=C(n_{j+1}^{in},t)\times\mu^{\lambda_n(t,j+1)}\times\log_2\mu$$
$$=C(n_{j+1}^{in},t)\times(\frac{p_n(t,j+1)}{c(n)}+1)\times\log_2\mu$$
$$=(C(n_{j+1}^{in},t)\times\frac{p_n(t,j+1)}{c(n)}+C(n_{j+1}^{in},t))\times\log_2\mu$$

②如物理节点 n 没有被第 $j+1$ 个虚拟网络的虚拟节点所映射,则

$$p_n(t,j+2)-p_n(t,j+1)=0$$

③由假设 1 和虚拟节点接入控制条件可得:

$$\sum_t\sum_{n\in N^0}(p_n(t,j+2)-p_n(t,j+1))$$
$$\leqslant\sum_t\sum_{n\in M(n)}[(C(n_{j+1}^{in},t)\times\frac{p_n(t,j+1)}{c(n)}+C(n_{j+1}^{in},t))\times\log_2\mu]$$
$$\leqslant|N^{j+1}|\times\rho_{j+1}\times\log_2\mu+\log_2\mu\times\sum_t\sum_{n\in M(n)}C(n_{j+1}^{in},t)$$
$$\leqslant\rho_{j+1}\times\mathrm{Mn}\times\log_2\mu+\rho_{j+1,n}\times\log_2\mu$$

不等式(3.21)得证。其中 Mn 是第 $j+1$ 个虚拟网络的虚拟节点所映射的物理节点集合。

【引理 3.2】A 是 CAAC 算法成功完成构建的虚拟网序号的集合,k 是最后一个虚拟网络请求的虚拟网络序号,则

$$|E^0|\times\log_2\mu\times\sum_{j\in A}\rho_{j,e}+\mathrm{Me}\times|E^0|\times\log_2\mu\times\sum_{j\in A}\rho_j$$

$$\geqslant \sum_{t}\sum_{e\in E^0} p_e(t,\ k+1) \tag{3.22}$$

证明：用数学归纳法，记 k' 是虚拟网络请求序号。

(1)当 $k'=0$ 时，不等式两边都为 0，不等式(3.22)显然成立。

(2)设当 $k'=j$ 时，不等式(3.22)成立。

(3)当 $k'=j+1$ 时，如 CAAC 算法拒绝第 $j+1$ 个虚拟网络请求，则不等式(3.22)两边都不变，显然成立。如接受第 $j+1$ 个虚拟网络请求，则证明不等式(3.23)成立即可：

$$|E^0|\times \log_2\mu\times\rho_{j+1,e}+\mathrm{Me}\times|E^0|\times\log_2\mu\times\rho_{j+1}\geqslant \sum_{t}\sum_{e\in E^0}(p_e(t,\ j+2)-p_e(t,\ j+1)) \tag{3.23}$$

①设物理链路 e 被第 $j+1$ 个虚拟网络的第 $a_{e1},a_{e2},\cdots,a_{ece}$ 条，共 ce 条虚拟链路所映射（ce 的取值与物理链路 e 相关），则

$$p_e(t,\ j+2)-p_e(t,\ j+1)=b(e)\times(\mu^{\lambda_e(t,j+1)+\sum\limits_{i\in[1,ce]}\frac{B(e_{j+1}^{a_i},t)}{b(e)}}-\mu^{\lambda_e(t,j+1)})$$

$$=b(e)\times\mu^{\lambda_e(t,j+1)}\times(\mu^{\sum\limits_{i\in[1,ce]}\frac{B(e_{j+1}^{a_i},t)}{b(e)}}-1)=b(e)\times\mu^{\lambda_e(t,j+1)}$$

$$\times(2^{\log_2\mu^{\sum\limits_{i\in[1,ce]}\frac{B(e_{j+1}^{a_i},t)}{b(e)}}}-1)$$

根据假设 3，$\frac{B(e_{j+1}^{a_i},t)}{b(e)}\leqslant\frac{1}{\log_2\mu\times|E^{j+1}|}$，故 $\mu^{\sum\limits_{i\in[1,ce]}\frac{B(e_{j+1}^{a_i},t)}{b(e)}}\leqslant 2$，所以

$$p_e(t,\ j+2)-p_e(t,\ j+1)\leqslant b(e)\times\mu^{\lambda_e(t,j+1)}\times\log_2\mu^{\sum\limits_{i\in[1,ce]}\frac{B(e_{j+1}^{a_i},t)}{b(e)}}$$

$$=\sum_{i\in[1,ce]}B(e_{j+1}^{a_i},t)\times\mu^{\lambda_e(t,j+1)}\times\log_2\mu$$

$$=\sum_{i\in[1,ce]}B(e_{j+1}^{a_i},t)\times\log_2\mu\times(\frac{p_e(t,\ j+1)}{b(e)}+1)$$

$$=\log_2\mu\times\sum_{i\in[1,ce]}B(e_{j+1}^{a_i},t)\times\frac{p_e(t,\ j+1)}{b(e)}+\log_2\mu\times\sum_{i\in[1,ce]}B(e_{j+1}^{a_i},t)$$

②如物理链路 e 没有被第 $j+1$ 个虚拟网络的虚拟链路所映射，则 $p_e(t,\ j+2)-p_e(t,\ j+1)=0$ 。

③根据假设 1 和虚拟链路接入控制条件可得

$$\sum_{t}\sum_{e\in E^0}(p_e(t,\ j+2)-p_e(t,\ j+1))$$

$$\leqslant\sum_{t}\sum_{e\in M(e)}(\log_2\mu\times\sum_{i\in[1,ce]}B(e_{j+1}^{a_i},t)\times\frac{p_e(t,\ j+1)}{b(e)}+\log_2\mu\times\sum_{i\in[1,ce]}B(e_{j+1}^{a_i},t))$$

$$\leqslant\log_2\mu\times\sum_{t}\sum_{e\in E^0}\sum_{i\in[1,ce]}B(e_{j+1}^{a_i},t)\times\frac{p_e(t,\ j+1)}{b(e)}$$

$$+\log_2\mu\times\sum_t\sum_{e\in E^0}\sum_{i\in[1,\alpha e]}B(e_{j+1}^{a_i},t)$$
$$\leqslant\log_2\mu\times\sum_{e\in E^0}\sum_{i\in[1,\alpha e]}\rho_{j+1}+\log_2\mu\times\sum_{e\in E^0}\rho_{j+1,e}$$
$$\leqslant|E^0|\times\log_2\mu\times\rho_{j+1,e}+\mathrm{Me}\times|E^0|\times\log_2\mu\times\rho_{j+1}$$

不等式(3.23)得证。

其中 Me 是第 $j+1$ 个虚拟网络的虚拟网链路所映射的物理链路集合。

【引理 3.3】设 B_1 是离线最优算法完成构建但CAAC算法没有完成构建(原因是存在虚拟节点不能够完成映射)的虚拟网络序号的集合,g_1 是 B_1 中的最大值,则

$$\sum_{j\in B_1}\rho_j<\sum_t\sum_{n\in N^0}p_n(t,g_1)\tag{3.24}$$

证明:(1)如 $j\in B_1$,则在CAAC算法对第 j 个虚拟网络 G^j 的虚拟节点依次映射时,必存在一个虚拟节点 n_j^{ji}(ji 取值与 j 相关),因不存在满足虚拟节点接入控制条件的物理节点而不能完成映射(前面 $ji-1$ 个虚拟节点已完成映射);则离线最优算法所求的对 G^j 的虚拟节点所映射的物理节点集合中必有一个物理节点(记为 n_0^{jji})没有被前面 $ij-1$ 个虚拟节点所映射且不符合 n_j^{ji} 的接入控制条件(否则可把 n_j^{ji} 映射到 n_0^{jji} 上),从而

$$\rho_j<\sum_t[C(n_j^{ji},t)\times(\mu^{\lambda_{n_0^{jji}}(t,j)}-1)]=\sum_t\sum_{n\in N^0}[C'(n_j^{ji},n,t)\times(\mu^{\lambda_n(t,j)}-1)]$$

其中 $C'(n_j^{ji},n,t)=\begin{cases}C(n_j^{ji},t),\text{如 } n=n_0^{jji},\\0,\text{其他。}\end{cases}$

(2) 根据 $\mu^{\lambda_n(t,j)}(n\in N^0)$ 的定义可知,对 j 而言,$\mu^{\lambda_n(t,j)}$ 具有单调性,故 $\mu^{\lambda_n(t,j)}\leqslant\mu^{\lambda_n(t,g_1)}$,又因为在任意时间 t,离线最优算法映射到任意物理节点 n 的所有虚拟节点的 CPU 容量之和必然小于等于 $c(n)$,故 $\sum_{j\in B_1}\frac{C'(n_j^{ji},n,t)}{c(n)}\leqslant 1$。根据步骤(1),$\rho_j<\sum_t\sum_{n\in N^0}[C'(n_j^{ji},n,t)\times(\mu^{\lambda_n(t,j)}-1)]$,故

$$\sum_{j\in B_1}\rho_j<\sum_{j\in B_1}\sum_t\sum_{n\in N^0}\left(\frac{C'(n_j^{ji},n,t)}{c(n)}\times p_n(t,j)\right)$$
$$\leqslant\sum_{j\in B_1}\sum_t\sum_{n\in N^0}\left(\frac{C'(n_j^{ji},n,t)}{c(n)}\times p_n(t,g_1)\right)$$
$$=\sum_t\sum_{n\in N^0}p_n(t,g_1)\sum_{j\in B_1}\frac{C'(n_j^{ji},n,t)}{c(n)}$$
$$\leqslant\sum_t\sum_{n\in N^0}p_n(t,g_1)\text{,得证。}$$

【引理 3.4】设 B_2 是离线最优算法完成构建但CAAC算法没有完成构建(原因是存在虚拟链路不能够完成映射)的虚拟网络序号的集合,g_2 是 B_2 中的最大值,则

$$\sum_{j\in B_2}\rho_j < \sum_t \sum_{e\in E^0} p_e(t,g_2) \tag{3.25}$$

证明:(1)如 $j\in B_2$,则CAAC算法对第 j 个虚拟网络 G^j 的虚拟链路依次映射时,必存在一条虚拟链路不能完成映射,设该虚拟链路为 e_j^i(i取值与 j 相关)。设离线最优算法把虚拟链路 e_j^i 映射到物理路径 $P_{j,i}$ 上,则必存在一条物理链路 $e_0^{jx}\in P_{j,i}$,使 $\sum_t\left[B(e_j^i,t)\times(\mu^{\lambda_{e_0^{jx}}(t,j)}-1)\right]>\rho_j$,否则CAAC算法可以把虚拟链路 e_j^i 映射到物理路径 $P_{j,i}$ 上,从而

$\rho_j < \sum_t\left[B(e_j^i,t)\times(\mu^{\lambda_{e_0^{jx}}(t,j)}-1)\right]=\sum_t\sum_{e\in E^0}[B'(e_j^i,e,t)\times(\mu^{\lambda_e(t,j)}-1)]$,其中 $B'(e_j^i,e,t)=\begin{cases}B(e_j^i,t),\text{如 } e=e_0^{jx},\\ 0,\text{其他。}\end{cases}$

(2)根据 $\mu^{\lambda_e(t,j)}(e\in E^0)$ 的定义可知,对 j 而言,$\mu^{\lambda_e(t,j)}$ 具有单调性,故 $\mu^{\lambda_e(t,j)}\leqslant\mu^{\lambda_e(t,g)}$,又因为在任意时间 t,离线最优算法映射到任意物理链路 e 的所有虚拟链路的带宽之和必然小于 $b(e)$,故 $\sum_{j\in B_2}\frac{B'(e_j^i,e,t)}{b(e)}\leqslant 1$。根据步骤(1),$\rho_j<\sum_t\sum_{e\in E^0}[B'(e_j^i,e,t)\times(\mu^{\lambda_e(t,j)}-1)]$,故

$$\begin{aligned}\sum_{j\in B_2}\rho_j &< \sum_{j\in B_2}\sum_t\sum_{e\in E^0}\left(\frac{B'(e_j^i,e,t)}{b(e)}\times p_e(t,j)\right)\\ &\leqslant \sum_{j\in B_2}\sum_t\sum_{e\in E^0}\left(\frac{B'(e_j^i,e,t)}{b(e)}\times p_e(t,g_2)\right)\\ &= \sum_t\sum_{e\in E^0}p_e(t,g_2)\sum_{j\in B_2}\frac{B'(e_j^i,e,t)}{b(e)}\leqslant\sum_t\sum_{e\in E^0}p_e(t,g_2)\end{aligned}$$

,得证。

【定理 3.4】CAAC 算法所获得收益大于最优离线算法所获得收益的 $1/\{\log_2\mu\times[\mathrm{Mn}+(\mathrm{Me}+1)\times|E^0|]+1\}$,即CAAC算法的竞争比小于 $\log_2\mu\times[\mathrm{Mn}+(\mathrm{Me}+1)\times|E^0|]+1$。

证明:设离线最优算法所取得收益为 ρ_{off},k 是最后一个虚拟网络请求的虚拟网序号,则

$$\rho_{\mathrm{off}}\leqslant\sum_{j\in B_1}\rho_j+\sum_{j\in B_2}\rho_j+\sum_{j\in A}\rho_j<\sum_t\sum_{n\in N^0}p_n(t,g_1)+\sum_t\sum_{e\in E^0}p_e(t,g_2)+\sum_{j\in A}\rho_j$$

(根据引理 3.3 和引理 3.4)

$$\leqslant \sum_{t}\sum_{n\in N^0} p_n(t,k+1) + \sum_{t}\sum_{e\in E^0} p_e(t,k+1) + \sum_{j\in A}\rho_j \text{（因为 } k+1>g_1 \text{ 且 } k+1>g_2\text{）}$$

$$\leqslant \log_2\mu \times \sum_{j\in A}\rho_{j,n} + \mathrm{Mn}\times\log_2\mu\times\sum_{j\in A}\rho_j + |E^0|\times\log_2\mu\times\sum_{j\in A}\rho_{j,e} + \mathrm{Me}\times|E^0|\times\log_2\mu\times\sum_{j\in A}\rho_j + \sum_{j\in A}\rho_j \text{（根据引理 3.1 和引理 3.2）}$$

$$\leqslant |E^0|\times\log_2\mu\times\sum_{j\in A}\rho_{j,n} + |E^0|\times\log_2\mu\times\sum_{j\in A}\rho_{j,n} + [\log_2\mu\times(\mathrm{Mn}+\mathrm{Me}\times|E^0|)+1]\times\sum_{j\in A}\rho_j$$

$$= |E^0|\times\log_2\mu\times\sum_{j\in A}\rho_j + [\log_2\mu\times(\mathrm{Mn}+\mathrm{Me}\times|E^0|)+1]\times\sum_{j\in A}\rho_j$$

$$= \{\log_2\mu\times[\mathrm{Mn}+(\mathrm{Me}+1)\times|E^0|]+1\}\times\sum_{j\in A}\rho_j$$

，得证。

3.4.4.3 算法平均性能实验分析

1)对比算法

由于在线算法的平均性能分析尚未取得理论上的突破[34,35]，故采用实验的方法，把 CAAC 算法与启发式算法 G-SP(虚拟链路映射采用最短路径算法，虚拟节点映射采用贪婪算法[13])、R-ViNE-SP 算法(虚拟链路映射采用最短路径算法，虚拟节点映射使用随机节点映射法[1])和支持接入控制的基于约束优化的映射算法 COMM[37] 进行对比分析，从而评价 CAAC 算法的平均性能。

2)仿真环境及性能评估指标

对 CAAC 算法平均性能的评估，通过 Matlab 模拟仿真来进行。对算法性能的评估指标，除了虚拟网络构建请求的接受率和物理网络提供商的平均收益外，还使用物理节点利用率、物理链路利用率、物理节点最高负载和物理链路最高负载等指标来衡量物理网络资源的利用情况。

3)实验数据的设定

目前物理网络和虚拟网络请求的实际特征尚不清楚[24]，故用虚拟网映射问题研究中通用的方法[7,13,20,23,24,39]来设定实验数据。物理网络是用工具 GT-ITM 随机产生的连通网络，物理网络有 30 个物理节点，物理节点之间用 0.2 的概率随机连接，物理节点的 CPU 容量和物理链路的带宽在 480 到 580 整数间均匀分布。虚拟网络构建请求的到达是一个泊松过程，每 100 时间单位平均有 130 个虚拟网络构建请求，每个虚拟网络的生存期符合指数分布，平均每个虚拟网络的生存期为 1000 个时间单位。每个虚拟网络的虚拟节点数在 2 和 5 之间随机产生，虚拟网络连通度是 50%，虚拟节点的 CPU

容量和虚拟链路的带宽在 1 到 6 整数间均匀分布，虚拟网络单位时间收益最大为 2700，即算法中 F 取 2700。COMM 算法中 θ 参数的取值与文献[37]中实验时的取值相同，为 0.7。实验表明，θ 取 0.7 时，该算法的平均性能较理想。仿真实验的时间是 3000 个时间单位，共 3900 个虚拟网请求。

4)实验结果及分析

(1)物理网络资源利用情况分析。

表 3.6 统计了实验结束后物理网络负载的各项指标，从表 3.6 可以得到以下分析结论。首先，采用 CAAC 算法，物理节点的平均利用率和物理链路的平均利用率更高。结合图 3.12 可知，利用率高的原因是采用 CAAC 算法有更高的虚拟网络构建请求接受率，同时由于 CAAC 算法在映射虚拟链路时会过滤掉虚拟网络生命周期内负载相对较高(相对物理网络提供商收益)的物理链路，导致映射虚拟链路的物理路径相对更长，从而进一步提高了物理链路的平均利用率。其次，因 CAAC 算法会过滤掉虚拟网络生命周期内负载相对较高的物理节点和物理链路，从而使物理网络的节点使用和链路使用更加均衡。最后，CAAC 算法过滤掉的是生命周期内负载相对较高的物理节点和物理链路，而不是物理节点和物理链路的即时负载较高的节点，故 CAAC 算法会使用即时负载很高但在虚拟网络生命周期内负载会下降较多(因在该周期内有较多的以前的虚拟网络生命周期结束)的物理节点和物理链路。

表 3.6 资源利用情况

算法	节点平均利用率	链路平均利用率	节点利用率方差	链路利用率方差	节点最高负载	链路最高负载
G-SP	0.510	0.458	0.278	0.324	0.930	0.975
R-ViNE-SP	0.587	0.523	0.299	0.320	0.868	0.811
COMM	0.615	0.491	0.268	0.334	0.856	0.905
CAAC	0.683	0.582	0.267	0.303	0.910	0.925

(2)虚拟网络构建请求接受率和映射收益分析。

从图 3.12 和图 3.13 可观察到，当虚拟网络构建请求数不断增多时，随着物理网络负载逐渐加重，虚拟网络构建请求接受率和平均收益接近线性下降。但随着请求数的增加，虚拟网络构建请求接收率和平均收益会逐渐达到稳态。从实验结果可以看出，采用 CAAC 算法有利于提高虚拟网络构建请求接受率和物理网络提供商的平均收益。可以观察到，当物理网络上运行的虚拟网络个数达到一定规模后，采用 CAAC 算法的虚拟网络构建请求接受率和平均收益分别逐渐稳定在 0.68 和 19.5 左右，比 COMM、R-ViNE-SP 和 G-SP 算法分别提高 10%、17%和 34%左右。

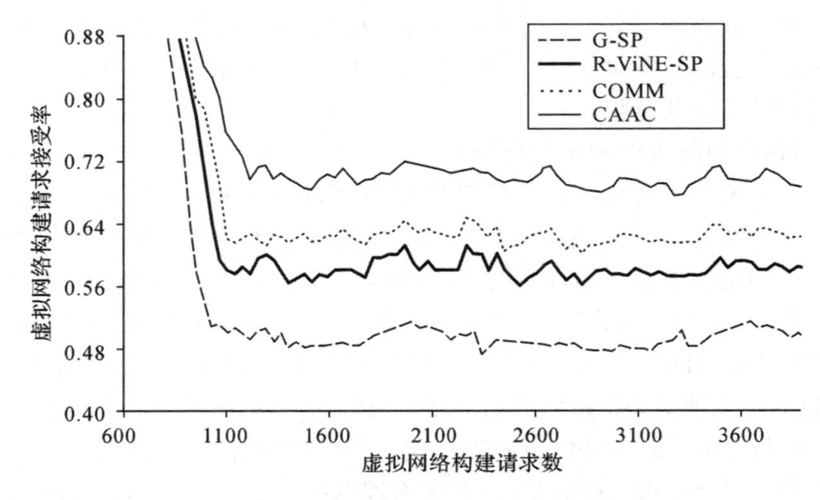

图 3.12　虚拟网络构建请求接受率

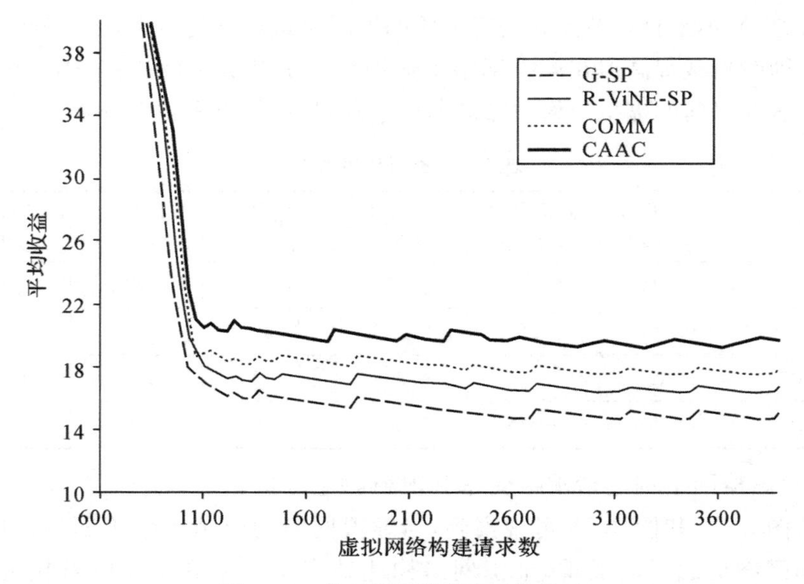

图 3.13　物理网络提供商平均收益

(3)接入控制分析。

统计分析表明,虚拟网映射单位时间收益在平均值之下,CAAC算法在映射该虚拟网络时,会过滤掉在该虚拟网络生存周期内平均相对负载超过76%的物理节点和物理链路,而当虚拟网映射单位时间收益接近单位时间最大收益时,不会过滤掉任何物理链路和物理节点。其原因是物理网络资源的负载越高,影子价格也就越高,相应的映射代价就越高。最终大约有5%的虚拟网络请求因接入控制的原因被拒绝,而COMM算法大约是1%。从图3.12可以看出,虽然CAAC算法过滤掉较多的虚拟网络构建请求,但其请求接受率还是比COMM算法高10%左右。原因是CAAC算法过滤掉的是负载相对过高(相对物理网络提供商收益)的物理节点和物理链路,从而能接受后期到达的更多虚拟网络构建请求;而COMM算法是简单地过滤掉虚拟节点资源需求相对较高(相对于物理节点资源)的虚拟网络,而不考虑物理链路的负载情况。

3.4.5　小结

本节针对当前所存在的虚拟网映射算法存在的主要问题,提出了支持接入控制的虚拟网映射算法CAAC,最后对CAAC算法进行了竞争比分析和实验验证,以说明所设计算法的有效性和实用性。当然,虚拟网映射问题的算法设计还有许多问题有待进一步研究,如在线虚拟网映射问题的竞争比下界是多少、虚拟网映射的服务质量如何保证、虚拟网映射的公平性如何保证等。

3.5　基于二分图K优完美匹配的虚拟网映射算法

3.5.1　概述

将虚拟网映射分为虚拟节点映射和虚拟链路映射的两阶段映射算法具有执行效率高的优点。但由于当前提出的两阶段映射算法在求解虚拟节点映射时,没有考虑或仅部分考虑虚拟链路映射的约束,会导致虚拟节点映射的可行性的降低,从而减低虚拟网络构建请求接受率和虚拟网映射收益。

为了提高虚拟节点映射的可行性,基于参考文献[40]提出的可行性检验定理和参考文献[23]提出的节点等级指标,本人于2014年,针对物理节点不支持重复映射和物理网络支持路径分割场景下的在线虚拟网映射问题,设计了基于二分图K优完美匹配的以降低映射代价为目标的在线虚拟网映射迭代算法 VNM-KBPM（Virtual Network Mapping-K Best Perfect Matchings）[41]。VNM-KBPM 算法能提高虚拟节点映射的可行性并降低虚拟网映射成本，最终达到提高虚拟网络构建请求接受率和物理网络提供商收益的目的。

3.5.2 网络模型和问题定义

3.5.2.1 物理网络和虚拟网络

将物理网络表示为无向图 $G^0=(N^0,E^0)$，其中 N^0 和 E^0 分别表示物理节点的集合和物理链路的集合。每个物理节点具有 CPU 容量属性，第 i 个物理节点的 CPU 容量记为 $c(n_0^i)$；每条物理链路具有链路带宽属性，第 j 条物理链路的带宽记为 $b(e_0^j)$ 。

将第 j 个虚拟网络表示为无向图 $G^j=(N^j,E^j)$，其中 N^j 和 E^j 分别表示第 j 个虚拟网络的虚拟节点集合和虚拟链路集合。每个虚拟节点附带 CPU 容量属性，第 j 个虚拟网络的第 i 个虚拟节点的 CPU 容量需求记为 $c(n_j^i)$。每条虚拟链路具有链路带宽属性，第 j 个虚拟网络的第 i 条虚拟链路的带宽记为 $b(e_j^i)$。另外，T_j^s 和 T_j^f 属性表示第 j 个虚拟网络的开始时间和结束时间，即该虚拟网络的生存周期为 $[T_j^s,T_j^f]$。

3.5.2.2 虚拟网映射

虚拟网映射是指把虚拟网络 $G^j(N^j,E^j)$ 映射到物理网络 $G^0(N^0,E^0)$ 的一个子图上（严格地说是物理网络的剩余网络 G_{res}^0 的一个子图上），且满足每个虚拟节点只能映射到一个物理节点、每个物理节点最多只能被一个虚拟节点所映射、每条虚拟链路只能映射到物理网络的一条或多条无圈的物理路径（物理路径的两个端点分别是虚拟链路的两个虚拟节点所映射的物理节点）等约束条件。另外，在虚拟网映射时还必须满足由 D_j^v、$c(n_j^i)$、$b(e_j^i)$ 给出的其他约束条件。

最大化物理网提供商长期收益是在线虚拟网映射问题的优化目标。

3.5.2.3 虚拟网映射收益和映射代价

将物理网络提供商在完成第 j 个虚拟网络 $G^j(N^j,E^j)$ 映射后所获收益定义为第 j 个虚拟网络的所有虚拟节点 CPU 容量和所有虚拟链路带宽的累加和，即 $\sum_{i=1}^{|N^j|}c(n_j^i)+\sum_{i=1}^{|E^j|}b(e_j^i)$ 。

第 j 个虚拟网络 $G^j(N^j,E^j)$ 的映射代价定义为分配给该虚拟网络的物

理网络资源(CPU 容量和物理链路带宽)之和,可形式化表示为 $\sum_{i=1}^{|N^i|} c(n_j^i) + \sum_{i=1}^{|E^i|} (b(e_j^i) \times |M^e(e_j^i)|)$,其中 $|M^e(e_j^i)|$ 表示虚拟链路 e_j^i 所映射物理路径的长度。

3.5.2.4　剩余网络

将物理网络 $G^0(N^0, E^0)$ 中物理节点的 CPU 容量减去映射到该物理节点的所有虚拟节点(可能来自不同的虚拟网络)的 CPU 容量和,并将 G^0 中物理链路的带宽减去映射到该物理链路的所有虚拟链路(可能来自不同的虚拟网络)的带宽和后的网络称为 G^0 的剩余网络 $G_{res}^0(N^0, E^0)$,其中映射到某物理链路的虚拟链路指该虚拟链路所映射的物理路径包含该物理链路。剩余网络 G_{res}^0 中第 i 个物理节点的剩余 CPU 容量记为 $r_n(n_0^i)$,第 j 条物理链路的剩余带宽记为 $r_e(e_0^j)$。

3.5.2.5　可行虚拟节点映射[40]

把满足节点约束条件且至少存在一个可行的虚拟链路映射方案的虚拟节点映射称为可行的虚拟节点映射,可行的虚拟节点映射问题是 NP 难问题[40]。节点约束条件是指每个虚拟节点必须且只能映射到一个物理节点,每个物理节点只能被一个虚拟节点映射,虚拟节点所映射的物理节点的 CPU 剩余容量大于或等于虚拟节点的 CPU 容量。

3.5.3　算法设计

3.5.3.1　设计思想

对动态到达的虚拟网络构建请求,通过把虚拟网映射分成虚拟节点映射和虚拟链路映射两个阶段来完成。在虚拟节点映射阶段,综合运用参考文献[40]和参考文献[23]的研究成果,以提高虚拟节点映射的可行性;在虚拟链路映射阶段采用基于多商品流的线性规划算法[24],然后基于迭代的方法来求解映射代价小的虚拟网映射方案。

3.5.3.2　虚拟节点映射的可行性检验定理[40]

1)割

我们把网络 $G=(N,E)$ 的节点集合 N 的一个划分称为 G 的一个割。割 $(S, N-S)$ 将 N 分成 S 和 $N-S$ 两个部分,我们称之为网络 G 的 $|S|$ - 割。若链路 $e(u,v)$ 满足 $u \in S, v \in N-S$,则称链路通过割 $(S, N-S)$,所有通过

割$(S,N-S)$的链路的带宽之和称为割$(S,N-S)$的容量，记为$\varphi(G,S)$。

2)K-割检验

记$M_n:N^j\rightarrow N^0$是虚拟网络G^j到物理网络G^0的节点映射，常数$K\in[1,|N^j|]$。如对$\forall S\subseteq N^j$，$|S|=K$，M_n满足$\varphi(G^j,S)\leqslant\varphi(G^0,M_n(S))$，则称$M_n$通过$K$-割检验。其中$M_n(S)=\{n_0^s\mid n_0^s=M_n(n_j^v),n_j^v\in S\}$。

3)可行性检验定理

【定理3.5】可行性检验定理：M_n有可行的虚拟链路映射与之对应，当且仅当M_n通过所有的K-割检验，其中$K\in[1,|N^j|/2]$。(证明见参考文献[40])

根据可行性检验定理，只有通过所有K-割检验的虚拟节点映射才是可行的，但由于完成所有K-割检验复杂度过高，在计算上是不可行的[40]。另外，虽然参考文献[40]通过实验表明，通过1-割检验，可以93.9%的概率发现不可行虚拟节点映射，但该结论是在物理网络规模小的情况下得出的实验结论，并不适合中大型物理网络。

3.5.3.3 节点等级指标

参考文献[23]通过马尔可夫随机游走模型，根据节点自身的资源可及性以及与其相连节点的资源可及性计算节点的节点级别(node rank)，以衡量节点的可用性。节点等级的具体计算方法见参考文献[23]，在此不再赘述。

3.5.3.4 二分图K优完美匹配问题[42]

设$G=(V,E)$是一个无向图，如果顶点V可分割为两个互不相交的子集A和B，且任意边$e\in E$的两个端点都分别在A和B中，则称图G为一个二分图。M为E的一个子集，且M中的任意两条边都不依附于同一个顶点，则称M是二分图G的一个匹配，所有匹配当中边数最多的匹配，称为最大匹配。如匹配M符合$|M|=|A|=|B|$，则称M是完美匹配。记二分图边e的权重为$w(e)$，则匹配M的权重$w(M)$为$\sum_{e\in M}w(e)$。二分图G的K优完美匹配问题是求二分图的K个完美匹配$M_1,M_2,\cdots,M_k$，并满足$w(M_1)\geqslant w(M_2)\geqslant\cdots\geqslant w(M_k)\geqslant w(M)$，$M$是指$M_1,M_2,\cdots,M_k$之外的二分图$G$的其他完美匹配。二分图的最大匹配和完美匹配问题都在多项式时间内可解。

3.5.3.5 算法设计

首先构建二分图$G(N^j\cup N^0,E)$，$E=\{(n_j^v,n_0^s)\mid n_j^v\in N^j,n_0^s\in N^0,$

$r_n(n_0^s) \geqslant c(n_j^v), \varphi(G^j, n_j^v) \leqslant \varphi(G^0, n_0^s)\}$，然后通过求二分图最大匹配$M$，就可以求出满足节点约束条件并通过1-割检验的虚拟节点映射方案（如$|M| = |N^j|$）。为进一步提高虚拟节点映射可行性，对所求虚拟节点映射方案进行K-割随机检验。

由于二分图最大匹配可能有多个且二分图的最大匹配枚举问题是NP难问题[43]，为进一步提高虚拟节点映射的可行性并降低虚拟网映射代价，采取以下方法。

(1)定义二分图G的边权重为该边对应物理节点级别与虚拟节点级别之乘积。

(2)通过迭代求二分图K优最大匹配（求二分图的K个最大匹配M_1，$M_2, \cdots, M_k$，满足$|M_i| = |N^j|$，$w(M_1) \geqslant w(M_2) \geqslant \cdots \geqslant w(M_k) \geqslant w(M)$，$M$是指$M_1, M_2, \cdots, M_k$之外的二分图$G$的其他最大匹配），其具体方法是先增加二分图$G$的顶点和相应权重为零的边，把二分图K优最大匹配问题转换成二分图K优完美匹配问题，然后用参考文献[42]所提出的求解二分图K优完美匹配的多项式时间算法来实现。求K优的原因是匹配的权重越大，说明所映射的物理节点可用性越高，那么虚拟节点映射的可行性越高。二分图G的边权重用物理节点级别与虚拟节点级别之乘积的目的是使节点级别高的虚拟节点映射到级别相对高的物理节点上，级别低的虚拟节点映射到级别相对低的物理节点上，从而提高虚拟节点映射的可行性。具体算法流程如下。

输入：第j个虚拟网络$G^j(N^j, E^j)$，物理网络$G^0(N^0, E^0)$，ε和迭代次数K。

输出：第j个虚拟网络的映射方案。

1：用指定的ε采用参考文献[23]中的算法1，计算物理节点n_0^s和虚拟节点n_j^v的节点级别$r(n_0^s)$和$r(n_j^v)$。

2：构建带权无向二分图$G(N^j \cup N^0 \cup N^a, E \cup E^a)$，$N^a$包含$|N^0| - |N^j|$个顶点，$E = \{(n_j^v, n_0^s) \mid n_j^v \in N^j, n_0^s \in N^0, r_n(n_0^s) \geqslant c(n_j^v), \varphi(G^j, n_j^v) \leqslant \varphi(G^0, n_0^s)\}$，$E^a = \{(n_a, n_0^s) \mid n_a \in N^a, n_0^s \in N^0\}$，属于$E$的边$(n_j^v, n_0^s)$的权重等于$r(n_0^s) \times r(n_j^v)$，属于$E^a$的边$(n_a, n_0^s)$的权重等于0。

3：$I_1 = O_1 = \varnothing, k = 2$。

4：$C_j = +\infty, j \in [1, K]$。

5：求出带权无向二分图G的权重最大的完美匹配M_1（用Kuhn-Munkres算法[44]求解，如找不到，则设$w(M_1) = -\infty$）和权重第二大完美匹配N_1（用参考文献[42]提出的ALCLS算法，如找不到，则设$w(N_1)$

$=-\infty$)。

6:如 ($w(M_1) ==-\infty$),则拒绝虚拟网络请求,算法结束。

7:对匹配 M_1 进行随机 K- 割检验(随机生成虚拟网络的割($S_i, N^j - S_i$),$i \in [2, |N^j|/2]$, $|S_i| = i$;然后对这 $|N^j|/2 - 1$ 个割,检验 $\varphi(G^j, S) \leqslant \varphi(G^0, M_n(S))$ 是否都成立)。如检验不通过,转步骤 8;否则依据匹配 M_1 完成虚拟节点映射(匹配的每条权重不为 0 的边,都连接了一个虚拟节点和其所映射的物理节点),然后用基于多商品流的线性规划算法进行虚拟链路映射,如成功,则计算虚拟网映射代价 C_1 。

8:求出 p 值,使 $w(N_p) = \min\{w(N_i) \mid i = 1,2,\cdots,k-1\}$ 。

9:如($w(N_p) ==-\infty$),则{求出 s 值,使 $C_s = \min\{C_j \mid j \in [1,K]\}$;如 C_s 为 $+\infty$,则拒绝该虚拟网络请求,否则输出 M_s 匹配对应的虚拟网映射方案;算法结束}。否则{$M_K = N_p$,对匹配 M_K 进行随机 K- 割检验,如检验不通过,转步骤 10;否则依据匹配 M_K 完成虚拟节点映射,然后用基于多商品流的线性规划算法进行虚拟链路映射,如成功,则计算虚拟网映射代价 C_k} 。

10:如果 k 等于 K,则{求出 s 值,使 $C_s = \min\{C_j \mid j \in [1,K]\}$;如 C_s 为 $+\infty$,则拒绝虚拟网络请求,否则输出 M_s 匹配对应的虚拟网映射方案;算法结束}。否则任选 $e_{k-1} \in M_p - N_p$ 。

11:更新集合 I 和 O:$I_k = I_p, I_p = I_p \cup \{e_k - 1\}, O_k = O_p \cup \{e_k - 1\}$ 。

12:在 $\Omega(I_k, O_k)$ 和 $\Omega(I_p, O_p)$ 中求出权重第二大完美匹配 N_k 和 N_p 。

13:$k = k + 1$;转步骤 8。

在 $\Omega(I_k, O_k)$ 中求权重第二大完美匹配的方法如下[42]:在二分图 $G(N^j \cup N^0 \cup N^a, E \cup E^a)$ 中删除所有属于 I_k 的边 e 及边 e 所连接的两个顶点,并把所有属于 O_k 的边 e 的 $w(e)$ 设置成 $-\infty$,构建新的带权无向图 $G(I_k, O_k)$,然后在 $G(I_k, O_k)$ 中,基于文献[42]提出的 ALCLS 算法求出权重第二大完美匹配 M',则 $N_k = M' \cup I_k$。在 $\Omega(I_p, O_p)$ 中求权重第二大完美匹配的方法与以上方法相同。

3.5.4 算法分析

采用仿真实验的方法对 VNM-KBPM 算法的平均性能进行分析,把 VNM-KBPM 算法与参考文献[23]提出的基于节点等级贪婪匹配的 RW-MM-MCF 算法以及参考文献[7]提出的保持节点紧凑的 CNM_LS_SDM 算法进行比较分析。

3.5.4.1 仿真环境及性能评估指标

对 VNM-KBPM 算法性能的评估,通过 Matlab 模拟仿真进行。算法性能的评估指标，同大多数先前的研究一样，主要使用虚拟网络构建请求接受率、物理网络提供商的平均收益和虚拟网络构建的收益代价比（在时刻 t 及之前所有映射成功的虚拟网络收益之和与虚拟网映射代价之和的比值，就是时刻 t 的虚拟网络构建收益代价比）。

VNM-KBPM 算法步骤 1 中 ε 和 RW-MM-MCF 算法中 ε 的取值都是 0.0001。根据参考文献[7]的实验结论，CNM_LS_SDM 算法中迭代次数参数 T_{try} 取 5。

3.5.4.2　实验数据的设定

同参考文献[23]一样，采用工具 GT-ITM 随机产生物理网络，物理网络有 100 个物理节点和 500 条虚拟链路，物理节点的 CPU 容量和物理链路的带宽在 50 到 100 整数间均匀分布。虚拟网络请求的到达是一个泊松过程，平均每 100 时间单位有 5 个虚拟网络构建请求，每个虚拟网络的生存期符合指数分布，平均每个虚拟网络的生存期为 500 时间单位。对于每个虚拟网络请求，虚拟节点数在 2 和 20 之间等概率随机产生，虚拟网平均连通度是 50%，虚拟节点的 CPU 容量和虚拟链路的带宽在 1 到 50 整数间均匀分布。

3.5.4.3　实验结果及分析

1）迭代次数 K 对 VNM-KBPM 算法性能的影响

通过在实验中变动迭代次数 K，观察虚拟网络构建请求接受率的变化情况（此处接受率指达到稳态时的虚拟网络构建请求接收率的均值），来分析 K 对 VNM-KBPM 算法性能的影响。实验结果如图 3.14 所示，随着 K 的提高，接受率也在提高，但当 K 超过一定数值之后，接受率就没有显著提升。从图 3.14 中可以看出，$K=|N^j|$ 是一个临界值，因此在下面的实验中，设定迭代次数 K 为 $|N^j|$。

2）虚拟网络构建请求接受率、映射收益和节点映射可行性

从图 3.15 和图 3.16 的数据中明显观察到，当虚拟网络构建请求数不断增多时，随着物理网络负载逐渐加重，虚拟网络构建请求接受率和平均收益接近线性下降。但当请求数到达一定数量之后，随着请求数的进一步增加，因原来存在的虚拟网络到达生存时间而不断释放物理网络资源，虚拟网络构建请求接受率和平均收益会逐渐达到稳态。从实验结果可以看出，算法 VNM-KBPM 有利于提高虚拟网络构建请求接受率和物理网络提供商的平均收益，原因是 VNM-KBPM 算法在考虑虚拟节点映射可行性的基础上，

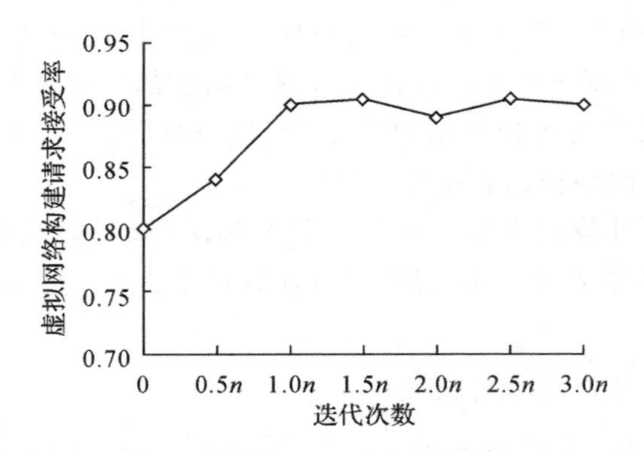

图 3.14 迭代次数 *K* 对算法性能的影响

通过迭代选择映射代价小的虚拟网映射方案。而 RW-MM-MCF 算法采用马尔可夫随机游走模型，使得原本资源可及性较低的节点由于与高等级的节点相邻，获得了较高的节点等级，从而容易导致虚拟链路映射的失败；而 CNM_LS_SDM 算法虽然将相邻的虚拟节点映射到邻近的物理节点之上，减少了虚拟链路对网络资源的占用，但限制了解空间，一定程度上降低了虚拟网络构建请求接受率，进而影响了物理网络提供商的平均收益。

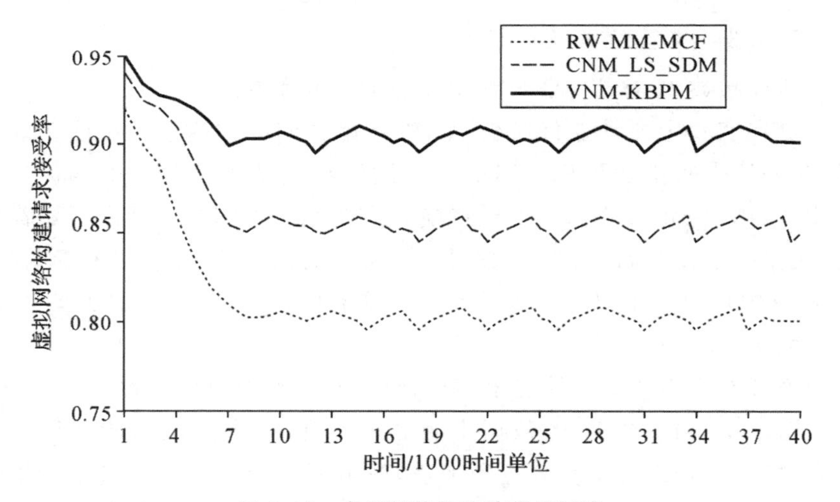

图 3.15 虚拟网络构建请求接受率

因物理网络支持路径分割，物理链路映射采用多商品流算法，故可行的虚拟节点映射意味着可行的虚拟网络映射，即虚拟网络构建请求接受率，能直接反映出映射算法所求出的可行虚拟节点映射的比例。从图 3.15 可以看出，VNM-KBPM 算法的虚拟节点映射的可行性是最高的。

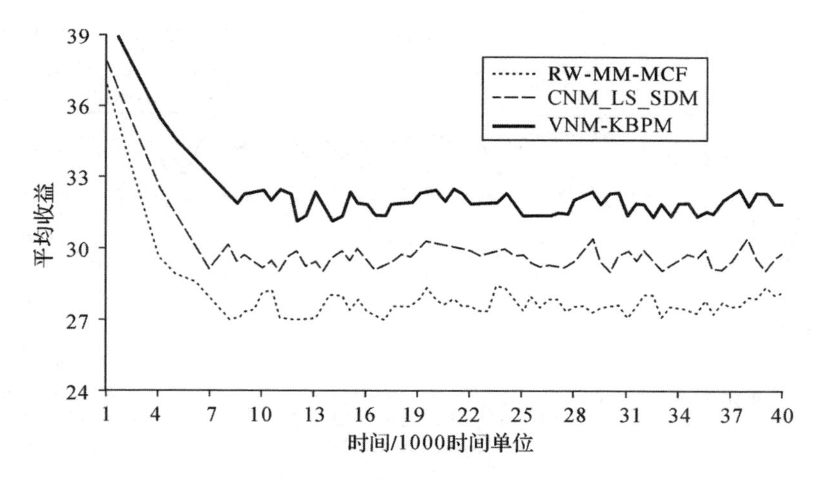

图 3.16　虚拟网络构建平均收益

3）虚拟网络构建的收益代价比

从图 3.17 的数据中明显观察到，VNM-KBPM 算法的收益代价比是最高的，这说明了 VNM-KBPM 算法的有效性较高。RW-MM-MCF 算法采用马尔可夫随机游走模型，也能较好地控制映射节点之间的距离，减少虚拟网络的映射开销。CNM_LS_SDM 算法的收益代价比也较高，其原因是 CNM_LS_SDM算法将相邻的虚拟节点映射到邻近的物理节点之上，而通常情况下，虚拟节点的分布越紧凑，按照多商品流算法完成链路映射后，其平均路径长度也会越小，从而减少虚拟链路对网络资源的占用，提高收益代价比。VNM-KBPM 算法综合运用马尔可夫随机游走模型和以降低映射代价为目标的迭代策略，其收益代价比更加突出。

3.5.5　小结

虚拟网映射问题包含虚拟节点映射和虚拟链路映射两个子问题，不管是一阶段还是两阶段虚拟网映射算法，求出可行的虚拟节点映射才是关键。本节分析了当前虚拟节点映射方法所存在的问题，综合应用参考文献[40]和参考文献[23]的研究成果，基于可行性检验定理和用于衡量节点可用性的节点等级指标，设计了基于二分图 K 优匹配的以降低虚拟网映射代价为目标的虚拟网映射迭代算法，最后通过实验验证，说明所设计算法的有效性和实用性。

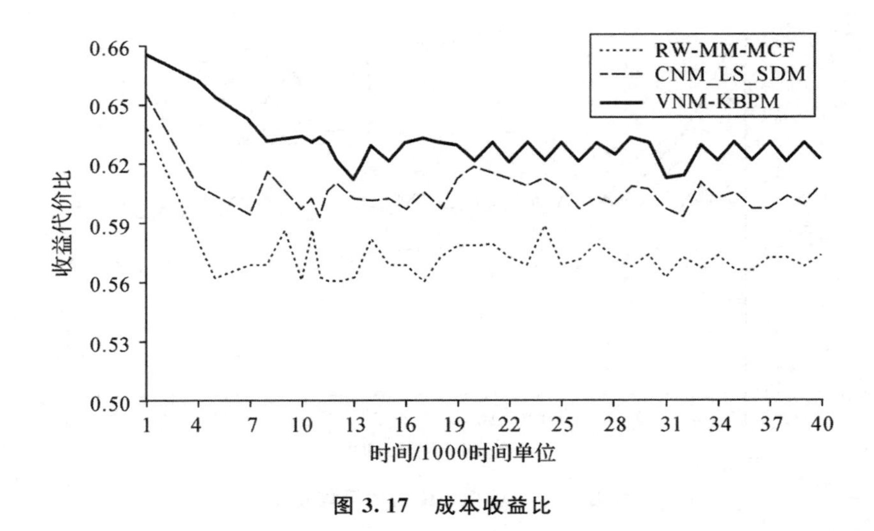

图 3.17 成本收益比

3.6 在线虚拟网映射问题的竞争算法 VNMCA

3.6.1 概述

当前提出的在线虚拟网映射算法在对虚拟网映射问题的解的质量保证方面主要通过实验手段进行评估，而缺少进行竞争比分析，然而在很多现实应用中，物理网络提供商往往希望求解方法能够对解的质量提供一定的保证。

文献[36]针对 Pipe 流量模型和多路径路由模型，基于原始对偶方法设计了在线虚拟网映射问题的竞争算法——GVOP 算法，GVOP 算法要求单个虚拟网映射问题必须是 P 问题或可近似的 NP 难问题，故文献[36]将在线虚拟网映射问题限定在虚拟节点映射已知且物理网络支持路径分割的场景，因为在该场景下单个虚拟网映射问题是 P 问题(推论 2.11)，即存在多项式时间求解算法。

由于在虚拟节点映射已知但物理网络不支持路径分割的场景下，单个虚拟网映射问题是强 NP 难问题(推论 2.12)且不可近似(因为定理 2.6 指出该情况下单个虚拟网映射可行问题是强 NPC 问题)，故 GVOP 算法并不适用于虚拟节点映射已知但物理网络不支持路径分割场景下的在线虚拟网映射问题的求解。

针对当时除文献[36]外，还没有提出其他的在线虚拟网映射问题的竞争算法[36]的现状，本人于 2014 年(2015 年发表)，针对虚拟节点映射已知且物理网络不支持路径分割的在线虚拟网映射问题，基于文献[36]的原始对偶方法的思想，提出以物理网络提供商收益最大化为目标的确定的竞争算法(即非随机竞争算法)VNMCA[45](Virtual Network Mapping Competitive Algorithms)，并给出算法的竞争比分析和实验分析。实验表明，所提出的算法能提高物理网络资源的负载均衡度和利用率，从而提高虚拟网络构建请求的接受率和物理网络提供商的收益。

3.6.2　网络模型和问题定义

3.6.2.1　物理网络和虚拟网络

将物理网络表示为无向图 $G^0=(N^0,E^0)$，其中 N^0 和 E^0 分别表示物理节点的集合和物理链路的集合。每条物理链路具有带宽属性，第 j 条物理链路的带宽记为 $b(e_0^j)$。因虚拟节点映射已知，故不涉及物理节点属性。

将第 j 个虚拟网络表示为无向图 $G^j=(N^j,E^j)$，其中 N^j 和 E^j 分别表示第 j 个虚拟网络的虚拟节点集合和虚拟链路集合，且 $N^j\in N^0$(即虚拟节点所映射的物理节点已经给定)。每条虚拟链路具有带宽属性，第 j 个虚拟网络的第 i 条虚拟链路的带宽记为 $b(e_j^i)$。另外，第 j 个虚拟网络属性 ρ_j 表示物理网络提供商在完成该虚拟网络映射后所获的收益。

3.6.2.2　虚拟网映射

对动态到达的第 j 个虚拟网络构建请求 $G^j(N^j,E^j)$，要么完成该虚拟网络的映射，要么拒绝。对第 j 个虚拟网络的映射是指把虚拟网络 $G^j(N^j,E^j)$ 的每条虚拟链路映射到物理网络 $G^0(N^0,E^0)$ 的一条无圈的物理路径上，且物理路径的两个端点分别是虚拟链路的两个虚拟节点所映射的物理节点。虚拟网映射时，必须保证映射到物理链路 e_0^s 上的所有虚拟链路的带宽之和小于等于 $b(e_0^s)$(以下称容量约束条件)。如映射成功，则物理网络提供商获得收益 ρ_j。

另外，最大化物理网络提供商长期收益是在线虚拟网映射问题的优化目标。

3.6.3　算法设计

3.6.3.1　离线虚拟网映射问题的线性规划模型

离线虚拟网映射问题(假设所有动态到达的虚拟网络构建请求已知)的

线性规划模型由两部分组成:(1)目标函数:最大化物理网络提供商所获收益;(2)约束条件:①对虚拟网络构建请求,要么拒绝,要么接受;②容量约束条件;③每条虚拟链路映射到 G^0 的一条无圈的物理路径上,且物理路径的两个端点分别是虚拟链路的两个虚拟节点所映射的物理节点。

假设已知动态到达的虚拟网络构建请求序列 $\sigma = \{VN_1, VN_2, \cdots, VN_j\}$,记第 i 个虚拟网络 $VN_i(1 \leqslant i \leqslant j)$ 的所有有效映射方案为 Δ_i,Δ_i 中的第 $m(1 \leqslant m \leqslant |\Delta_i|)$ 个映射方案 $\Delta_{i,m}$ 包含 $|E^i|$ 条物理路径,$\Delta_{i,m}$ 中第 a 条物理路径 $\Delta_{i,m,a}$ 是该方案中虚拟链路 e_i^a 的映射路径,所谓有效的映射方案是指方案所包含的任意物理路径 $\Delta_{i,m,a}(1 \leqslant a \leqslant |E^i|)$ 的两个端点是虚拟链路 e_i^a 的两个虚拟节点所映射的物理节点。对第 i 个虚拟网络的所有映射方案 $\Delta_{i,m}(1 \leqslant m \leqslant |\Delta_i|)$ 定义变量 $y_{i,m} \in \{0,1\}$,$y_{i,m}$ 取 1 表示虚拟网络 VN_i 的映射方案是 $\Delta_{i,m}$,取 0 表示虚拟网络 VN_i 的映射没有采用方案 $\Delta_{i,m}$,显然 $\sum\limits_{m \in [1,|\Delta_i|]} y_{i,m} \leqslant 1$,即对虚拟网络 VN_i 要么拒绝,要么采用 Δ_i 中的某一映射方案。

记虚拟网映射收益列向量 $\boldsymbol{P} = \{\rho_{1,1}, \rho_{1,2}, \cdots, \rho_{1,|\Delta_1|}, \cdots, \rho_{j,1}, \rho_{j,2}, \cdots, \rho_{j,|\Delta_j|}\}^{\mathrm{T}}$,其中 $\rho_{i,m} = \rho_i(1 \leqslant m \leqslant |\Delta_i|)$;记列向量 $\boldsymbol{Y} = \{y_{1,1}, y_{1,2}, \cdots, y_{1,|\Delta_1|}, \cdots, y_{j,1}, y_{j,2}, \cdots, y_{j,|\Delta_j|}\}^{\mathrm{T}}$。则离线虚拟网映射问题的目标函数是 $\max \boldsymbol{P}^{\mathrm{T}} \cdot \boldsymbol{Y}$。

记物理链路带宽列向量 $\boldsymbol{B} = \{b(e_0^1), b(e_0^2), \cdots, b(e_0^{|E^0|})\}^{\mathrm{T}}$。矩阵 $\boldsymbol{A}$ 给出了所有映射方案 $\Delta_{i,m}$ 对物理链路的带宽需求,共 $|E^0|$ 行,$\sum\limits_{i \in [1,j]} |\Delta_i|$ 列,矩阵中元素 $A_{e_0^w, \Delta_{i,m}}$ 表示第 i 个虚拟网络的第 m 个映射方案需要使用第 w 条物理链路 e_0^w 带宽的总量(如映射方案 $\Delta_{i,m}$ 第 a 条物理路径 $\Delta_{i,m,a}$ 经过物理链路 e_0^w,则该路径使用 e_0^w 的带宽为 $b(e_i^a)$)。则离线虚拟网映射问题的物理链路的容量约束条件是 $\boldsymbol{A} \cdot \boldsymbol{Y} \leqslant \boldsymbol{B}$。

矩阵 $\boldsymbol{D}$ 有 j 行,$\sum\limits_{i \in [1,j]} |\Delta_i|$ 列,当 $a = b$ 时矩阵中元素 $D_{a,\Delta_{b,m}}$ 取 1,否则取 0。矩阵 $\boldsymbol{D}$ 包含了所有虚拟网络与其映射方案的对应关系。对虚拟网络构建请求,要么拒绝,要么接受,如接受则只能采用一种映射方案,对应离线虚拟网映射问题的约束条件是 $\boldsymbol{D} \cdot \boldsymbol{Y} \leqslant \boldsymbol{1}$,且 $\boldsymbol{Y}$ 中任意变量 $y_{i,m} \in \{0,1\}$。

离线虚拟网映射问题的 0-1 线性整数规划模型见式(3.26)至式(3.29)。为了应用原始对偶方法,需要建立离线虚拟网映射问题的线性规划模型,故把整数约束 $y_{i,m} \in \{0,1\}$ 进行松弛(因 $\boldsymbol{D} \cdot \boldsymbol{Y} \leqslant \boldsymbol{1}$,故把 $y_{i,m} \in \{0,1\}$ 松弛为 $y_{i,m} \geqslant 0$),得到离线虚拟网映射问题的线性规划模型,见式

(3.30)至式(3.33)。

根据线性规划理论,构造离线虚拟网映射问题的对偶问题的线性规划模型,见式(3.34)至式(3.36),变向量 $\boldsymbol{Z}=\{z_1,z_2,\cdots,z_j\}^{\mathrm{T}}$,每个虚拟网络对应向量 $\boldsymbol{Z}$ 的一个元素;变向量 $\boldsymbol{X}=\{x_1,x_2,\cdots,x_{|E^0|}\}^{\mathrm{T}}$,可解释为物理链路的影子价格向量,向量元素 x_a 表示物理链路 e_0^a 的影子价格。

0-1 线性整数规划模型:

$$\text{s.t.}\quad \max \boldsymbol{P}^{\mathrm{T}}\cdot r \tag{3.26}$$

$$\boldsymbol{A}\cdot\boldsymbol{Y}\leqslant\boldsymbol{B} \tag{3.27}$$

$$\boldsymbol{D}\cdot\boldsymbol{Y}\leqslant\boldsymbol{1} \tag{3.28}$$

$$y_{i,m}\in\{0,1\},1\leqslant i\leqslant j,1\leqslant m\leqslant|\Delta_i| \tag{3.29}$$

线性规划模型:

$$\text{s.t.}\quad \max \boldsymbol{P}^{\mathrm{T}}\cdot r \tag{3.30}$$

$$\boldsymbol{A}\cdot\boldsymbol{Y}\leqslant\boldsymbol{B} \tag{3.31}$$

$$\boldsymbol{D}\cdot\boldsymbol{Y}\leqslant\boldsymbol{1} \tag{3.32}$$

$$\boldsymbol{Y}\geqslant\boldsymbol{0} \tag{3.33}$$

对偶像线性规划模型:

$$\text{s.t.}\quad \min \boldsymbol{Z}^{\mathrm{T}}\cdot\boldsymbol{1}+\boldsymbol{X}^{\mathrm{T}}\cdot\boldsymbol{B} \tag{3.34}$$

$$\boldsymbol{Z}^{\mathrm{T}}\cdot\boldsymbol{D}+\boldsymbol{X}^{\mathrm{T}}\cdot\boldsymbol{A}\geqslant\boldsymbol{P}^{\mathrm{T}} \tag{3.35}$$

$$\boldsymbol{X},\boldsymbol{Z}\geqslant\boldsymbol{0} \tag{3.36}$$

3.6.3.2　在线虚拟网映射问题的竞争算法 VNMCA 的流程

竞争算法 VNMCA 的具体流程如下:

输入:第 i 个虚拟网络 $G^i(N^i,E^i)$,物理网络 $G^0(N^0,E^0)$。

输出:第 i 个虚拟网络的映射方案。

1:for ($a=1$; $a\leqslant|E^i|$; a++)　{在物理网络 G^0(G^0 边 e_0^b 的权重设为 x_b)上,用 Dijkstra 算法,求出虚拟链路 e_i^a 的两个虚拟节点(即物理节点)间的最短路径,即映射代价最小的物理路径}。

//所求出的物理路径集合即第 i 个虚拟网的有效映射方案之一。

//设该方案为第 1 个有效映射方案 $\Delta_{i,1}$ 。

2:if($\gamma(i,1)\geqslant\rho_i$){ $z_i=0$;拒绝第 i 个虚拟网络请求;退出}。

3:if($\gamma(i,1)<\rho_i$)

{

//修改物理网络 G^s 的所有物理链路 $e_0^m(1\leqslant m\leqslant|E^0|)$ 的影子价格 。

3.1:for ($m=1;m\leqslant|E^0|$; m++) {

$x_m=x_m\times2^{(A_{m,(i,1)}\times\beta)/b(e_0^m)}+(2^{(A_{m,(i,1)}\times\beta)/b(e_0^m)}-1)/(\mathrm{MB}_i\times\mathrm{MP}\times|E^i|)$ }

3.2: $z_i=\rho_i-\gamma(i,1)$

}

4:输出第 i 个虚拟网络的映射方案 $\Delta_{i,1}$（物理网络提供商所获取收益为 ρ_i ）。

}//end if

全局变向量 $\boldsymbol{X}$ 初始化为 $\mathbf{0}$。记 $\gamma(i,l)=\boldsymbol{X}^{\mathrm{T}}\cdot\mathrm{col}_{i,l}(\mathbf{A})$，$\boldsymbol{X}^{\mathrm{T}}$ 取第 $i-1$ 个虚拟网络处理完成后变向量 $\boldsymbol{X}$ 的值，$\mathrm{col}_{i,l}(\mathbf{A})$ 指矩阵 $\mathbf{A}$ 中映射方案 $\Delta_{i,l}$ 所对应列，$\gamma(i,l)$ 的含义是第 i 个虚拟网络的第 l 个映射方案的映射代价。记 $\mathrm{MB}_i=\max_a b(e_i^a)$，是第 i 个虚拟网络的最大虚拟链路带宽。设 MP 是物理网络的最长物理路径所包含的物理链路数，M_ρ 是最大虚拟网络映射收益，MB 是最大虚拟网带宽，ME 是虚拟网络的最多虚拟链路数，则记 $\beta=\log_2(1+3\times M_\rho\times\mathrm{MB}\times\mathrm{MP}\times\mathrm{ME})$。

算法中用到的数据 $\mathrm{col}_{i,1}(\mathbf{A})$ 和 $A_{m,(i,1)}$ $(1\leqslant m\leqslant|E^0|)$，由算法步骤 1 所求出的第一个有效映射方案给出，故算法中并不需要保存矩阵 $\mathbf{A}$。显然 $\gamma(i,1)$ 小于等于第 i 个虚拟网络的任意映射方案 $\Delta_{i,m}$ 的 $\gamma(i,m)$ 值。

3.6.4 算法分析

3.6.4.1 假设

【假设 1】第 j 个虚拟网络 VN_j 的任意虚拟链路的带宽不大于最小的物理链路带宽的 $1/(\beta\times|E^j|)$。

【假设 2】任意虚拟网络的收益大于等于 1。

【假设 3】任意虚拟链路的带宽大于等于 1。

之所以通过假设 1 对虚拟链路的带宽容量的上限进行限定，是因为如不限定，则根据定理 2.13，即使虚拟节点映射已知，任意确定在线虚拟网映射算法的竞争比也会趋向无穷大。

3.6.4.2 VNMCA 算法的正确性和竞争比分析

对 VNMCA 算法的分析分成两部分。首先证明该算法不会违反物理链路的带宽约束；然后采用竞争分析法，分析 VNMCA 算法在最坏情况下的性能，即证明 VNMCA 算法的竞争比，该方法将以离线的虚拟网映射问题的最优解作为比较对象。

【引理 3.5】对任意 $i\geqslant0$，当 VNMCA 算法完成第 i 个虚拟网络 VN_i 的构

建请求处理后，任意物理链路 e_0^m（$1 \leqslant m \leqslant |E^0|$）的影子价格符合 $x_m^i \geqslant (2^{\mathrm{row}_m(\boldsymbol{A}^i)\boldsymbol{Y}^i \times \beta / b(e_0^m)} - 1)/(\mathrm{MB}_{\max}^i \times \mathrm{MP} \times \mathrm{ME}^i)$。

其中，x_m^i 为 VNMCA 算法完成虚拟网络 VN_i 构建请求处理后的 x_m 的值；矩阵 $\boldsymbol{A}^i$ 是针对虚拟网络请求序列 $\{\mathrm{VN}_1, \mathrm{VN}_2, \cdots, \mathrm{VN}_i\}$ 的离线虚拟网映射问题的线性规划模型中的矩阵；$\mathrm{MB}_{\max}^i = \max\{\mathrm{MB}_1, \mathrm{MB}_2, \cdots, \mathrm{MB}_i\}$；$\mathrm{ME}^i = \max\{|E^1|, |E^2|, \cdots, |E^i|\}$；矩阵 $\boldsymbol{Y}^i = \{y_{1,1}, y_{1,2}, \cdots, y_{1,|\Delta_1|}, \cdots, y_{i,1}, y_{i,2}, \cdots, y_{i,|\Delta_i|}\}^{\mathrm{T}}$；如 VNMCA 算法接受虚拟网络 VN_a（$1 \leqslant a \leqslant i$），则 $y_{a,1}$ 取 1，否则 $y_{a,1}$ 取 0，另外 $y_{a,b} = 0$（$2 \leqslant b \leqslant |\Delta_a|$）。

证明：用数学归纳法证明。

(1)当 $i = 0$ 时，不等式两边都为 0，显然成立。

(2)设 $i = k-1$ 时成立。

(3)则当 $i = k$ 时：

①如 VNMCA 算法拒绝虚拟网络 VN_k 的构建请求，则 $\boldsymbol{X}$ 的取值不变且 $\{y_{k,1}, y_{k,2}, \cdots, y_{k,|\Delta_k|}\} = \boldsymbol{0}$，则

$$
\begin{aligned}
x_m^k &= x_m^{k-1} \geqslant (2^{\mathrm{row}_m(\boldsymbol{A}^{k-1}) \cdot \boldsymbol{Y}^{k-1} \times \beta / b(e_0^m)} - 1)/(\mathrm{MB}_{\max}^{k-1} \times \mathrm{MP} \times \mathrm{ME}^{k-1}) \\
&= (2^{\mathrm{row}_m(\boldsymbol{A}^k) \cdot \boldsymbol{Y}^k \times \beta / b(e_0^m)} - 1)/(\mathrm{MB}_{\max}^{k-1} \times \mathrm{MP} \times \mathrm{ME}^{k-1}) \\
&\geqslant (2^{\mathrm{row}_m(\boldsymbol{A}^k) \cdot \boldsymbol{Y}^k \times \beta / b(e_0^m)} - 1)/(\mathrm{MB}_{\max}^k \times \mathrm{MP} \times \mathrm{ME}^k)
\end{aligned}
$$

，得证。

②如 VNMCA 算法接受虚拟网络 VN_k 的构建请求，则：

$$
\begin{aligned}
x_m^k &= x_m^{k-1} \times 2^{(A_{m,(k,1)}^k \times \beta)/b(e_0^m)} + (2^{(A_{m,(k,1)}^k \times \beta)/b(e_0^m)} - 1)/(\mathrm{MB}_k \times \mathrm{MP} \times |E^k|) \\
&\geqslant (2^{\mathrm{row}_m(\boldsymbol{A}^{k-1}) \cdot Y^{k-1} \times \beta)/b(e_0^m)} - 1)/(\mathrm{MB}_{\max}^{k-1} \times \mathrm{MP} \times \mathrm{ME}^{k-1}) \times 2^{(A_{m,(k,1)}^k \times \beta)/b(e_0^m)} \\
&\quad + (2^{(A_{m,(k,1)}^k \times \beta)/b(e_0^m)} - 1)/(\mathrm{MB}_k \times \mathrm{MP} \times |E^k|) \\
&\geqslant (2^{\mathrm{row}_m(\boldsymbol{A}^{k-1}) \cdot \boldsymbol{Y}^{k-1} \times \beta / b(e_0^m)} - 1)/(\mathrm{MB}_{\max}^k \times \mathrm{MP} \times \mathrm{ME}^k) \times 2^{(A_{m,(k,1)}^k \times \beta)/b(e_0^m)} \\
&\quad + (2^{(A_{m,(k,1)}^k \times \beta)/b(e_0^m)} - 1)/(\mathrm{MB}_{\max}^k \times \mathrm{MP} \times \mathrm{ME}^k) \\
&= (2^{(\mathrm{row}_m(\boldsymbol{A}^{k-1}) \cdot \boldsymbol{Y}^{k-1} + A_{m,(k,1)}^k) \times \beta / b(e_0^m)} - 1)/(\mathrm{MB}_{\max}^k \times \mathrm{MP} \times \mathrm{ME}^k) \\
&= (2^{\mathrm{row}_m(\boldsymbol{A}^k) \cdot \boldsymbol{Y}^k \times \beta / b(e_0^m)} - 1)/(\mathrm{MB}_{\max}^k \times \mathrm{MP} \times \mathrm{ME}^k)
\end{aligned}
$$

得证。

【引理 3.6】对任意 $i \geqslant 1$，当 VNMCA 算法完成虚拟网络 VN_i 的构建请求处理后，VNMCA 算法所构成的向量 $\{x_1^i, x_2^i, \cdots, x_{|E^0|}^i\}^{\mathrm{T}}$ 和 $\{z_1, z_2, \cdots, z_i\}^{\mathrm{T}}$，是针对虚拟网络构建请求序列 $\{\mathrm{VN}_1, \mathrm{VN}_2, \cdots, \mathrm{VN}_i\}$ 的离线虚拟网映射问题的对偶线性规划模型的可行解。

证明：用数学归纳法证明。

(1)当 $i=1$ 时,因全局变向量 $\boldsymbol{X}$ 初始化为 $\boldsymbol{0}$,则 $\gamma(1,1)=0<\rho_1$,故 $z_1=\rho_1$。因 VNMCA 算法完成虚拟网络 VN_1 的构建请求处理后,所有物理链路的影子价格要么等于 0,要么大于 0,则对于第 1 个虚拟网络的任意有效映射方案 $\Delta_{1,m}$ 满足 $z_1+\boldsymbol{X}^{\mathrm{T}}\cdot \mathrm{col}_{1,m}(\boldsymbol{A})\geqslant\rho_1$,故 VNMCA 算法所构成的向量 $\{x_1^1, x_2^1,\cdots,x_{|E^0|}^1\}^{\mathrm{T}}$ 和向量 $\{z_1\}^{\mathrm{T}}$,是针对虚拟网络构建请求序列 $\{VN_1\}$ 的离线虚拟网映射问题的对偶线性规划模型的可行解。

(2)设 $i=k-1$ 时成立。

(3)则当 $i=k$ 时:

①如 VNMCA 算法拒绝虚拟网络 VN_k 的构建请求,则说明 $\gamma(k,1)\geqslant\rho_k$,$z_k=0$,$\boldsymbol{X}$ 的取值不变。因 $\boldsymbol{X}$ 的取值不变,故对 $VN_a(1\leqslant a\leqslant k-1)$ 的任意有效映射方案 $\Delta_{a,m}(1\leqslant m\leqslant|\Delta_a|)$,满足 $z_a+\boldsymbol{X}^{\mathrm{T}}\cdot \mathrm{col}_{a,m}(\boldsymbol{A})\geqslant\rho_a$。因对第 k 个虚拟网络的任意有效映射方案 $\Delta_{k,m}$,满足 $\gamma(k,1)\leqslant\gamma(k,m)$,即

$$z_k+\boldsymbol{X}^{\mathrm{T}}\cdot \mathrm{col}_{k,m}(\boldsymbol{A})=z_k+\gamma(k,m)\geqslant z_k+\gamma(k,1)\geqslant\rho_k$$,得证。

②如 VNMCA 算法接受虚拟网络 VN_k 的构建请求,则 $z_k=\rho_k-\gamma(k,1)$,即 $z_k+\gamma(k,1)=\rho_k$。因 VNMCA 算法接受虚拟网络 VN_k 的构建请求后,所有物理链路的影子价格要么不变要么增大,故对 $VN_a(1\leqslant a\leqslant k-1)$ 的任意有效的映射方案 $\Delta_{a,m}(1\leqslant m\leqslant|\Delta_a|)$,满足 $z_a+\boldsymbol{X}^{\mathrm{T}}\cdot \mathrm{col}_{a,m}(\boldsymbol{A})\geqslant\rho_a$;对第 k 个虚拟网络的任意有效映射方案 $\Delta_{k,m}$,因 VNMCA 算法接受虚拟网络 VN_k 构建后,所有物理链路的影子价格要么不变要么增大,故

$$z_k+\boldsymbol{X}^{\mathrm{T}}\cdot \mathrm{col}_{k,m}(\boldsymbol{A})\geqslant z_k+\gamma(k,m)\geqslant z_k+\gamma(k,1)\geqslant\rho_k$$,得证。

【引理 3.7】对任意 $i\geqslant 0$,当 VNMCA 算法完成虚拟网络 VN_i 的构建请求处理后:$(\boldsymbol{Z}^i)^{\mathrm{T}}\cdot\boldsymbol{1}+(X^i)^{\mathrm{T}}\cdot\boldsymbol{B}\leqslant 2\beta\times\sum_{a\in[1,i]}(\rho_a\times y_a)$。

其中,$\boldsymbol{Z}^i=\{Z_1,Z_2,\cdots,Z_i\}$,$\boldsymbol{X}^i=\{X_1^i,X_2^i,\cdots,X_{|E^0|}^i\}$,拒绝虚拟网络 $VN_a(1\leqslant a\leqslant i)$ 时 y_a 取 0,否则取 1,即 $\sum_{a\in[1,i]}(\rho_a\times y_z)$ 是针对虚拟网络请求序列 $\{VN_1,VN_2,\cdots,VN_i\}$,采用 VNMCA 算法的物理网络提供商所获得的总收益。

证明:用数学归纳法证明。

(1)当 $i=0$ 时,不等式两边都等于 0,显然成立。

(2)设 $i=k-1$ 时成立。

(3)当 $i=k$ 时:

①如 VNMCA 算法拒绝虚拟网络 VN_k 的构建请求,则说明 $z_k=0$,$\boldsymbol{X}$ 的取值不变,$y_k=0$,则

$(\boldsymbol{Z}^k)^{\mathrm{T}}\cdot\mathbf{1}+(\boldsymbol{X}^k)^{\mathrm{T}}\cdot\boldsymbol{B}=(\boldsymbol{Z}^{k-1})^{\mathrm{T}}\cdot\mathbf{1}+(\boldsymbol{X}^{k-1})^{\mathrm{T}}\cdot\boldsymbol{B}\leqslant 2\beta\times\sum_{a\in[1,k-1]}(\rho_a\times y_a)\leqslant 2\beta\times\sum_{a\in[1,k]}(\rho_a\times y_a)$，得证。

②如 VNMCA 算法接受虚拟网络 VN_k 的构建请求：则 $y_k=1, z_k=\rho_k-\gamma(k,1)$，根据假设 1，$(A^k_{m,(k,1)}\times\beta)/b(e^m_0)\leqslant(b(e^m_0)/(\beta\times|E^k|)\times|E^k|\times\beta)/b(e^m_0)=1$，又因为 $2^x-1\leqslant x$（当 $0\leqslant x\leqslant 1$），所以 $2^{(A^k_{m,(k,1)}\times\beta)/b(e^m_0)}-1\leqslant(A^k_{m,(k,1)}\times\beta)/b(e^m_0)$，则

$$
\begin{aligned}
&(\boldsymbol{Z}^k)^{\mathrm{T}}\cdot\mathbf{1}+(\boldsymbol{X}^k)^{\mathrm{T}}\cdot\boldsymbol{B}=(\boldsymbol{Z}^{k-1})^{\mathrm{T}}\cdot\mathbf{1}+(\boldsymbol{X}^{k-1})^{\mathrm{T}}\cdot B+\boldsymbol{Z}_k\\
&+\sum_{m\in[1,|E^0|]}[(x^k_m-x^{k-1}_m)\times b(e^m_0)]\\
&\leqslant 2\beta\times\sum_{a\in[1,k-1]}(\rho_a\times y_a)+z_k+\sum_{m\in[1,|E^0|]}\{[x^{k-1}_m\times(2^{(A^k_{m,(k,1)}\times\beta)/b(e^m_0)}-1)\\
&+(2^{(A^k_{m,(k,1)}\times\beta)/b(e^m_0)}-1)/(\mathrm{MB}_k\times\mathrm{MP}\times|E^k|)]\times b(e^m_0)\}\\
&=2\beta\times\sum_{a\in[1,k-1]}(\rho_a\times y_a)+z_k+\sum_{m\in[1,|E^0|]}\{[x^{k-1}_m+1/(\mathrm{MB}_k\times\mathrm{MP}\times|E^k|)]\times(2^{(A^k_{m,(k,1)}\times\beta)/b(e^m_0)}-1)\times b(e^m_0)\}\\
&\leqslant 2\beta\times\sum_{a\in[1,k-1]}(\rho_a\times y_a)+z_k+\sum_{m\in[1,|E^0|]}\{[x^{k-1}_m+1/(\mathrm{MB}_k\times\mathrm{MP}\times|E^k|)]\times A^k_{m,(k,1)}\times\beta\}\\
&=2\beta\times\sum_{a\in[1,k-1]}(\rho_a\times y_a)+z_k+\beta\times\sum_{m\in[1,|E^0|]}(x^{k-1}_m\times A^k_{m,(k,1)})+\beta\times\sum_{m\in[1,|E^0|]}[A^k_{m,(k,1)}/(\mathrm{MB}_k\times\mathrm{MP}\times|E^k|)]\\
&\leqslant 2\beta\times\sum_{a\in[1,k-1]}(\rho_a\times y_a)+\rho_k-\gamma(k,1)+\beta\times\sum_{m\in[1,|E^0|]}(x^{k-1}_m\times A^k_{m,(k,1)})+\beta\\
&=2\beta\times\sum_{a\in[1,k-1]}(\rho_a\times y_a)+\rho_k-\gamma(k,1)+\beta\times\gamma(k,1)+\beta\\
&<2\beta\times\sum_{a\in[1,k-1]}(\rho_a\times y_a)+\rho_k+(\beta-1)\times\rho_k+\beta\ (\text{因为 }\gamma(k,1)<\rho_k\text{，且根据假设 2 和 3 可知 }\beta>1)\\
&=2\beta\times\sum_{a\in[1,k-1]}(\rho_a\times y_a)+\beta\times\rho_k+\beta\leqslant 2\beta\times\sum_{a\in[1,k-1]}(\rho_a\times y_a)+\beta\times\rho_k+\beta\times\rho_k\ (\text{根据假设 2})\\
&=2\beta\times\sum_{a\in[1,k-1]}(\rho_a\times y_a)+2\beta\times\rho_k\times y_k\\
&=2\beta\times\sum_{a\in[1,k]}(\rho_a\times y_a)
\end{aligned}
$$

，得证。

【定理 3.6】对物理网络的所有物理链路，VNMCA 算法不会违反物理链路

的带宽容量约束条件，即 $\forall i \geqslant 0, \forall m \in [1, |E^0|]$，$\text{row}_m(\boldsymbol{A}^i) \cdot \boldsymbol{Y}^i \leqslant b(e_0^m)$。

证明：用数学归纳法。

(1)当 $i=0$ 时，不等式左边为 0，显然成立。

(2)设 $i=k-1$ 成立。

(3)当 $i=k$ 时：

①如 VNMCA 算法拒绝虚拟网络 VN_k，则显然成立。

②如 VNMCA 算法接受虚拟网络 VN_k，则对虚拟网络 VN_k 没有使用的物理链路显然成立；对 VN_k 使用的任意物理链路 e_0^m，有

$$x_m^k = x_m^{k-1} \times 2^{(A_{m,(k,1)}^k \times \beta)/b(e_0^m)} + (2^{(A_{m,(k,1)}^k \times \beta)/b(e_0^m)} - 1)/(\text{MB}_k \times \text{MP} \times |E^k|)$$

根据假设 3 和 VNMCA 算法接受虚拟网络 VN_k 构建请求的条件 $\gamma(k,1) < \rho_k$（$\gamma(k,1) = (\boldsymbol{X}^{k-1})^{\mathrm{T}} \cdot \text{col}_{k,1}(\boldsymbol{A}^k)$），可知 $x_m^{k-1} \leqslant \rho_k$，故根据假设 1 和 2 有

$$\begin{aligned} x_m^k &\leqslant \rho_k \times 2^{(A_{m,(k,1)}^k \times \beta)/b(e_0^m)} + (2^{(A_{m,(k,1)}^k \times \beta)/b(e_0^m)} - 1)/(\text{MB}_k \times \text{MP} \times |E^k|) \\ &\leqslant 2\rho_k + 1 \\ &\leqslant 3\rho_k \end{aligned}$$

根据引理 3.5，有

$$x_m^k \geqslant (2^{\text{row}_m(\boldsymbol{A}^k) \cdot \boldsymbol{Y}^k \times \beta/b(e_0^m)} - 1)/(\text{MB}_{\max}^k \times \text{MP} \times \text{ME}^k)$$

故 $3\rho_k \geqslant (2^{\text{row}_m(\boldsymbol{A}^k) \cdot \boldsymbol{Y}^k) \times \beta)/(b(e_0^m)} - 1)/(\text{MB}_{\max}^k \times \text{MP} \times \text{ME}^k)$，

即 $\text{row}_m(\boldsymbol{A}^k) \cdot \boldsymbol{Y}^k \leqslant \log_2(1 + 3\rho_k \times \text{MB}_{\max}^k \times \text{MP} \times \text{ME}^k) \times b(e_0^m)/\beta \leqslant \beta \times b(e_0^m)/\beta = b(e_0^m)$，得证。

【定理 3.7】对任意 $i \geqslant 1$，针对虚拟网络构建请求序列 $\{\text{VN}_1, \text{VN}_2, \cdots, \text{VN}_i\}$，VNMCA 算法的竞争比是 2β。

证明：针对虚拟网络构建请求序列 $\{\text{VN}_1, \text{VN}_2, \cdots, \text{VN}_i\}$，设 VNMCA 算法所获得的收益是 ρ_{cp}。其离线虚拟网映射问题的最优解所产生的最大收益是 ρ_{off}；其离线虚拟网映射问题的线性规划模型的最优解为 Y^{i*}，对应最大收益是 ρ_{offr}。记 $\boldsymbol{P}^i = \{\rho_{1,1}, \rho_{1,2}, \cdots, \rho_{1,|\Delta_1|}, \cdots, \rho_{i,1}, \rho_{i,2}, \cdots, \rho_{i,|\Delta_i|}\}^{\mathrm{T}}$，则：

$$\begin{aligned} \rho_{\text{off}} \leqslant \rho_{\text{offr}} &= (\boldsymbol{P}^i)^{\mathrm{T}} \cdot \boldsymbol{Y}^{i*} \leqslant (\boldsymbol{Z}^i)^{\mathrm{T}} \cdot \boldsymbol{1} + (\boldsymbol{X}^i)^{\mathrm{T}} \cdot \boldsymbol{B} \text{（根据弱对偶定理）} \\ &\leqslant 2\beta \times \sum_{a \in [1,i]} (\rho_a \times y_a) = 2\beta \times \rho_{\text{cp}} \text{（根据引理 3.7）} \end{aligned}$$

即 VNMCA 算法的竞争比是 2β。

【定理 3.8】如虚拟网络指定一个开始时间 T^s 和结束时间 T^f，那么对任意 $i \geqslant 1$，针对虚拟网络构建请求序列 $\{\text{VN}_1, \text{VN}_2, \cdots, \text{VN}_i\}$，VNMCA 算法的竞争比是 $2\log_2(1 + 3M_\rho \times \text{MB}_{\max}^i \times \text{MP} \times \text{ME}^i \times T^{\max})$，其中 $T^{\max}$ 是虚拟网络最长持续时间。

证明：证明过程与文献[36]类似，略。

3.6.4.3　时间复杂度分析

由于 $|E^0|<|N^0|^2$，故 VNMCA 算法的时间复杂度由步骤 1 决定。因 Dijkstra 算法的时间复杂度是 $O(|N^0|^2)$，故 VNMCA 算法的时间复杂度为 $O(|E^j|\times|N^0|^2)$。

3.6.4.4　算法平均性能分析

1)对比算法

对 VNMCA 算法平均性能的分析将通过实验方法来完成。目前，对虚拟节点映射已知的在线虚拟网映射问题，已开展的研究[26,36,46]较少，其中文献[26]和文献[36]研究的是虚拟节点映射已知且物理网络支持路径分割的虚拟网映射问题，故把 VNMCA 算法同基于多商品流的 MCF-CA 算法[46]、基于最短路径的贪婪算法 SPF-CA[46]（即将虚拟链路映射到路径最短的物理路径上）进行对比分析。

2)仿真环境及性能评估指标

VNMCA 算法平均性能的评估，通过 Matlab 模拟仿真来进行。对算法性能的评估指标，除了虚拟网络构建请求接受率和物理网络提供商的平均收益（单位时间物理网络提供商的收益，将虚拟网络映射收益定义为虚拟网络的所有虚拟链路带宽之和）外，再使用物理链路利用率、物理链路利用率方差和物理链路最高负载等指标来衡量物理网络资源的利用情况。

3)实验数据的设定

目前对物理网络和虚拟网络请求的实际特征不是很清楚[24]，故用虚拟网映射问题研究中通用的方法来设定实验数据。物理网络是用工具 GT-ITM 随机产生的连通网络，物理网络有 30 个物理节点，节点之间用 0.2 的概率随机连接，物理链路的带宽在 480 到 580 整数间均匀分布。虚拟网络构建请求的到达是一个泊松过程，每 100 个时间单位平均有 130 个虚拟网络构建请求，每个虚拟网络的生存期符合指数分布，平均每个虚拟网络的生存期为 1000 个时间单位。每个虚拟网络的虚拟节点数在 2 和 5 之间随机产生（从 30 个物理节点中随机选择），虚拟网络连通度是 50%，虚拟链路的带宽在 1 到 6 整数间均匀分布，仿真实验的时间是 3000 个时间单位，共 3900 个虚拟网请求。

4)实验结果及分析

(1)物理网络资源利用情况分析。

表 3.7 统计了实验结束后物理链路的各项指标。表 3.7 中的结果表

明：首先，采用 VNMCA 算法，物理链路的平均利用率更高。结合图 3.18 可知，利用率高的原因是采用 VNMCA 算法有更高的虚拟网络构建请求接受率。同时由于 VNMCA 算法在映射虚拟链路时，使用的是物理链路的影子价格之和最小的物理路径，而非最短路径。其次，由于 VNMCA 算法在映射虚拟链路时，使用的是物理链路的影子价格之和最小的物理路径，而物理链路的影子价格取决于其累积的负载，故采用 VNMCA 算法，物理链路的使用更加均衡。

表 3.7　资源利用情况

算法	链路平均利用率	链路利用率方差	链路最高负载
SPF-CA	0.55	0.327	0.96
MCF-CA	0.61	0.306	0.93
VNMCA	0.68	0.265	0.90

(2)虚拟网络构建请求接受率和映射收益分析。

从图 3.18 和图 3.19 可观察到：首先，当虚拟网络构建请求数不断增多时，随着物理网络负载的逐渐加重，虚拟网络构建请求接受率和平均收益接近线性下降。但随着请求数的增加，虚拟网络构建请求接收率和平均收益会逐渐达到稳态。其次，当物理网络上运行的虚拟网络个数达到一定规模后，采用 VNMCA 算法的虚拟网络构建请求接受率和平均收益逐渐稳定在 0.73 和 9.6 左右，比 MCF-CA 和 SPF-CA 算法分别提高 10%和 19%左右。

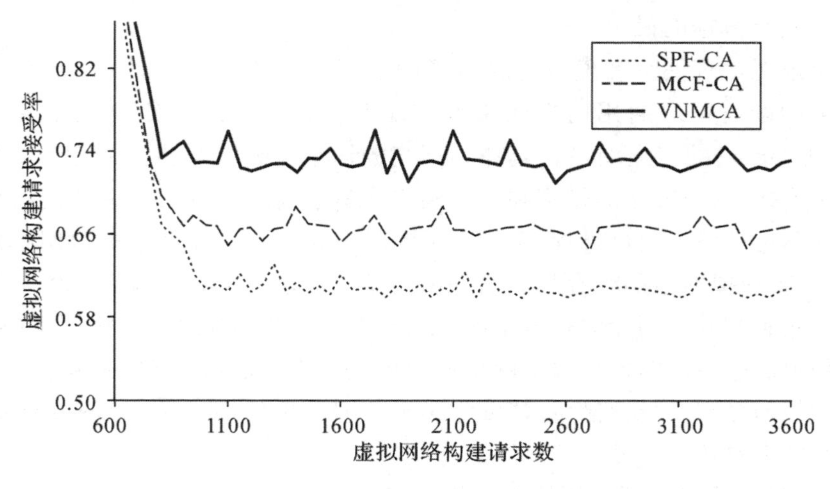

图 3.18　虚拟网络构建请求接受率

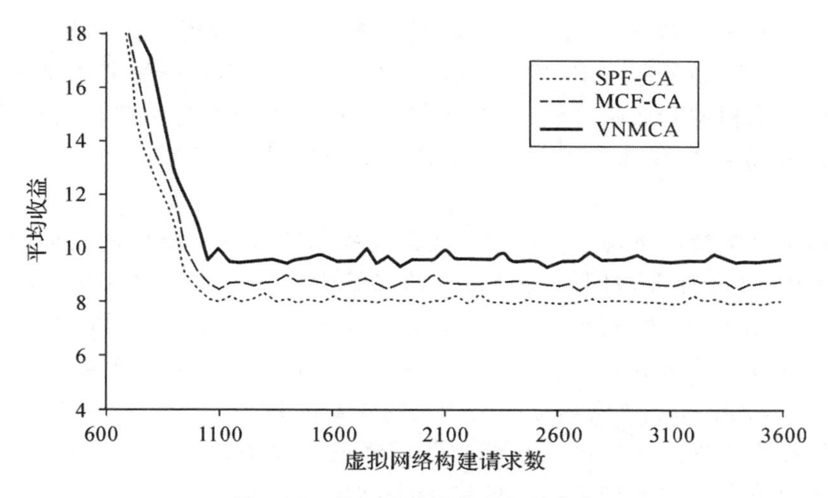

图 3.19　物理网络提供商平均收益

3.6.5　小结

本节介绍了虚拟网映射算法的研究现状,针对虚拟节点映射已知且物理网络不支持路径分割的虚拟网映射问题,提出了以物理网络提供商收益最大化为目标的虚拟网映射竞争算法。最后对 VNMCA 算法进行了竞争比分析和实验验证,以说明所设计算法的有效性和实用性。

3.7　在线虚拟网映射问题的竞争算法 VNM_PDA

3.7.1　概述

为实现物理网络提供商长期收益最大化,单个虚拟网络的映射成本和接入控制策略最为关键。

单个虚拟网络构建的收益是确定的,为提高物理网络提供商长期收益,把单个虚拟网映射的优化目标定为成本最小。目前的研究中,成本的定义主要采用物理资源绝对消耗量[20,37],物理链路映射基于最短路径优先原则,该方法易导致物理网络关键节点和路径上的负载过重,从而降低后续虚拟网络构建的成功概率,不利于物理网络提供商长期收益的提高。参考文献[24]在定义映射成本时综合考虑了物理资源绝对消耗量和负载均衡,但也只能在一定程度上缓解物理网络关键路径和节点上的负载过重问题;且上述方法仅考虑虚拟网映射使用的资源要素，而没有考虑资源的价格要素。参考文献[38]和参考文献[47]将映射成本定义为各物理资源需求量与物理资源价格乘积的累加和，但参考文献[38]根据资源的即时负载定义其价格，没能体现资源的供求关系，参考文献[47]假设资源价格已知，都不是很合理。

对单个虚拟网络构建提供接入控制是提高物理网络提供商长期收益的有效手段，尤其在虚拟网络数量很大的场景中。但目前提出的接入控制策略[36−38]存在以下问题：参考文献[36]假设虚拟节点映射已知；参考文献[38]通过过滤掉负载相对收益过重的物理链路和物理节点，间接实现接入控制；参考文献[37]忽略虚拟网络构建的收益因素。

为提高物理网络提供商长期收益或降低能源消耗，允许把同一虚拟网络的虚拟节点映射到物理网络的同一个物理节点上（即物理节点支持重复映射）[48−51]是一个有效选项，如在云计算数据中心的虚拟网络构建[49]中，可通过虚拟机整合[52]（即物理节点支持重复映射）实现能耗的降低。

根据经济学原理，成本是使用资源的数量和资源价格乘积的累加和。根据经济学的成本理论[53]，虚拟网映射成本是机会成本，而影子价格与机会成本在本质上是一致的，是一对以资源的有限性为出发点，以资源的有效利用与合理配置为目的的成本和价格概念。

针对当前的研究中存在资源价格定义不能反映资源供求关系，不利于物理网络资源的有效利用，且接入控制策略没有综合考虑成本和收益的关系等问题，为提高物理网络提供商的长期收益，本节提出基于以下策略构建虚拟网映射的方法：①基于影子价格的定价策略动态定义物理网络资源价格，将物理网络映射成本定义为各物理资源需求量与物理资源价格乘积的累加和；②对动态到达的虚拟网络构建请求，以映射成本最小化为目标；③基于成本约束，设计单个虚拟网映射的接入控制策略，拒绝对于收益来说成本过高的虚拟网络构建请求；④允许物理节点重复映射。

本人于2016年针对物理节点支持重复映射且物理网络不支持路径分割的虚拟网络数量很大的场景下的在线虚拟网映射问题，提出基于上述策略的在线虚拟网映射问题的竞争算法 VNM_PDA（Virtual Network Mapping_Primal Dual Approach）。具体地说，首先建立以最小成本为目标的单个虚拟网映射方案求解问题的二次规划模型，并设计基于凸二次规划松弛方法的随机近似算法求解该模型；然后针对动态到达的虚拟网络构建请求，使用上述随机近似算法构建该虚拟网络的映射方案，基于接入控制策略，确定是否接受该虚拟网络构建请求，如接受则根据物理网络资源的历史负载情况重新定义物理资源价格，并完成该虚拟网络映射；最后证明所提出的在线虚拟网映射算法的竞争比，并通过仿真实验对算法的有效性进行验证。

3.7.2　网络模型和问题定义

3.7.2.1　物理网络和虚拟网络

将物理网络表示为无向图 $G^0=(N^0,E^0)$，其中 N^0 和 E^0 分别表示物理节点的集合和物理链路的集合。每个物理节点具有 CPU 容量和位置两个属性，第 i 个物理节点的 CPU 容量和位置属性分别记为 $c(n_0^i)$ 和 $\mathrm{loc}(n_0^i)$；每条物理链路具有链路带宽属性，第 j 条物理链路的带宽记为 $b(e_0^j)$ 。

将第 j 个虚拟网络表示为无向图 $G^j=(N^j,E^j)$，其中 N^j 和 E^j 分别表示第 j 个虚拟网路的虚拟节点集合和虚拟链路集合。每个虚拟节点附带 CPU 容量和虚拟节点位置两个属性，第 j 个虚拟网的第 i 个虚拟节点的 CPU 容量需求和位置信息分别记为 $c(n_j^i)$ 和 $\mathrm{loc}(n_j^i)$。每条虚拟链路具有链路带宽属性，第 j 个虚拟网络的第 i 条虚拟链路的带宽记为 $b(e_j^i)$。另外，第 j 个虚拟网络请求附带一个非负值 D_j^v，表示第 j 个虚拟网络的虚拟节点与所映射的物理节点所在地之间的距离必须小于等于 D_j^v，距离可以表示物理距离、延迟等；T_j^s 和 T_j^f 属性表示第 j 个虚拟网络的开始时间和结束时间，即该虚拟网络生存周期为 $[T_j^s,T_j^f]$。

3.7.2.2　虚拟网映射

虚拟网映射的任务是把虚拟节点和虚拟链路分别映射到物理节点和物理路径上，并为其分配资源。针对第 j 个虚拟网络 G^j 的映射须满足以下约束条件：每个虚拟节点必须映射到唯一的物理节点，每个物理节点可被多个虚拟节点所映射；每条虚拟链路必须映射到物理网络的唯一路径（即物理网络不支持路径分割），且物理路径的两个端点就是虚拟链路的两个端点所映射的物理节点，如虚拟链路的两个端点映射到相同的物理节点，则虚拟链路不再映射，因同一物理节点内部的通信带宽远高于虚拟链路的带宽需求[48,51]；同时映射到第 i 条物理链路 e_0^i 上的虚拟链路的带宽之和小于或等于 $b(_0^i)$（链路容量约束条件）；同时映射到第 i 个物理节点 n_0^i 上的虚拟节点的 CPU 容量之和小于或等于 $c(n_0^i)$（节点容量约束条件）；虚拟节点与所映射的物理节点间的距离必须小于或等于 D_j^v 。

另外，最大化物理网络提供商长期收益是在线虚拟网映射问题的优化目标。

3.7.2.3 虚拟网映射收益

将物理网络提供商在完成第 j 个虚拟网络 $G^j(N^j,E^j)$ 映射后所获收益定义为单位时间收益 ρ_j 和持续时间之积，即 $\rho_j \times (T_j^f - T_j^s)$ 。其中单位时间收益 ρ_j 定义为第 j 个虚拟网络的所有虚拟节点的 CPU 容量和所有虚拟链路带宽的累加和，即 $\sum_{i=1}^{|N^j|} c(n_j^i) + \sum_{i=1}^{|E^j|} b(e_j^i)$ 。

3.7.3 单个虚拟网映射方案求解问题及其近似算法 VNM_CQP

3.7.3.1 不考虑容量约束的最小成本单个虚拟网映射方案求解问题

物理网络 G^0 的所有物理节点 n_0^i 增加价格属性 x_i ，所有物理链路 e_0^i 增加价格属性 $x_{|N^0|+i}$ 。不考虑容量约束的最小成本单个虚拟网映射方案求解问题，是指求出不考虑链路容量约束条件和节点容量约束条件的映射成本最小的映射方案(不完成资源分配)。针对第 j 个虚拟网络 G^j，某映射方案的映射成本 $\gamma(j) = \sum_{i=1}^{|N^0|+|E^0|} (x_i \times A_{j,i})$，其中 $A_{j,m}$ 表示该方案需分配第 m 个物理资源的量($m \leqslant |N^0|$，表示第 m 个物理节点；否则表示第 $m-|N^0|$ 条物理链路)。

3.7.3.2 问题复杂性

【定理 3.9】不考虑容量约束的最小成本单个虚拟网映射方案求解问题是 NP 难问题。

证明：完全多部图 $G(N,E)$ 是指顶点集 N 可被划分成 k 个不相交子集 $N_i(1 \leqslant i \leqslant k)$ ，即任何边的两个端点均在不同子集中，且每个顶点与不在同一顶点子集中的所有顶点均有边相连。顶点 n_i 有价格属性 c_i ，边 (n_i,n_j) 有价格属性 d_{ij} 。最小成本完全多部图最大团问题是求出给定完全多部图的最小成本(团顶点和边的价格和)的最大团，是 NP 难问题，因为工艺方案选择问题是 NPC 问题，且可多项式时间归约到最小成本完全多部图最大团问题[54]。最小成本完全多部图最大团问题可多项式时间归约到特定的不考虑容量约束的最小成本单个虚拟网映射问题，特定映射问题构造如下：物理网络为完全多部图 $G(N,E)$ ，第 i 个物理节点 n_i 的价格为 c_i ，如 $n_i \in N_j$ ，则 $\mathrm{loc}(n_i) = (j,j)$ ；物理链路 (n_i,n_j) 的价格为 d_{ij} ；虚拟网络是包含 k 个虚拟节点 $\{n_j^1, n_j^2, \cdots, n_j^k\}$ 的完全图，虚拟节点的 CPU 容量和虚拟链路的链路带宽都为 1, $D_j^v = 1$, $\mathrm{loc}(n_j^i) = (i+0.1, i+0.1)$ 。

3.7.3.3 数学模型

1)整数二次规划模型

因无链路容量约束,最小成本映射方案中虚拟链路映射一定采用最小价格路径,故映射成本为 $\sum_{i\in[1,|N^j|]}(c(n_j^i)\times w(M_n(n_j^i)))+\sum_{i\in[1,|E^j|]}(b(e_j^i)\times x(M_n(n_j^k),M_n(n_j^q)))$。其中 $M_n(n_j^i)$ 表示第 i 个虚拟节点 n_j^i 所映射的物理节点,$w(M_n(n_j^i))$ 表示 $M_n(n_j^i)$ 的价格,虚拟节点 n_j^k 和 n_j^q 是第 i 条虚拟链路 e_j^i 的两个端点,$x(n_0^i,n_0^j)$ 表示第 i 个物理节点 n_0^i 和第 j 个物理节点 n_0^j 间最小价格路径上的物理链路价格之和。则最小成本单个虚拟网映射方案求解问题的整数二次规划模型 IQP 如式(3.37)至式(3.40)所示,其中 $\boldsymbol{D}$ 是实值多元函数 $g(y)=\sum_{a,b\in[1,|N^j|]\wedge a<b}(b(n_j^a,n_j^b)\times\sum_{c,d\in[1,|N^0|]}(x(n_0^c,n_0^d)\times y_{c,a}\times y_{d,b}))$ 的 Hessian 矩阵。其中 $b(n_j^a,n_j^b)$ 表示虚拟链路 (n_j^a,n_j^b) 的带宽;决策变量 $y_{a,b}$ 取 1 表示第 b 个虚拟节点 n_j^b 映射到第 a 个物理节点 n_0^a,取 0 则表示没有映射到 n_0^a;模型的式(3.38)和式(3.40)确保每个虚拟节点都被映射到唯一的物理节点上,模型的式(3.39)确保虚拟节点只能映射到其允许映射的物理节点集合;$\Omega(n_j^v)$ 是第 v 个虚拟节点所能映射的物理节点集合(由物理节点和虚拟节点的位置属性以及 D_j^v 值求出);$\boldsymbol{y}=\{y_{1,1},y_{1,2},\cdots,y_{1,|N^j|},y_{2,1},y_{2,2},\cdots,y_{2,|N^j|},\cdots,y_{|N^0|,1},y_{|N^0|,2},\cdots,y_{|N^0|,|N^j|}\}^{\mathrm{T}}$。

$$\text{s.t.}\ \min f_{\mathrm{IQP}}(y)=\sum_{i\in[1,|N^j|]}(c(n_j^i)\times\sum_{a\in[1,|N^0|]}(y_{a,i}\times w(n_0^a)))+0.5\cdot\boldsymbol{y}^{\mathrm{T}}\cdot\boldsymbol{D}\cdot\boldsymbol{y} \tag{3.37}$$

$$\sum_{u\in[1,|N^0|]}y_{u,v}=1\ ,\ \forall v\in[1,|N^j|] \tag{3.38}$$

$$y_{u,v}=0,\forall v,\forall u(v\in[1,|N^j|]\wedge n_0^u\notin\Omega(n_j^v)) \tag{3.39}$$

$$y_{u,v}\in\{0,1\},\forall u\in[1,|N^0|],\forall v\in[1,|N^j|] \tag{3.40}$$

2)凸二次规划松弛

通过把整数二次规划模型 IQP 中的 $y_{u,v}\in\{0,1\}$ 松弛为 $y_{u,v}\geqslant 0$,可得到二次规划模型 QP。QP 模型为非凸二次规划,证明如下:

任取 a,b,c,d,满足 $b(n_j^a,n_j^b)>0$,$x(n_0^c,n_0^d)>0$,$|N^0|\geqslant d\geqslant c\geqslant 1$;则由 $\boldsymbol{D}$ 中 $y_{c,a}$ 和 $y_{d,b}$ 所对应的行和列构成的二阶主子式 $\begin{vmatrix}0 & b(n_j^a,n_j^b)\times x(n_0^c,n_0^d)\\ b(n_j^b,n_j^a)\times x(n_0^d,n_0^c) & 0\end{vmatrix}<0$,即 $\boldsymbol{D}$ 是非半正定矩阵,得证。

下面对模型 QP 的目标函数进行变换，得到新的二次规划模型 CQP 的目标函数：

$$\min f_{CQP}(y) = \sum_{i\in[1,|N^j|]} (c(n_j^i) \times \sum_{a\in[1,|N^0|]} (y_{a,i} \times w(n_0^a))) + 0.5 \cdot \boldsymbol{y}^{\mathrm{T}} \cdot \boldsymbol{D} \cdot \boldsymbol{y}$$

$$+ 0.5 \times \sum_{c\in[1,|N^0|],a\in[1,|N^j|]} \left[y_{c,a}^2 \times (\delta + \sum_{d\in[1,|N^0|],b\in[1,|N^j|]} (b(n_j^a, n_j^b) \times x(n_0^c, n_0^d))) \right]$$

$$= \sum_{i\in[1,|N^j|]} (c(n_j^i) \times \sum_{a\in[1,|N^0|]} (y_{a,i} \times w(n_0^a))) + 0.5 \cdot \boldsymbol{y}^{\mathrm{T}} \cdot \boldsymbol{D}' \cdot \boldsymbol{y}$$

新的二次规划模型 CQP 如式(3.41)至式(3.44)所示，其中 δ 取任意小正实数。

$$\text{s.t.} \min f_{CQP}(y) = \sum_{i\in[1,|N^j|]} (c(n_j^i) \times \sum_{a\in[1,|N^0|]} (y_{a,i} \times w(n_0^a))) + 0.5 \cdot \boldsymbol{y}^{\mathrm{T}} \cdot \boldsymbol{D}' \cdot \boldsymbol{X} \tag{3.41}$$

$$\sum_{u\in[1,|N^0|]} y_{u,v} = 1, \forall v \in [1, |N^j|] \tag{3.42}$$

$$y_{u,v} = 0, \forall v, \forall u (v \in [1, |N^j|] \land n_0^u \notin \Omega(n_j^v)) \tag{3.43}$$

$$y_{u,v} \geqslant 0, \forall u \in [1, |N^0|], \forall v \in [1, |N^j|] \tag{3.44}$$

$\boldsymbol{D}'$ 中 $y_{c,a}$ 所对应行的主对角线元素值是

$$\delta + \sum_{d\in[1,|N^0|],b\in[1,|N^j|]} (b(n_j^a, n_j^b) \times x(n_0^c, n_0^d))$$

而 $y_{c,a}$ 所对应行的非主对角线元素之和等于

$$\sum_{d\in[1,|N^0|],b\in[1,|N^j|]} (b(n_j^a, n_j^b) \times x(n_0^c, n_0^d))$$

根据主对角元全部大于零的严格对角占优判别法[55]，可知 $\boldsymbol{D}'$ 是正定矩阵，故 CQP 是严格凸二次规划(用多项式时间算法[56])。

3.7.3.4 近似算法 VNM_CQP 的设计

不考虑容量约束的最小成本，单个虚拟网映射方案求解问题的近似算法 VNM_CQP 分为两步：首先，针对第 j 个虚拟网络 G^j，用原始-对偶内点算法[56]求解 CQP 模型；然后，用随机舍入法求 IQP 模型解。算法具体流程如下：

输入：第 j 个虚拟网络 $G^j(N^j, E^j)$，物理网络 $G^0(N^0, E^0)$（所有物理节点和物理链路都有价格属性）。

输出：第 j 个虚拟网络的映射方案。

1：构造 CQP 模型，然后用原始-对偶内点算法求解，得到最优解。

$\boldsymbol{y}^* = \{y_{1,1}^*, y_{1,2}^*, \cdots, y_{1,|N^j|}^*, y_{2,1}^*, y_{2,2}^*, \cdots, y_{2,|N^j|}^*, \cdots, y_{|N^0|,1}^*, y_{|N^0|,2}^*, \cdots, y_{|N^0|,|N^j|}^*\}^{\mathrm{T}}$

2:for($i = 1$; $i < |N^j|$;i++)

{

2.1:对虚拟节点 n_j^i ,按概率分布 $P(\xi = k) = y_{k,i}^*(k = 0,1,\cdots,|N^0|)$ 随机选择所映射的物理节点,如选择的是第 m 个物理节点,则令 $y_{m,i} = 1$, $y_{h,i} = 0(h \in [1,|N^0|] \wedge h \neq m)$ 。

}

3:输出节点映射方案 $\boldsymbol{y} = \{y_{1,1},y_{1,2},\cdots,y_{1,|N^j|},\cdots,y_{|N^0|,1},y_{|N^0|,2},\cdots,y_{|N^0|,|N^j|}\}^{\mathrm{T}}$ 。

4:用 Dijkstra 算法,求出虚拟链路所映射的最小价格物理路径,然后输出虚拟链路映射方案。

3.7.3.5 算法近似比分析

【定理 3.10】针对第 j 个虚拟网络 G^j,VNM_CQP 算法所求方案的映射成本的数学期望 $E(f_{\mathrm{IQP}}(y)) \leqslant \chi_j \times f_{\mathrm{IQP}}^*$,即算法近似比为 $E(f_{\mathrm{IQP}}(y)) \leqslant \chi_j \times f_{\mathrm{IQP}}^*$。其中 $\chi_j = 1 + (\delta + |N^0| \times |N^j| \times b_{j,\max} \times x_{\max})/(2 \times c_{j,\min} \times w_{\min})$,$f_{\mathrm{IQP}}^*$ 是IQP的最优值,$b_{j,\max}$ 和 $x_{\max}$ 表示最大虚拟链路带宽和 $x(n_0^i, n_0^j)$ 的最大值,$w_{\min}$ 和 $c_{j,\min}$ 分别表示最小物理节点价格和最小虚拟节点 CPU 容量。

证明:y^* 和 y 分别是 QP 和 IQP 的可行解。$y_{k,i}$ 的数学期望 $E(y_{k,i}) = y_{k,i}^*$。当 $a < b$ 时,$y_{c,a}$ 和 $y_{d,b}$ 相互独立,故 $E(y_{c,a} \times y_{d,b}) = y_{c,a}^* \times y_{d,b}^*$,所以 $E(f_{\mathrm{IQP}}(y)) = f_{\mathrm{QP}}(y^*)$。设 QP 最优解是 y^-,则 y^- 是 CQP 的可行解,故

$$\sum_{i\in[1,|N^j|]}(c(n_j^i) \times \sum_{k\in[1,|N^0|]}(y_{k,i}^- \times w(n_0^k))) \geqslant \sum_{i\in[1,|N^j|]}(c_{j,\min} \times \sum_{k\in[1,|N^0|]}(y_{k,i}^- \times w_{\min}))$$
$$= c_{j,\min} \times w_{\min} \times |N^j| \tag{3.45}$$

$$\sum_{c\in[1,|N^0|],a\in[1,|N^j|]}\{(y_{c,a}^-)^2 \times [\delta + \sum_{d\in[1,|N^0|],b\in[1,|N^j|]}(b(n_j^a,n_j^b) \times x(n_0^c,n_0^d))]\}$$
$$\leqslant |N^j| \times \delta + \sum_{c\in[1,|N^0|],a\in[1,|N^j|]}(y_{c,a}^- \times \sum_{d\in[1,|N^0|],b\in[1,|N^j|]}(b_{j,\max} \times x_{\max}))$$
$$= |N^j| \times \delta + |N^0| \times (|N^j|)^2 \times b_{j,\max} \times x_{\max} \tag{3.46}$$

$$E(f_{\mathrm{IQP}}(y)) = f_{\mathrm{QP}}(y^*) \leqslant f_{\mathrm{CQP}}(y^*) \leqslant f_{\mathrm{CQP}}(y^-)$$
$$= f_{\mathrm{QP}}(y^-) + 0.5 \times \sum_{c\in[1,|N^0|],a\in[1,|N^j|]}\{(y_{c,a}^-)^2 \times [\delta + \sum_{d\in[1,|N^0|],b\in[1,|N^j|]}(b(n_j^a, n_j^b) \times x(n_0^c,n_0^d))]\}$$
$$\leqslant f_{\mathrm{QP}}(y^-) + 0.5 \times \sum_{i\in[1,|N^j|]}(c(n_j^i) \times \sum_{k[1,|N^0|]}(y_{k,i}^- \times w(n_0^k))) \times (\delta + |N^0| \times |N^j| \times b_{j,\max} \times x_{\max})/(c_{j,\min} \times w_{\min})$$

$$\leqslant f_{QP}(y^-) + 0.5 \times f_{QP}(y^-) \times (\delta + |N^0| \times |N^j| \times b_{j,\max} \times x_{\max})/(c_{j,\min} \times w_{\min})$$
$$\leqslant f^*_{IQP} \times [1 + (\delta + |N^0| \times |N^j| \times b_{j,\max} \times x_{\max})/(2 \times c_{j,\min} \times w_{\min})] \quad (3.47)$$

得证。

3.7.4 在线虚拟网映射问题的竞争算法 VNM_PDA 的流程

当虚拟网络请求独立地动态到达后,仅知道现在和过去的虚拟网络请求信息,为此不能精确计算物理资源的影子价格,而影子价格同资源的稀缺程度密切相关,体现了资源的供求关系[53]。由于物理网络的资源量是确定的,故根据物理节点和物理链路的历史相对负载(反应一段时期内资源供求关系)定义其价格,具体见 VNM_PDA 算法的步骤 3。针对动态到达的第 j 个虚拟网络 G^j,首先使用 VNM_CQP 算法构建虚拟网络 G^j 的映射方案;然后基于接入控制策略,确定是否接受虚拟网络 G^j,本书的接入控制策略是拒绝映射成本大于等于 χ_j 倍映射收益的虚拟网络请求,χ_j 是针对虚拟网络 G^i 的 VNM_CQP 算法的近似比;如接受则重新计算物理网络资源的价格,并完成该虚拟网络映射。VNM_PDA 算法具体流程如下:

输入:第 j 个虚拟网络 $G^j(N^j, E^j)$,物理网络 $G^0(N^0, E^0)$(所有物理节点和物理链路都有价格属性)。

输出:第 j 个虚拟网络的映射方案。

1:针对物理网络 G^0 和第 j 个虚拟网络 G^j,采用 VNM_CQP 算法求出虚拟网络 G^j 的映射方案。

2:if($\gamma(j) \geqslant \chi_j \times \rho_j$)then {拒绝虚拟网络 G^j;退出 }else{用所求映射方案完成映射}

3:for($m = 1; m \leqslant |N^0| + |E^0|; m++$)

{

3.1: $x_m = x_m \times 2^{(A_{j,m} \times \beta)/b_m} + (2^{(A_{j,m} \times \beta)/b_m} - 1)/\omega(j)$

}

其中,$\gamma(j)$ 表示所求方案的成本($\sum_{i=1}^{|N^0|+|E^0|}(x_i \times A_{j,i})$);全局变量 x_m 表示第 m 个物理资源的价格;$A_{j,m}$ 为所求方案需使用第 m 个物理资源的量;b_m 表示第 m 个物理节点(如 $m \leqslant |N^0|$)的 CPU 容量或第 $m - |N^0|$ 条物理链路(如 $m > |N^0|$)的带宽;全局变量 x_m 初始化为 $(2^{1/b_m} - 1)/\omega(1)$;$w(j) = \sum_{e \in E^j}(b(e) \times |E^0|) +$

$\max_{n\in N^j}(c(n)\times|N^0|)$；$\beta=\log_2(1+3\times\max_j\chi_j\times\max_j\rho_j\times\max_j w(j))$，其中最大近似比 $\max_j\chi_j=\max\{\chi_1,\chi_2,\cdots,\chi_j\}$，最大收益 $\max_j\rho_j=\max\{\rho_1,\rho_2,\cdots,\rho_j\}$，$\max_j w(j)=\max\{w(1),w(2),\cdots,w(j)\}$。

3.7.5 竞争算法分析

3.7.5.1 VNM_PDA 算法的时间复杂度分析

VNM_PDA 算法的时间复杂度由 VNM_CQP 算法的时间复杂度决定，VNM_CQP 算法的时间复杂度由原始-对偶内点算法决定，故 VNM_PDA 算法的时间复杂度为 $O((|N^s|\times|N^v|)^3\times L)$，$L$ 指输入长度[18]。

3.7.5.2 VNM_PDA 算法的正确性和竞争比分析

先证明 VNM_PDA 算法不会违反物理链路容量约束条件和物理节点容量约束条件；之后用竞争分析法，研究算法在最坏情况下的性能。

【假设 1】第 j 个虚拟网络 G^j 的任意虚拟链路的带宽小于或等于最小物理链路带宽的 $1/(\beta\times|E^j|)$。

【假设 2】第 j 个虚拟网络 G^j 的任意虚拟节点的 CPU 容量小于或等于最小物理节点 CPU 容量的 $1/(\beta\times|N^j|)$。

【假设 3】任意虚拟链路的带宽和虚拟节点的 CPU 容量大于或等于 1。

之所以通过假设 1 和假设 2 对虚拟链路的带宽容量和虚拟节点的 CPU 容量的上限进行限定，是因为如不限定，则根据定理 2.12，在线虚拟网映射问题的任意确定在线算法的竞争比会趋向无穷大。

记 $a_{k,m}=A_{k,m}\times\beta/b_m$，根据假设 1 和假设 2 可知，当 $1\leqslant m\leqslant|N^0|$ 时，$a_{k,m}\leqslant b_m/(\beta\times|N^k|)\times|N^k|\times\beta/b_m=1$；当 $|N^0|<m\leqslant|N^0|+|E^0|$ 时，$a_{k,m}\leqslant b_m/(\beta\times|E^k|)\times|E^k|\times\beta/b_m=1$；因 $2^x-1\leqslant x\ (0\leqslant x\leqslant 1)$，故 $2^{a_{k,m}}-1\leqslant a_{k,m}$。

【定理 3.11】 $x_m^j\geqslant(2^{\sum_{a=1}^{j}(A_{a,m}\times h_a)\times\beta/b_m}-1)/\max_j\omega(j)\ (\forall j\geqslant 0)$。其中 x_m^j 表示完成第 j 个虚拟网络 G^j 处理后的第 m 个物理资源的价格 x_m；如 VNM_PDA 算法接受第 a 个虚拟网络 G^a，则 h_a 取 1，否则取 0。（证明与参考文献[36]类似）

【定理 3.12】 $\sum_{a=1}^{j}(A_{a,m}\times h_a)\leqslant b_m\ (\forall j\geqslant 1,\ \forall m\in[1,|E^0|+|N^0|])$，即 VNM_PDA 算法不会违反物理链路和物理节点的容量约束条件。

证明：用数学归纳法证明。

(1)当 $j=1$ 时：

$\gamma(1)=\sum_{m=1}^{|N^0|+|E^0|}[(2^{1/b_m}-1)/\omega(1)\times A_{1,m}]\leqslant 1<\chi_1\times\rho_1$，故第1个虚拟网络 G^1 会被映射。根据假设1和假设2，显然成立。

(2)设 $j=k-1$ 时成立。

(3)则当 $j=k$ 时：

①如 VNM_PDA 算法拒绝第 k 个虚拟网络 G^k，则显然成立。

②如 VNM_PDA 算法接受第 k 个虚拟网络 G^k，则对第 k 个虚拟网络 G^k 没有使用的物理资源显然成立。对第 k 个虚拟网络 G^k 使用的第 m 个物理资源，根据假设3，$\gamma(k)=\sum_{i=1}^{|N^0|+|E^0|}(x_i^{k-1}\times A_{k,i})<\chi_k\times\rho_k$，故 $x_m^{k-1}\leqslant\chi_k\times\rho_k$；同时有 $x_m^k=x_m^{k-1}\times 2^{a_{k,m}}+(2^{a_{k,m}}-1)/\omega(k)\leqslant\chi_k\times\rho_k\times 2+(2-1)/\omega(k)\leqslant 3\times\chi_k\times\rho_k$；根据定理3.11，$3\times\chi_k\times\rho_k\geqslant(2\sum_{a=1}^{k}(A_{a,m}\times h_a)\times\beta/b_m-1)/\max_k\omega(k)$，即 $\sum_{a=1}^{k}(A_{a,m}\times h_a)\leqslant\log_2(1+3\times\chi_k\times\rho_k\times\max_k\omega(k))\times b_m/\beta\leqslant\beta\times b_m/\beta\leqslant b_m$，得证。

【定理3.13】任意 $j\geqslant 1$，针对请求序列 $\{VN_1, VN_2, \cdots, VN_j\}$，VNM_PDA 算法的竞争比小于或等于 $(1+2\times\max_j\chi_j)\times\beta$，此处 VN_i 表示第 i 个虚拟网络 G^i。

证明：(1)先构造针对该序列的离线虚拟网映射问题的数学模型，方法同参考文献[36]。

记 VN_i 有效映射方案集为 Δ_i，第 w 个映射方案记为 $\Delta_{i,w}$(设 VNM_CQP 算法所求为 $\Delta_{i,1}$)。变量 $y_{i,w}$ 取1或0，表示 VN_i 的映射采用或不采用 $\Delta_{i,w}$，列向量 $\boldsymbol{Y}_j=\{y_{1,1}, y_{1,2}, \cdots, y_{1,|\Delta_1|}, \cdots, y_{j,1}, y_{j,2}, \cdots, y_{j,|\Delta_j|}\}^{\mathrm{T}}$；虚拟网映射收益列向量 $\boldsymbol{P}_j=\{\rho_{1,1}, \rho_{1,2}, \cdots, \rho_{1,|\Delta_1|}, \cdots, \rho_{j,1}, \rho_{j,2}, \cdots, \rho_{j,|\Delta_j|}\}^{\mathrm{T}}$，其中 $\rho_{i,w}=\rho_i$；物理节点 CPU 容量和物理链路带宽向量 $\boldsymbol{B}=\{c(n_0^1), c(n_0^2), \cdots, c(n_0^{|N^0|}), b(e_0^1), b(e_0^2), \cdots, b(e_0^{|E^0|})\}$；矩阵 $\boldsymbol{A}_j$ 共 $|N^0|+|E^0|$ 行，$\sum_{i\in[1,j]}|\Delta_i|$ 列，元素 $A_{j\,m,(i,w)}$ 是指 $\Delta_{i,w}$ 方案需使用第 m 个物理资源的总量；矩阵 $\boldsymbol{D}_j$ 有 j 行，$\sum_{i\in[1,j]}|\Delta_i|$ 列，当 $a=b$ 时矩阵元素 $D_{a,\Delta_{b,w}}$ 取1，否则取0。

式(3.48)至式(3.51)给出了离线虚拟网映射问题的0-1线性整数规划模型 ILP，优化目标是物理网络提供商收益最大化。式(3.49)是物理资源容量约束条件;式(3.50)确保对某个虚拟网络,要么采用一种映射方案,要么拒绝。把式(3.51)中的 $y_{i,w} \in \{0,1\}$ 松弛为 $y_{i,w} \geqslant 0$,得到离线虚拟网映射问题的线性规划模型 LP,其对偶问题的线性规划模型 DLP 见式(3.52)至式(3.54)。

ILP 模型为

$$\text{s.t. } \max \boldsymbol{P}_j^{\mathrm{T}} \cdot \boldsymbol{Y}_j \tag{3.48}$$

$$\boldsymbol{A}_j \cdot \boldsymbol{Y}_j \leqslant \boldsymbol{B} \tag{3.49}$$

$$\boldsymbol{D}_j \cdot \boldsymbol{Y}_j \leqslant \boldsymbol{1} \tag{3.50}$$

$$y_{i,w} \in \{0,1\}, \forall_1, \forall_w (1 \leqslant i \leqslant j \wedge 1 \leqslant w \mid \Delta_i \mid) \tag{3.51}$$

DLP 模型为

$$\text{s.t. } \min \boldsymbol{Z}_j^{\mathrm{T}} \cdot \boldsymbol{1} + \boldsymbol{X}_j^{\mathrm{T}} \cdot \boldsymbol{B} \tag{3.52}$$

$$\boldsymbol{Z}_j^{\mathrm{T}} \cdot \boldsymbol{D}_j + \boldsymbol{X}_j^{\mathrm{T}} \cdot \boldsymbol{A}_j \geqslant \boldsymbol{P}_j^{\mathrm{T}} \tag{3.53}$$

$$\boldsymbol{X}_j, \boldsymbol{Z}_j \geqslant \boldsymbol{0} \tag{3.54}$$

$\boldsymbol{Z}_j = \{z_1, z_2, \cdots, z_j\}^{\mathrm{T}}$;$\boldsymbol{X}_j = \{x_1^j, x_2^j, \cdots, x_{|E^0|}^j, x_{|E^0|+1}^j, \cdots, x_{|E^0|+|N^0|}^j\}^{\mathrm{T}}$,$x_m^j$ 解释为第 m 个物理资源的影子价格。

(2)将 $\Delta_{i,w}$ 方案的映射成本记为 $\gamma(i,w)$,如 VNM_PDA 算法拒绝虚拟网络 VN_i,置 $z_i = 0$,否则 $z_i = \chi_i \times \rho_i - \gamma(i,1)/\chi_i$。

(3)VNM_PDA 算法完成虚拟网络 VN_j 构建处理后,所构造的 $\boldsymbol{Z}_j$ 向量和 $\boldsymbol{X}_j$ 向量,是针对$\{\mathrm{VN}_1, \mathrm{VN}_2, \cdots, \mathrm{VN}_j\}$的 DLP 模型的可行解。

证明:用数学归纳法证明。

①当 $j = 1$ 时,$\gamma(1,1) < \chi_1 \times \rho_1$;因对 j 而言,x_m^j 具有单调性,故对 $w \in [1, \mid \Delta_1 \mid]$ 有 $z_1 + (\boldsymbol{X}_1)^T \cdot col_{1,\mathrm{w}}(\boldsymbol{A}_1) \geqslant z_1 + \gamma(1,w) \geqslant \chi_1 \times \rho_1 - \gamma(1,1)/\chi_1 + \gamma(1,1)/\chi_1 > \rho_1$,得证。

②设 $j = k - 1$ 时成立。

③则当 $j = k$ 时:

a. 对 $\mathrm{VN}_b(1 \leqslant b \leqslant k-1)$ 的任意方案 $\Delta_{b,w}$,满足 $z_b + (\boldsymbol{X}_k)^{\mathrm{T}} \cdot \mathrm{col}_{b,w}(\boldsymbol{A}_k) \geqslant \rho_b$。

b. 对 VN_k 的任意映射方案 $\Delta_{k,w}$,如 VNM_PDA 算法接受虚拟网络 VN_k,则 $z_k + (\boldsymbol{X}_k)^{\mathrm{T}} \cdot \mathrm{col}_{k,w}(\boldsymbol{A}_k) \geqslant z_k + \gamma(k,w) \geqslant \chi_k \times \rho_k - \gamma(k,1)/\chi_k + \gamma(k,1)/\chi_k \geqslant \rho_k$;如 VNM_PDA 算法拒绝虚拟网络 VN_k,则 $\gamma(k,1) \geqslant \chi_k \times \rho_k, z_k = 0, X_k = X_{k-1}$,故 $z_k + (X_k)^{\mathrm{T}} \cdot \mathrm{col}_{k,w}(\boldsymbol{A}_k) = \gamma(k,w) \geqslant \gamma(k,1)/\chi_k \geqslant \rho_k$,得证。

(4) $\boldsymbol{Z}_j^{\mathrm{T}} \cdot \boldsymbol{1} + \boldsymbol{X}_j^{\mathrm{T}} \cdot \boldsymbol{B} \leqslant (1 + 2 \times \max_j \chi_j) \times \beta \times \sum_{a \in [1,j]} (\rho_a \times h_a)$。

证明:用数学归纳法证明。

(1)当 $j=1$ 时,VNM_PDA 算法必接受虚拟网络 VN_1(见定理 3.12),故 $h_1=1$。因 $\beta\geqslant 2$,则

$$\boldsymbol{Z}_1^{\mathrm{T}}\cdot\boldsymbol{1}+\boldsymbol{X}_1^{\mathrm{T}}\cdot\boldsymbol{B}=z_1+\sum_{m\in[1,|E^0|+|N^0|]}[(2^{1/b_m}-1)/w(1)\times 2^{a_{1,m}}+(2^{a_{1,m}}-1)/w(1)]\times b_m$$

$$\leqslant z_1+\sum_{m\in[1,|E^0|+|N^0|]}(1/b_m/w(1)\times 2+a_{1,m}/w(1))\times b_m$$

$$=z_1+\sum_{m\in[1,|E^0|+|N^0|]}(2/w(1)+A_{1m,(1,1)}\times\beta/w(1))$$

$$\leqslant z_1+\beta\times[\sum_{m\in[1,|E^0|+|N^0|]}(1/w(1))+\sum_{m\in[1,|E^0|+|N^0|]}(A_{1m,(1,1)}/w(1))]$$

$$\leqslant z_1+2\beta$$

$$=\chi_1\times\rho_1-\gamma(1,1)/\chi_1+2\beta$$

$$\leqslant(1+2\chi_1)\times\beta\times\sum_{a\in[1,1]}(\rho_a\times h_a)$$,得证。

(2)设 $j=k-1$ 时成立。

(3)则当 $j=k$ 时:

①如 VNM_PDA 算法拒绝虚拟网络 VN_k,则 $z_k=0$,X 取值不变,$h_k=0$,则

$$\boldsymbol{Z}_k^{\mathrm{T}}\cdot\boldsymbol{1}+\boldsymbol{X}_k^{\mathrm{T}}\cdot\boldsymbol{B}=\boldsymbol{Z}_{k-1}^{\mathrm{T}}\cdot\boldsymbol{1}+\boldsymbol{X}_{k-1}^{\mathrm{T}}\cdot\boldsymbol{B}$$

$$\leqslant(1+2\times\max\nolimits_{k-1}\chi_{k-1})\times\beta\times\sum_{a\in[1,k-1]}\rho_a\times h_a$$

$$\leqslant(1+2\times\max\nolimits_k\chi_k)\times\beta\times\sum_{a\in[1,k]}\rho_a\times h_a$$ 。

②如 VNM_PDA 算法接受虚拟网络 VN_k,则 $h_k=1$,记 $\xi=\boldsymbol{Z}_{k-1}^{\mathrm{T}}\cdot\boldsymbol{1}+\boldsymbol{X}_{k-1}^{\mathrm{T}}\cdot\boldsymbol{B}+z_k$,那么

$$\boldsymbol{Z}_k^{\mathrm{T}}\cdot\boldsymbol{1}+\boldsymbol{X}_k^{\mathrm{T}}\cdot\boldsymbol{B}=\xi+\sum_{m\in[1,|E^0|+|N^0|]}[(x_m^k-x_m^{k-1})\times b_m]$$

$$=\xi+\sum_{m\in[1,|E^0|+|N^0|]}\{[x_m^{k-1}\times(2^{a_{k,m}}-1)+(2^{a_{k,m}}-1)/w(k)]\times b_m\}$$

$$\leqslant\xi+\sum_{m\in[1,|E^0|+|N^0|]}[(x_m^{k-1}\times a_{k,m}+a_{k,m}/w(k))\times b_m]$$

$$=\xi+\sum_{m\in[1,|E^0|+|N^0|]}[(x_m^{k-1}+1/w(k))\times A_{km,(k,1)}\times\beta]$$

$$=\xi+\beta\times\sum_{m\in[1,|E^0|+|N^0|]}(x_m^{k-1}\times A_{km,(k,1)})+\beta\times\sum_{m\in[1,|E^0|+|N^0|]}(A_{km,(k,1)}/w(k))$$

$$\leqslant\xi+\beta\times\gamma(k,1)+\beta$$

$$\leqslant(1+2\times\max\nolimits_{k-1}\chi_{k-1})\times\beta\times\sum_{a\in[1,k-1]}(\rho_a\times h_a)+\chi_k\times\rho_k-\gamma(k,1)/\chi_k+$$

$\beta\times\gamma(k,1)+\beta$

$<(1+2\times \max_k\chi_{k-1})\times\beta\times\sum_{a\in[1,k-1]}(\rho_a\times h_a)+\chi_k\times\beta\times\rho_k+\beta\times\chi_k\times\rho_k$

$+\beta\times\rho_k$(因为 $\gamma(k,1)<\chi_k\times\rho_k\wedge\rho_k>1$)

$=(1+2\times \max_{k-1}\chi_{k-1})\times\beta\times\sum_{a\in[1,k-1]}\rho_a\times h_a+(1+2\chi_k)\times\beta\times\rho_k\times h_k$

$\leqslant(1+2\times \max_k\chi_k)\times\beta\times\sum_{a\in[1,k]}\rho_a\times h_a$,得证。

(5)VNM_PDA 算法的竞争比小于或等于 $(1+2\times \max_j\chi_j)\times\beta$。

证明:设离线问题的最大收益是 ρ_{off},其 LP 模型的最优解为 Y_j^*;采用 VNM_PDA 算法所获收益是 ρ_{in}。根据对偶理论的弱对偶定理有

$\rho_{\text{off}}\leqslant \boldsymbol{P}_j^{\mathrm{T}}\cdot\boldsymbol{Y}_j^*\leqslant\boldsymbol{Z}_j^{\mathrm{T}}\cdot\boldsymbol{1}+\boldsymbol{X}_j^{\mathrm{T}}\cdot\boldsymbol{B}\leqslant(1+2\times \max_j\chi_j)\times\beta\times\sum_{a\in[1,j]}\rho_a\times h_a$

$=(1+2\times \max_j\chi_j)\times\beta\times\rho_{in}$,得证。

【定理 3.14】如考虑到第 j 个虚拟网络的 T_j^s 和 T_j^f 属性,则针对{VN_1,VN_2,…,VN_j}序列,VNM_PDA 算法的竞争比是 $(1+2\times \max_j\chi_j)\times\log_2(1+3\times \max_j\chi_j\times \max_j\rho_j\times \max_j w(j)\times T^{\max})$,其中 $T^{\max}$ 是虚拟网络最长持续时间。(证明与参考文献[36]类似)

3.7.5.3 VNM_PDA 算法平均性能实验分析

1)实验仿真环境

通过实验对算法的平均性能进行评估。在支持物理节点可重复映射[48-51]的算法中,文献[49]和[50]以降低能耗为目标,参考文献[51]针对的是弹性光网络,故把 VNM_PDA 算法同文献[48]提出的 NodeRep 算法进行对比。具体使用 Matlab 仿真,评估采用当前研究中的常用指标,即虚拟网络请求接受率、单位时间物理网络提供商的平均收益、物理节点利用率和物理链路利用率。

物理网络和虚拟网络请求的实际特征尚不清楚[24],故用当前研究中常用的方法来构建物理网络和虚拟网络。用 GT-ITM 工具构建含 30 个节点和 40 条链路的物理网络,物理节点 CPU 容量和物理链路带宽在[480,580]内均匀分布,物理节点的 x 和 y 坐标在[1,100]内均匀分布。虚拟网络的连通度是 50%,虚拟节点数在[2,5]内均匀分布,虚拟节点 CPU 容量和虚拟链路带宽在[1,6]内均匀分布,虚拟节点的 x 和 y 坐标在[1,100]内均匀分布,$D^v=10$;虚拟网络的到达服从平均每单位时间有 1.3 个请求的泊松过程,其生存时间符合均值为 1000 个单位时间的指数分布。NodeRep 算法中参

数取值同参考文献[48]。

2)实验结果及分析

(1)VNM_PDA 算法使物理网络资源得到有效利用。

表 3.8 和图 3.20 表明,采用 VNM_PDA 算法的物理网络资源的利用率更高,其原因是 VNM_PDA 算法的虚拟网络构建请求接受率更高;物理资源的利用率方差更小,即物理资源的使用更加均衡,其原因是 VNM_PDA 算法中物理资源的价格由其负载决定,故 VNM_PDA 算法将使用负载相对小的物理资源。

表 3.8 资源利用情况

算法	节点平均利用率	链路平均利用率	节点利用率方差	链路利用率方差
NodeRep	0.621	0.255	0.278	0.324
VNM_PDA	0.689	0.307	0.112	0.154

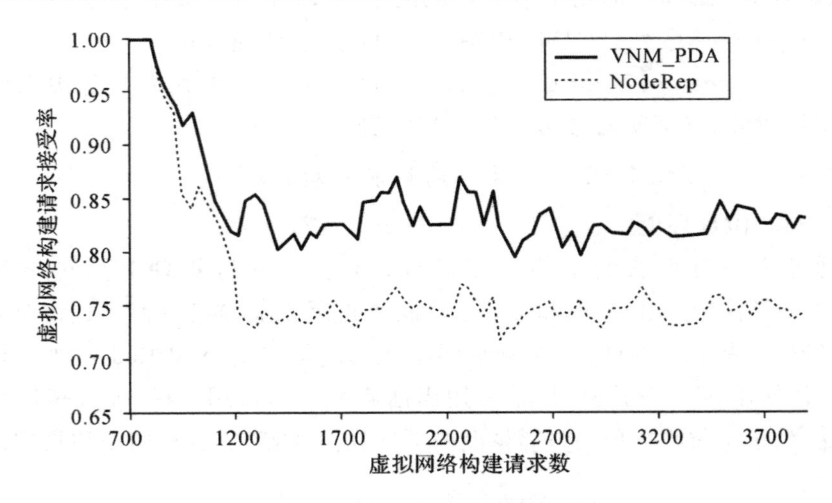

图 3.20 虚拟网络构建请求接受率

(2)VNM_PDA 算法提高了请求接受率和长期收益。

图 3.20 和图 3.21 表明,VNM_PDA 和 NodeRep 算法都接受前 800 个虚拟网络请求,但随着虚拟网络请求数的进一步增加,采用 VNM_PDA 算法的请求接受率和平均收益逐渐稳定在 0.828 和 17992 左右,比 NodeRep 算法提高 11%左右。其主要原因是 VNM_PDA 算法能使负载更加均衡地分布,从而使物理网络资源得到更有效的利用,以及 VNM_PDA 算法支持接入控制,会主动拒绝映射收益相比成本过高的请求。

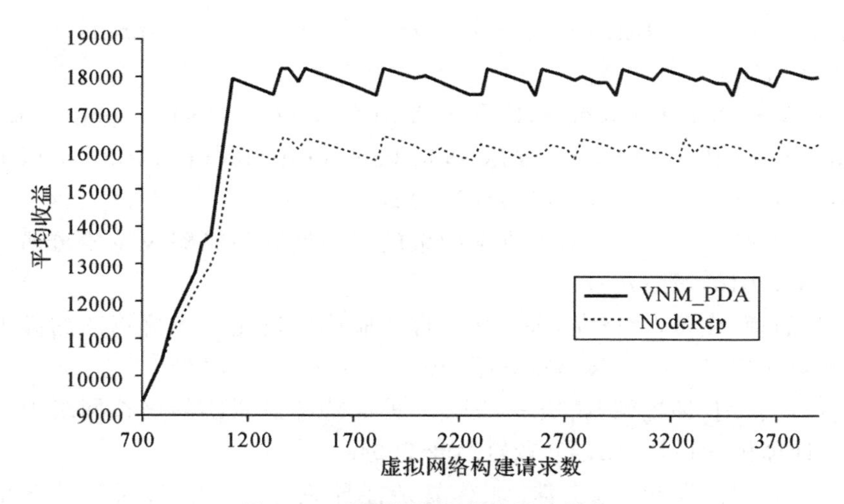

图 3.21　物理网络提供商平均收益

3.7.6　小结

为实现物理网络提供商长期收益最大化，单个虚拟网络的映射成本和接入控制策略最为关键。针对当前研究中，资源价格定义不能反映资源供求关系，不利于物理网络资源的有效利用，且接入控制策略没有综合考虑成本和收益的关系等问题，本节以物理网络提供商长期收益最大化为目标，基于物理节点可重复映射、影子价格的资源定价、以映射成本最小化为目标和基于成本收益比较的接入控制等策略，首先基于凸二次规划松弛方法，设计以映射成本最小化为目标的单个虚拟网映射方案求解的近似算法；然后，针对动态到达的单个虚拟网构建请求，基于影子价格的物理网络资源定价策略，用上述近似算法求出映射方案，并基于映射成本约束的虚拟网络接入控制策略，完成竞争算法 VNM_PDA 的设计；最后，通过对 VNM_PDA 算法的竞争比分析和实验验证，说明 VNM_PDA 算法的有效性和实用性。

参考文献

[1]Chowdhury M,Rahman M R,Boutaba R. Virtual network embedding with coordinated node and link mapping[C]. IEEE IN FOCOM,2009.

[2] Yu J,Wu C. Modeling and solving for virtual network embedding problem with synchronous node and link mapping[C]. International Conference on Consumer Electronics,Communications and Networks,2011.

[3]Fischer A,Botero J F,Till Beck M,et al. Virtual network embed-

ding:A survey[J]. IEEE Communications Surveys and Tutorials,2013,15(4):1888-1906.

[4]Amaldi E,Coniglio S,Koster A M C A,et al. On the computational complexity of the virtual network embedding problem[J]. Electronic Notes in Discrete Mathematics,2016,52:213-220.

[5]余建军,吴春明. 基于成本约束的虚拟网映射策略及竞争分析[J]. 电信科学,2016,32(2):47-54.

[6]胡颖,庄雷,兰巨龙,等. 基于自适应协同进化粒子群算法的虚拟网节能映射研究[J]. 电子与信息学报,2016,38(10):2660-2666.

[7]刘新刚,怀进鹏,高庆一,等. 一种保持结点紧凑的虚拟网络映射方法[J]. 计算机学报,2012,35(12):2492-2504.

[8]堵丁柱,葛可一,王浩. 计算复杂性导论[M]. 北京:高等教育出版社,2002.

[9]Schrijver A. Theory of Linear And Integer Programming[M]. NewYork:John Wiley and Sons,1986.

[10]ViNE-Yard[EB/OL]. [2017-06-12]. http://www. mosharaf. com/ViNE-Yard. tar. gz.

[11]GNU linear programming kit[EB/OL]. [2017-06-12]. http://www. gnu. org/software/glpk/.

[12]Zegura E W,Calvert K L,Bhattacharjee S. How to model an internetwork[C]. IEEE IN FOCOM,1996.

[13]Zhu Y,Ammar M. Algorithms for assigning substrate network resources to virtual network components[C]. IEEE IN FOCOM,2006.

[14]Mitzenmacher M,Richa A W,Sitaraman R. The Power of two random choices:A survey of techniques and results[J]. Handbook of Randomized Computing,2001,11:255-312.

[15]Yu J. Solution for virtual network embedding problem based on Simulated Annealing genetic algorithm[C]. International Conference on Consumer Electronics,Communications and Networks,2012.

[16]汪定伟,王俊伟,王洪峰,等. 智能优化方法[M]. 北京:高等教育出版社,2007.

[17]周明,孙树栋. 遗传算法原理及应用[M]. 北京:国防工业出版社,1999.

[18]余建军. 波长路由 WDM 光网络的路由和波长分配算法的设计和仿真[D]. 杭州:浙江工业大学,2005.

[19]Yip P C. The Role Of Regional Guidance in Optimization: The Guided Evolutionary Simulated Annealing Approach[D]. Case Western Reserve University,1993.

[20]Yu M,Yi Y,Rexford J,et al. Rethinking virtual network embedding:Substrate support for path splitting and migration[J]. Acm Sigcomm Computer Communication Review,2008,38(2):17-29.

[21]Lu J,Turner J. Efficient mapping of virtual networks onto a shared substrate[R/OL]. http://www.cs.washington.edu/.

[22]Jens L,Holger K. A virtual network mapping algorithm based on subgraph isomorphism detection[C]. 1st ACM Workshop on Virtualized Infrastructure Systems and Architectures,2009.

[23]Cheng X,Su S,Zhang Z,et al. Virtual network embedding through topology-aware node ranking[J]. ACM SIGCOMM Computer Communication Review,2011,41(2):38-47.

[24]Chowdhury M,Rahman M R,Boutaba R. ViNE yard:Virtual network embedding algorithms with coordinated node and link mapping[J]. IEEE/ACM Transactions on Networking,2012,20(1):206-219.

[25]Ricci R,Alfeld C,Lepreau J. A solver for the network testbed mapping problem[J]. Computer Communications Review,2003,33(2):65-81.

[26]姜明,王保进,吴春明. 网络虚拟化与虚拟网映射算法研究[J]. 电子学报,2011,39(6):1315-1320.

[27]齐宁,王保进,汪斌强. 均衡虚拟网构建算法研究[J]. 电子与信息学报,2011,33(6):1301-1306.

[28]王浩学,姜明,付吉. 基于负载均衡的逻辑承载网构建研究[J]. 通信学报,2012,33(9):38-43.

[29]余建军,吴春明. 基于负载均衡的虚拟网映射随机算法[J]. 计算机科学,2014,41(6):69-74.

[30]杨自厚,许宝栋,董颖. 多目标决策方法[M]. 沈阳:东北大学出版社,2006.

[31]黄炳强. 强化学习方法及其应用研究[D]. 上海:上海交通大学自

动化系,2007.

[32]李伟,何雪松,叶庆泰,等.基于先验知识的强化学习系统[J].上海交通大学学报,2004,38(8):1362-1365.

[33]Katoh N,Ibaraki T,Mine H. An efficient algorithm for K shortest simple paths[J]. Networks,1982,12(4):411-427.

[34]陶继平,席裕庚. 一种新的在线调度算法竞争比分析方法——基于实例转换的方法[J].系统科学与数学,2009,29(1):1381-1389.

[35]Borodin A,Ran E Y. Online Computation and Competitive Analysis[M]. New York: Cambridge University Press,1998.

[36]Even G,Medina M,Schaffrath G,et al. Competitive and deterministic embeddings of virtual networks[J]. Theoretical Computer Science, 2013,496:184-194.

[37]李小玲,郭长国,李小勇,等. 一种基于约束优化的虚拟网络映射方法[J].计算机研究与发展,2012,48(9):1601-1610.

[38]余建军,吴春明. 支持接入控制的虚拟网映射近似算法[J].电子与信息学报,2014,36(5): 1235-1241.

[39]Qing S,Liao J,Wang J,et al. Hybrid virtual network embedding with K-core decomposition and time-oriented priority[C]. IEEE ICC,2012.

[40]Hou Y,Zafer M,Lee K,et al. On the mapping between logical and physical topologies[C]. 1st International Conference on Communication Systems and Networks,2009.

[41]余建军,吴春明. 基于二分图K优完美匹配的虚拟网映射算法设计[J].电信科学,2014,30(2): 70-75.

[42]Chegireddy C R,Hamacher H W. Algorithms for finding K-best perfect matchings[J]. Discrete Applied Mathematics,1987,18(2):155-165.

[43]Lovász L,Plummer M D. Matching Theory[M]. North Holland: Elsevier Science Publishers,1985.

[44]王海英. 图论算法及其MATLAB实现[M]. 北京:北京航空航天大学出版社,2010.

[45]余建军,吴春明. 虚拟网映射竞争算法设计与分析[J].计算机科学,2015,42(2):33-38.

[46] Szeto W,Iraqi Y,Boutaba R. A multi-Commodity flow based approach to virtual network resource allocation[C]. IEEE Global Telecommu-

nications Conference,2003.

[47]Hu Q,Wang Y,Gao X. Resolve the virtuaI networking embedding problem:A column generation approach[C]. IEEE International Conference on Computer Communications,2013.

[48]李文,吴春明,陈健,等. 物理节点可重复映射的虚拟网映射算法[J]. 电子与信息学报,2011,33(4): 908-914.

[49]Nonde L,El-Gorashi T E H,Elmirghani J M H. Energy efficient virtual network embedding for cloud networks[J]. Journal of Lightwave Technology,2015,33(9):1828-1849.

[50]Botero J F,Hesselbach X,Duelli M,et al. Energy efficient virtual network embedding [J]. IEEE Communications Letters, 2012, 16 (5): 756-759.

[51] Zhao J Z, Subramaniam S, Brandt-Pearce M. Virtual topology mapping in elastic optical[C]. IEEE International Conference on Communications,2013.

[52]李铭夫,毕经平,李忠诚. 资源调度等待开销感知的虚拟机整合[J]. 软件学报,2014,25(7):1388-1402.

[53]余恕莲,吴革. 企业成本理论与方法研究[M]. 北京:中国社会科学出版社, 2010.

[54]Kusiak A,Finke G. Selection of process plans in automated manufacturing systems[J]. IEEE Journal of Robotics and Automation,1988,4(4):397-402.

[55]岑燕斌,韦煜,罗会亮. 快速判断一类实对称矩阵正定的极大极小元方法[J]. 北京交通大学学报,2011,35(6):140-143.

[56]Monteiro R D C,Adleriro I. Interior path following primal-dual algorithms. PartII:Convex quadratic programming[J]. Mathematical Programming,1989,44(1):43-66.

4 特殊的在线虚拟网映射问题及其求解算法

本章研究的是特殊的在线虚拟网映射问题,其特殊性体现在以下两个方面。一方面,不是直接以物理网络提供商长期收益最大化为目标,而是在优先考虑生存性、绿色节能、安全等目标的前提下,考虑映射成本最小、收益最大等其他目标;另一方面,针对的底层物理网络不是由单基础设施提供商提供的普通物理网络,而是由多基础设施提供商提供的物理网络、数据中心网络、无线网络、光网络、软件定义网络等特殊底层物理网络。

4.1 生存性虚拟网映射问题及其求解算法

4.1.1 概述

网络虚拟化被视为构建新一代互联网体系架构的重要技术,通过在由一个或多个基础设施提供商提供的底层物理网络上构建共存但相互隔离的虚拟网络,使得能在一个共享的底层物理网络上同时运行多个网络架构或网络应用。但多个虚拟网络共享相同底层物理资源,也带来了新的挑战,因为底层的物理网络可能会因为自然灾害、恶意攻击、计算资源节点或物理链路的故障等多种原因而失效,且即使是单个物理节点或物理链路的失效也会影响与之相关的众多的虚拟网络的正常服务。让虚拟网络具备一定的容灾容错能力是提高虚拟网络服务质量和可生存性的关键。网络的生存性是网络在故障发生后仍然可以使用的能力。

为增强虚拟网络提供服务的可靠性，目前主要通过研究生存性虚拟网映射问题来应对物理网络设备的失效问题[1,2]。生存性虚拟网映射问题是指要保证一定容错能力的虚拟网映射问题，即在完成基础虚拟网映射的同时，还为虚拟网络提供可用于应对失效情况的保障机制，使虚拟网络在受到物理故障的影响后，能快速恢复到正常工作的状态，继续为用户提供服务，从而最大限度地减少各方的经济损失。生存性虚拟网映射问题也称可靠虚拟网映射问题、容错虚拟网映射问题和抗毁虚拟网映射问题[1-4]。

物理网络资源的失效范围可分为三类，即物理节点失效[5,6]、物理链路失效[7-9]和物理网区域失效[10-13]。相应的生存性虚拟网映射问题也可分为三类，物理节点失效虚拟网映射问题是指在物理节点（意味着与该物理节点相连的所有物理链路失效）可能失效的情况下，如何进行可靠的虚拟网映射；物理链路失效虚拟网映射问题是指在物理链路可能失效的情况下，如何进行可靠的虚拟网映射；物理网区域失效虚拟网映射问题是指在多个物理网资源（本书指不属于物理链路失效和物理节点失效的其他失效类型）可能失效的情况下，如何进行可靠的虚拟网映射。虚拟网映射问题是生存性虚拟网映射问题的特例，故生存性虚拟网映射问题是 NP 难问题。

从是否预留备份资源的角度可将生存性虚拟网映射问题的解决方法分为两类，即重映射式[9,14-15]和冗余备份式[16-20]。对于重映射式，当物理网络设备失效时，将其承载的虚拟节点以及相关的虚拟链路进行重映射或虚拟网络迁移，从而保证虚拟网络可以继续为用户提供正常的服务，但由于对虚拟节点和与之相关的虚拟链路进行重映射会造成一定时间的服务中断，因此无法很好地满足用户服务需求。对于冗余备份式，在虚拟网映射阶段，提前为该虚拟网络提供备份的物理资源，若虚拟网络所在的物理网络设备失效，则迅速切换或迁移到备份的物理资源上，从而保证虚拟网络服务的延续性。根据冗余备份资源是否可以共享可将冗余备份式分为两类[5,12]，可共享[12]是指对 n 个已映射的资源预分配 $k(n > k)$ 个冗余资源，通过所构建的这种冗余资源池来实现冗余备份资源的共享，从而减少对物理资源的消耗，取得更好的容错效果和性价比。

物理链路失效和物理节点失效是最主要的底层物理网络故障[2]。为了应对物理链路失效，要尽量把不同虚拟链路映射到明显不同的物理路径，以尽量避免一条物理链路失效导致多条虚拟链路失效的情况的出现，另外还需要提供一定的虚拟链路备份迁移机制或重映射方法；虚拟链路备份可采用基于链路或路径的方法，基于链路的方法是指对每条原始链路预配置旁路，基于路径的方法是指对每条原始路径备份一条不相交路径。而物理节点失效必然导致其邻接物理链路失效，因此在恢复时既要处理受其影响的虚拟节点，也要处理受其影响的虚拟链路，故应对物理节点故障相对复杂。

下节将以物理节点失效为例，针对冗余备份式失效的解决方法，以映射成本最小为目标，对生存性虚拟网映射问题进行定义和描述[3-5,21]。

4.1.2 网络模型和问题定义

生存性虚拟网映射问题是指给定虚拟网络请求和底层物理网络，在保证一定容错能力的条件下，以最小映射成本为目标的虚拟网映射问题。本章假设底层物理网络的物理节点会以一定的概率失效，且虚拟网络构建具有可靠性需求，其中可靠性定义为即使物理节点失效，虚拟网络中全部虚拟节点也仍然正常运行的概率。生存性虚拟网映射需要解决两个问题：①如何保证虚拟网络的可靠性，即可靠虚拟网络的设计；②如何将可靠虚拟网映射到底层基础设施上。对于第一个问题，可通过在虚拟网络增加备份虚拟节点和备份虚拟链路，将基本虚拟网络增强至可靠虚拟网络来解决。对于第二个问题，相比基本虚拟网映射问题，可靠虚拟网映射还需要考虑资源的共享，其难点在于如何确定共享关系以最小化可靠映射成本。

4.1.2.1 物理网络和虚拟网络

将物理网络表示为无向图 $G^0=(N^0,E^0)$，其中 N^0 和 E^0 分别表示物理节点的集合和物理链路的集合。每个物理节点有 CPU 容量属性，第 i 个物理节点的 CPU 容量属性记为 $c(n_0^i)$；每条物理链路具有链路带宽属性，第 j 条物理链路的带宽记为 $b(e_0^j)$。

将第 j 个虚拟网络表示为无向图 $G^j=(N^j,E^j)$，其中 N^j 和 E^j 分别表示第 j 个虚拟网络的虚拟节点集合和虚拟链路集合。每个虚拟节点附带 CPU 容量属性，第 j 个虚拟网络的第 i 个虚拟节点的 CPU 容量需求记为 $c(n_j^i)$。每条虚拟链路具有链路带宽属性，第 j 个虚拟网络的第 i 条虚拟链路的带宽记为 $b(e_j^i)$。另外，虚拟网络 G^j 的可靠性要求用属性表示。

4.1.2.2 物理节点失效和备份虚拟组件

物理网络 $G^0=(N^0,E^0)$ 的任意物理节点都会以一定的概率失效。假设所有物理节点在任一时刻的失效概率都为 z_0，且不同物理节点的失效概率相互独立。物理节点失效会导致映射其上的虚拟节点失效，如同一虚拟网络的虚拟节点必须映射到不同物理节点，则意味着同一虚拟网络的虚拟节点的失效概率独立。

虚拟网络的可靠性是指在任一时刻,即使物理节点失效,所有虚拟节点也仍然正常运行的概率。由于只依靠原始或工作的虚拟节点(即 N^j 中的虚拟节点)一般无法满足虚拟网络请求所要求的可靠性,故需要增加备份虚拟节点和备份虚拟链路以增强可靠性。

4.1.2.3 备份虚拟节点

将第 j 个虚拟网络的备份虚拟节点集合记为 $N^{j,b}$ 。所有工作虚拟节点和备份虚拟节点都映射在不同的物理节点上,以保证其失效概率独立,当然工作虚拟节点和备份虚拟节点都可能失效。另外,所有的工作虚拟节点集中共享所有的备份虚拟节点以最小化备份虚拟节点数[3,12,13],即任何一个工作节点都可能切换至任何一个备份节点,则虚拟网络的可靠性就是 $|N^j|+|N^{j,b}|$ 个工作和备份虚拟节点同时失效的数目不超过 $|N^j|$ 个的概率。基于虚拟网络可靠性需求 r_j ,最少所需的备份节点数目可以通过二项式分布计算得到,即 $|N^{j,b}| = \arg\min_{x\in N}\{\sum_{i=0}^{x}\binom{x+|N^j|}{i}z_0^i(1-z_0)^{|N^j|+x-i}\geq r_j\}$ 。因为任一备份虚拟节点保护了所有的工作虚拟节点,所以 $N^{j,b}$ 中的备份虚拟节点的 CPU 容量都取工作虚拟节点的 CPU 容量最大值。

4.1.2.4 备份虚拟链路

除了增加备份虚拟节点外,还需要增加相应的备份虚拟链路集合 $E^{j,b}$,用于支持节点切换后的通信。

在单个节点失效场景中,当映射其上的工作虚拟节点 n_j^a 需要切换到备份虚拟节点 $n_{j,b}^c$ 上时,定义需要的备份虚拟链路集合为 $t_{j,b}(n_j^a,n_{j,b}^c) = \{(n_{j,b}^c,n_j^x) \mid n_j^x \in N^j,(n_j^a,n_j^x) \in E^j\}$,该集合中的备份虚拟链路用于保护与失效虚拟节点 n_j^a 相邻的工作虚拟链路。集合 $t_{j,b}(n_j^a,n_{j,b}^c)$ 中的备份虚拟链路的所需带宽等于相应保护的工作虚拟链路的带宽。在单个节点失效场景中,由于限定每个虚拟网络的虚拟节点必须映射到不同物理节点,这就意味着对某个虚拟网络只可能发生单虚拟节点失效(由相应物理节点失效引起),故 $E^{j,b} = t_{j,b}(n_j^1,n_{j,b}^1) \cup \cdots \cup t_{j,b}(n_j^{|N^j|},n_{j,b}^1) \cup \cdots \cup t_{j,b}(n_j^1,n_{j,b}^{|N^{j,b}|}) \cup \cdots U_{t_{j,b}}(n_j^{|N^j|},n_{j,b}^{|N^{j,b}|})$ 。

在多个节点失效场景中,失效工作虚拟节点之间可能存在工作虚拟链路,故除了采用上述(单个节点失效场景)方法构建备份虚拟链路集合外,还需要增加用于保护失效工作虚拟节点之间的工作虚拟链路的备份虚拟链路集,这两个集合的并构成 $E^{j,b}$ 。后者构成的具体方法是,所有的备份虚拟节点对之间都需要增加一条备份虚拟链路，其带宽为所有工作虚拟链路所需带宽的最大值。

4.1.2.5　生存性虚拟网映射和映射代价

在完成第 j 个虚拟网络的备份虚拟节点集合和备份虚拟链路的构建后，基于备份虚拟节点集合 $N^{j,b}$、备份虚拟链路集合 $E^{j,b}$ 和虚拟网 $G^j = (N^j, E^j)$ 构建一个增强型虚拟网络 $G^{j,e} = (N^{j,e}, E^{j,e})$，其中 $N^{j,e} = N^j \cup N^{j,b}$，$E^{j,e} = E^j \cup E^{j,b}$。从而将第 j 个虚拟网络的生存性虚拟网映射问题转换成虚拟网络 $G^{j,e} = (N^{j,e}, E^{j,e})$ 的虚拟网映射问题，其目标是映射成本最小。需要强调的有两点，第一，在映射虚拟网络 $G^{j,e} = (N^{j,e}, E^{j,e})$ 时，不同虚拟节点必须映射到不同的物理节点上，否则一个物理节点失效会导致多个虚拟节点失效。第二，由于在映射虚拟网络 $G^{j,e} = (N^{j,e}, E^{j,e})$ 时，备份虚拟链路之间存在带宽共享的可能，这虽然使该问题比基本虚拟网映射中的链路映射更加复杂，但意味着可以减少映射成本。如 $t_{j,b}(n_j^d, n_{j,b}^c)$ 和 $t_{j,b}(n_j^h, n_{j,b}^c)$ 可能包含相同的备份虚拟链路，其区别只是带宽不同而已，但由于失效虚拟节点不可能切换到相同备份节点（即一个失效虚拟节点只能切换到一个备份虚拟节点，同样一个备份虚拟节点只能被一个失效虚拟节点所切换），故该相同备份虚拟链路不可能同时被使用，则在映射该备份虚拟链路时其带宽可共享。

将第 j 个虚拟网络 $G^j(N^j, E^j)$ 的映射代价定义为分配给第 j 个虚拟网络的增强型虚拟网络 $G^{j,e} = (N^{j,e}, E^{j,e})$ 的各物理网资源（CPU 容量和物理链路带宽）与其价格之积的累加和。

4.1.3　求解算法简述

下面针对底层物理网络的物理节点失效、物理链路失效和物理网区域失效等三类生存性虚拟网映射问题的求解算法分别进行简单描述。

4.1.3.1　针对底层物理网络的物理节点失效的生存性虚拟网映射问题的求解算法

文献[6]假设底层物理网络可能发生的故障是单节点失效（即在同一时刻最多只存在一个物理节点失效）。为了保证虚拟网络可以从单物理节点失效中完全恢复过来，在虚拟网络中增加了备份虚拟节点及相应的备份虚拟链路（用于保证虚拟节点切换后的通信）。具体是为每个工作虚拟节点增加一个相应的备份虚拟节点，且这些备份虚拟节点在底层共享备份计算资源。另外，虚拟链路的映射同时考虑了不同备份带宽之间的共享和因节点切换而不再使用的工作带宽的再利用。

文献[3]、文献[12]和文献[13]假设底层物理网络的每个物理节点都会以一定的概率失效，即底层物理网络可能发生的故障是多点失效(即在同一时刻可能有多个物理节点同时失效)。为保证虚拟网络所要求的可靠性，需要在虚拟网络增加备份虚拟节点和备份虚拟链路，将工作虚拟网络增强至可靠虚拟网络。在文献[12]中，针对以成本最小化为目标的可靠虚拟网映射问题，采用基于整数松弛的D-ViNE算法[22]求解。文献[13]基于启发式方法求解可靠虚拟网映射问题，但完全没有考虑备份带宽的共享。文献[3]提出的可靠虚拟网映射算法RVNM同时考虑备份带宽共享和工作带宽的再利用，有利于减少可靠映射成本。

文献[5]针对物理节点失效的生存性虚拟网映射问题，以降低成本和提高虚拟网弹性能力为目标。首先，通过只对关键的虚拟节点进行冗余备份的方法以降低成本；然后，通过确保提供备份虚拟节点的物理节点与原物理节点的异构性，提高虚拟网的弹性能力。

4.1.3.2 针对底层物理网络的物理链路失效的生存性虚拟网映射问题的求解算法

文献[7]假设底层物理网可能发生的故障为单物理链路失效，通过为每条链路寻找备份路段，并在物理链路失效后通过计算确定虚拟链路所切换的路段的方法来保证虚拟网络的生存性。文献[8]研究在底层单链路失效的情况下，如何保证虚拟网络连通性的容错映射问题。

文献[9]假设底层物理网络的故障为任意单链路失效，不同于传统的路径保护，虚拟链路的端点容许迁移，由此扩大了备份资源分配的优化空间，得到了总成本更低的备份映射。

4.1.3.3 针对底层物理网络的物理网区域失效的生存性虚拟网映射问题的求解算法

文献[23]假设任一单节点和任一单链路会同时失效，然后提出通过增加大量的备份虚拟节点和备份虚拟链路的方法来增强工作虚拟网络，以此来保证完全的恢复能力。

文献[10]假设底层区域概率失效，然后以最小化可能的故障损失为目标，开展相应虚拟网映射问题研究。

文献[11]假设底层物理网失效为任意单区域(区域内所有物理节点及相邻物理链路)失效。通过为每个失效区域场景单独计算一个虚拟网映射，保证针对该失效区域的生存性，同时对多个映射所需的资源进行共享，以降低成本。

4.2 节能虚拟网映射问题及其求解算法

4.2.1 概述

通信产业是高科技行业，也是高能耗行业。为了满足不断增加的网络用户需求，人们不断扩展网络的规模，网络中的核心设备及冷却系统也在成倍增加，由此带来了巨大的能耗。传统互联网为高峰负荷而设计，为了解决拥塞问题和保障服务质量，没有充分考虑能耗问题，这种超量供给的方式保证了网络的正常运行，但也导致了资源利用率的低下。传统互联网中几乎所有网络设备的资源供应都是由峰值流量决定的，绝大多数设备都在全天全速工作，而据统计，网络设备的最高带宽的工作时间不到总运行时间的5%[24]，这种超额的资源供给造成网络系统高能耗和低效率的问题，而随着网络规模的不断扩张，这个问题日益凸显。过低的利用率在造成能源浪费的同时，也增大了网络运营商的运营成本，据有关研究显示[25-27]，数据中心的能耗开销已经占数据中心总开销的12%～20%，占运营开销的40%～50%。互联网骨干网的能耗开销也已经成为网络运营商总开销的重要组成部分，随着电力成本的不断上涨，网络运营商对能耗管理的关注度越来越高，构建既能保障用户服务质量，又能节约能耗的网络体系结构的研究已经成为热点。

针对目前通信产业在能源上高消耗和低效率的现状，社会各界对通信产业的低碳节能越来越关注。各个国家和组织对通信产业低碳节能技术的研究提供了大力的支持，并做了大量工作。如各大计算服务提供商于2007年共同建立绿色网格联盟，专注于对服务器的节能研究；谷歌成立能源部门，对数据中心的各种节能技术进行研究；我国于2013年成立了中国绿色数据中心推进联盟，主要关注对数据中心领域的节能工作。

初始设计互联网的系统结构时，以超额资源供给和冗余设计为原则，有悖于低碳节能。由于因特网架构中不能直接支持QoS，因此只有超额的资源提供才能承载网络的峰值负载；而提供冗余的链路和节点是为了应对突发的故障及失效等情况，从而提高网络的可靠性。随着网络规模的不断扩大，能源使用过度的问题愈加严重，大型ISP骨干网的平均链路利用率大约为30%～40%[28]，数据中心服务器的平均利用率为11%～50%[29,30]。因此，如何减少网络能源消耗以达到绿色节能的目标，已成为当前的网络研究中亟待解决的问题。

网络虚拟化是用来解决互联网“僵化”问题的新型网络架构，它不仅使得多样化网络技术或协议的部署变得简易，而且使得能量感知地部署网络成为可能，为互联网的高能耗和低效率问题的解决找到了出口。用网络虚拟化技术解决当前互联网中的高能耗和低效率问题，主要需要解决的问题是节能虚拟网映射问题，也称绿色虚拟网映射问题，即以节能为优化目标的虚拟网映射问题[31-51]。虚拟网映射问题可图灵规约到节能虚拟网映射问题，显然节能虚拟网映射问题是 NP 难问题。

下面给出物理节点不支持重复映射且物理网络不支持路径分割的情况下，节能虚拟网映射问题的相关模型和映射问题的定义。

4.2.2 网络模型和问题定义

4.2.2.1 物理网络和虚拟网络

将物理网络表示为无向图 $G^0=(N^0,E^0)$，其中 N^0 和 E^0 分别表示物理节点的集合和物理链路的集合。每个物理节点具有 CPU 容量属性，第 i 个物理节点的 CPU 容量记为 $c(n_0^i)$；每条物理链路具有链路带宽属性，第 j 条物理链路的带宽记为 $b(e_0^j)$ 。

第 j 个虚拟网络表示为无向图 $G^j=(N^j,E^j)$，其中 N^j 和 E^j 分别表示第 j 个 虚拟网络的虚拟节点集合和虚拟链路集合。每个虚拟节点附带 CPU 容量属性，第 j 个虚拟网络的第 i 个虚拟节点的 CPU 容量需求记为 $c(n_j^i)$。每条虚拟链路具有链路带宽属性，第 j 个虚拟网络的第 i 条虚拟链路的带宽记为 $b(e_j^i)$。另外，T_j^s 和 T_j^f 属性表示第 j 个虚拟网络的开始时间和结束时间，即该虚拟网络生存周期为 $[T_j^s,T_j^f]$。

4.2.2.2 虚拟网映射

虚拟网映射是指把虚拟网络 $G^j(N^j,E^j)$ 映射到物理网络 $G^0(N^0,E^0)$ 的一个子图上(严格地说是物理网络剩余网络 G_{res}^0 的一个子图上)，同时需满足每个虚拟节点只能映射到一个物理节点、每个物理节点最多只能被一个虚拟节点所映射、每条虚拟链路只能映射到物理网络的一条无圈的物理路径等约束条件。另外，在虚拟网映射时，还必须满足由 $c(n_j^i)$、$b(e_j^i)$ 给出的其他约束条件。

4.2.2.3 物理网络能耗模型

物理网络的能耗[31,32,37,49,50]主要包括物理节点能耗和物理链路能耗两个部分。

物理节点主要是服务器,其能耗主要由处理器、内存、磁盘 I/O 以及用于冷却的风扇所产生。其中,处理器和内存占节点能耗的大部分。本节中抽象物理节点的属性为处理器的属性,物理节点的能耗与该物理节点承载的虚拟节点总和成比例关系。定义第 i 个物理节点能耗为 $P(n_0^i) = \begin{cases} P_b(n_0^i) + P_l(n_0^i) \times \mu, & \text{第 } i \text{ 个物理节点被激活,} \\ 0, & \text{第 } i \text{ 个物理节点未被激活。} \end{cases}$ 其中,$P_b(n_0^i)$ 为第 i 个物理节点的基本能耗,$P_m(n_0^i)$ 为第 i 个物理节点的最大能耗,$P_l(n_0^i) = P_m(n_0^i) - P_b(n_0^i)$,$\mu$ 为物理节点利用率。

由于当前网络设备对流量负荷的功耗不敏感[38],通常认为专有的减负引擎将被广泛地部署在网络虚拟化中[44-46],因为这种引擎既能够保持高的数据包处理率,又能够产生低的处理延时,无论接口是否空闲或者满负荷运行,物理链路的能耗都为常量[45,47]。所以,定义第 j 条物理链路能耗为 $P(e)_0^j = \begin{cases} P_n(e_0^j), & \text{第 } j \text{ 条物理链路被激活,} \\ 0, & \text{第 } j \text{ 条物理链路未被激活。} \end{cases}$

4.2.2.4 虚拟网映射目标

最小化能耗是节能虚拟网映射问题的主要优化目标,可形式化表示为 $\min\left(\sum_{i\in[1,|N^0|]} P(n_0^i) + \sum_{j\in[1,|E^0|]} P(e_0^j)\right)$。但如单一的以节能为目标而不考虑物理网络资源的成本,可能会因考虑节能而损害物理网络提供商利益。另外,文献[51]给出最小化能耗目标的一个变种即最小化电费,即基于电价的最小化能耗成本。

4.2.3 求解算法简述

在不影响虚拟网映射性能的情况下,尽可能多地关闭或休眠物理节点和物理链路是节能的有效方法之一,即节能虚拟网映射算法一般都尽可能地把虚拟网映射到活动的物理节点和物理链路上,以达到系统节能的目标。下面依据节能虚拟网映射问题的优化目标是单一的还是多目标的,分别对节能虚拟网映射问题的求解算法进行简单描述。

4.2.3.1 以能耗最小化为目标的节能虚拟网映射问题的求解算法

文献[31]以最大化关闭物理节点数和物理链路数为优化目标,提出了基于粒子群优化的绿色虚拟网映射算法,该算法重定义了粒子群优化算法中的参数和粒子进化行为,并以关闭物理节点和物理链路数量为适应度函数。

文献[32]提出以能耗最小化为优化目标的自适应的协同进化粒子群算法。该算法以能耗为适应度函数，首先，为节能虚拟网映射问题设置了聚合度，该聚合度被用于自适应地选择粒子的搜索方式，即在随机搜索、种内搜索或种外搜索之间自适应地选择；其次，根据粒子群的进化结果，自适应地确定是否终止对子群的搜索。

4.2.3.2 多目标的节能虚拟网映射问题的求解算法

多目标的节能虚拟网映射问题指虚拟网映射时既要考虑能耗最小化目标，也要考虑降低映射成本等其他目标，以更好地符合物理网络提供商的利益。

文献[36]从能耗最小化和资源使用最小化两个角度对虚拟网映射问题建立了整数线性规划模型，并分别以其一为主要目标，另一个为次要目标进行了分析。

文献[37]提出节能虚拟网络映射的多目标决策模型，该模型的优化目标综合考虑了收益成本比最大化和能耗最小化两个因素。由于该模型是混合整数规划模型，求解时间复杂度高，为此该文献通过分析虚拟网映射动态特征，构造了虚拟网映射字典库，进而提出物理网络资源利用率的训练方法以及主动休眠物理网络节点和链路的算法，从而把虚拟网映射在一个较小的物理节点和物理链路集合中，提高了休眠物理节点和物理链路数量，实现高效节能的虚拟网络映射。

文献[48]从节能、负载均衡等多个目标设计虚拟网映射模型，并针对云计算网络中的物理节点或物理链路故障问题，提出了一个节能、容错的虚拟网映射算法。

根据NP难问题的算法设计方法，节能虚拟网映射算法又可分为精确算法、贪婪算法和元启发式算法。

4.2.3.3 求解节能虚拟网映射问题的精确算法

文献[36]和文献[42]使用线性规划方法建立了节能虚拟网映射问题的数学模型，并分别采用CPLEX工具和GLPK工具中的glpsol解决方案对节能的虚拟网映射问题进行了精确求解。

文献[39]和文献[40]为节能虚拟网映射问题建立了混合整数规划模型，并使用ALEVIN软件的GLPK工具对模型进行了精确求解。

文献[52]为节能虚拟网映射问题建立了整数线性规划模型，并使用CPLEX工具对该模型进行了精确求解。

4.2.3.4 求解节能虚拟网映射问题的贪婪算法

文献[49]设计了虚拟节点和虚拟链路交替映射的求解节能虚拟网映射问题的一阶段算法，该算法使用贪婪的方式选择映射对象。

文献[50]基于贪婪算法设计思想，设计了求解节能虚拟网映射问题的虚拟节点和虚拟链路映射交替进行的启发式算法。

文献[51]设计了先完成所有虚拟节点映射，然后对所有虚拟链路进行映射的求解节能虚拟网映射问题的两阶段映射算法。

4.2.3.5 求解节能虚拟网映射问题的元启发式算法

文献[43]针对能耗感知的虚拟网映射问题，基于蚁群算法设计了求解该问题的优化算法。文献[53]针对节能虚拟网映射这个具有离散解空间的问题，设计了基于粒子群的优化算法。文献[54]针对以节能和资源代价最小化为目标的节能虚拟网映射问题，设计了基于人工免疫的优化算法。

4.3 安全虚拟网映射问题及其求解算法

4.3.1 概述

网络虚拟化在传统的网络架构上引入了虚拟化层，通过允许在共享的底层物理网络上共存多个异构的虚拟网络，大大提高了网络的灵活性，但同时也带来了新的安全风险[55]。具体来说，网络虚拟化环境中的安全问题包括物理主机节点攻击虚拟主机节点、虚拟主机节点攻击物理主机节点和虚拟主机节点之间相互攻击等问题[56]。

4.3.1.1 物理主机节点攻击虚拟主机节点

底层物理网络的物理主机节点负责虚拟网络的虚拟主机节点的管理，并在服务等级协定(Service Level Agreement，SLA)下为其提供资源，虚拟主机节点上运行的服务和应用最终通过物理主机节点的软硬件实现。因此，当物理主机节点遭受攻击并被恶意用户控制时，其可以通过虚拟主机节点管理平台修改虚拟主机节点的信息(如网络协议)、发动嗅探攻击(sniffing attack)、窃听、拦截虚拟网络上的数据分组，且虚拟主机节点因完全由物理主机节点管理，无法进行防御。

4.3.1.2 虚拟主机节点攻击物理主机节点

恶意虚拟主机节点通过利用物理主机节点的漏洞，逃脱虚拟化过程中的约束，进而攻击物理主机节点并获取其控制权限。此时，虚拟主机节点可发动 DoS(Denial of Service)攻击，以洪泛的方式不断向物理主机节点注入大量的错误信息和冗余信息，占据物理主机上剩余的可用资源，导致物理网络因资源匮乏而拒绝其他虚拟网络服务请求。

4.3.1.3 虚拟主机节点之间相互攻击

在网络虚拟化环境中，不同虚拟网络之间逻辑上相互隔离，但由于虚拟网络上的虚拟主机节点共享相同的底层硬件资源，恶意虚拟主机节点可通过发动跨虚拟机的旁路攻击(side channel attack)来窃取同一物理主机上其他虚拟机的信息。

目前网络虚拟化中存在的安全风险并没有引起足够的重视，仅有少部分研究者关注该领域[57－62]。为了使虚拟网络免受潜在的网络攻击，确保信息的安全，用户在虚拟网络资源分配过程中往往有特定的安全需求，即需要将虚拟网络映射在具有一定安全级别的物理网络资源上。例如，某虚拟网络中的虚拟节点需要映射到具有一定数据加密级别和防火墙级别的物理节点上，如将虚拟节点映射到不符合安全级别要求的物理节点上，则可能当物理节点受到攻击时，虚拟节点也会受到影响，进而可能导致虚拟网络服务的中断。本节将具有特定安全需求的虚拟网映射问题称为安全虚拟网映射问题，虚拟网映射问题是安全虚拟网映射问题的特例，故安全虚拟网映射问题是 NP 难问题。安全需求模型可基于安全等级[58]、信任度等级[57]等多种角度进行建立，但从抽象的角度看并无本质区别。安全虚拟网映射问题与一般虚拟网映射问题的区别是，有安全需求的虚拟节点只能映射到符合安全等级的物理节点上，同样映射到有安全需求的物理节点上的虚拟节点必须符合相应的安全等级，虚拟链路和物理链路的映射同样有类似约束。

下面基于信任度等级[57]建立安全需求模型(与文献[57]不同的是，除了考虑虚拟节点和物理节点的安全需求外，还考虑了虚拟链路的安全需求)，给出物理节点不支持重复映射且物理网络不支持路径分割情况下的，以物理网络提供商收益最大化为目标的安全虚拟网映射问题的模型和映射问题的定义。

4.3.2 网络模型和问题定义

4.3.2.1 基于信任度的安全需求模型

源于社会科学中的信任概念，可用于解决在大规模网络环境下，跨组织之间发生交互、共享与协作时，实体之间信任关系的建立问题[63]。在网络虚拟化环境中，信任可定义为在某时刻网络资源实体（如虚拟节点或物理节点）可以可靠、安全、可信赖地提供其所宣称服务的一种信念[64]，信任度是指网络资源实体之间的信任程度。网络资源实体的信任具有主观性、非对称性和传递性等特点。信任度的评估是一个复杂的过程，它主要基于网络资源实体的直接信任度、推荐信任度、信任的衰减因素等，通过信任度的估算算法得到。

本节将节点间的信任关系抽象为节点的信任度需求和信任度等级，并将链路的信任关系也抽象为链路的信任度需求和信任度等级，进而建立安全需求模型。一个节点或链路的信任度等级越高，表示网络中其他节点或链路对其更加信任，其安全性也越高。首先，虚拟网络的虚拟节点和物理网络的物理节点都增加信任度等级和信任度需求两个属性，同时虚拟网络的虚拟链路和物理网络的物理链路分别增加信任度需求和信任度等级属性。其次，对于虚拟节点，信任度需求表示其对物理节点和共存于同一物理节点上的其他虚拟节点的可信度要求，信任度需求越高，表示虚拟节点对周围环境的安全性要求越高；对于物理节点，信任度需求表示其对承载的虚拟节点的可信度要求，信任度需求越高，表示其对承载的虚拟节点的安全性要求越高；对于虚拟链路，信任度需求表示其对物理路径的可信度要求，物理路径的信任度等级取物理路径所包含物理链路的信任度等级的最小值。

在安全虚拟网映射时，要以信任度为依据，通过将虚拟节点和虚拟链路映射到信任度高的底层物理网资源上，来满足虚拟网络请求的可信需求即安全性需求。另外，虚拟网络资源的分配和调度也要围绕资源的信任关系展开。针对文献[56]提出的三种安全问题，在虚拟网映射过程中需考虑如下三种约束：虚拟节点需映射至其信任的物理节点上；物理节点只承载其信任的虚拟节点；只有相互信任的虚拟节点才能映射在同一物理节点上。

4.3.2.2 物理网络和虚拟网络

将物理网络表示为无向图 $G^0=(N^0,E^0)$，其中 N^0 和 E^0 分别表示物理节点的集合和物理链路的集合。每个物理节点具有CPU容量、信任度需求和信任度等级等三个属性，第 i 个物理节点的 CPU 容量、信任度需求和信任度等级等三个属性分别记为 $c(n_0^i)$、$\mathrm{trd}(n_0^i)$ 和 $\mathrm{trl}(n_0^i)$；每条物理链路具有链路带宽和信任度等级等两个属性，第 j 条物理链路的带宽和信任度等级分别记为 $b(e_0^j)$ 和 $\mathrm{trl}(e_0^j)$ 。

将第 j 个虚拟网络表示为无向图 $G^j=(N^j,E^j)$，其中 N^j 和 E^j 分别表示

第 j 个虚拟网络的虚拟节点集合和虚拟链路集合。每个虚拟节点附带 CPU 容量、信任度需求和信任度等级等三个属性，第 j 个虚拟网络的第 i 个虚拟节点的 CPU 容量需求、信任度需求和信任度等级等三个属性分别记为 $c(n_j^i)$、$\mathrm{trd}(n_j^i)$ 和 $\mathrm{trl}(n_j^i)$；每条虚拟链路具有链路带宽和信任度需求两个属性，第 j 个虚拟网络的第 i 条虚拟链路的带宽和信任度需求属性记为 $b(e_j^i)$ 和 $\mathrm{trd}(e_j^i)$。另外，T_j^s 和 T_j^f 属性表示第 j 个虚拟网络的开始时间和结束时间，即该虚拟网络的生存周期为$[T_j^s, T_j^f]$。

4.3.2.3 虚拟网映射

虚拟网络映射是指把虚拟网络 $G^j(N^j, E^j)$ 映射到物理网络 $G^0(N^0, E^0)$ 的一个子图上（严格地说是物理网络剩余网络 G_{res}^0 的一个子图上），同时需满足每个虚拟节点只能映射到一个物理节点、每个物理节点最多只能被一个虚拟节点所映射、每条虚拟链路只能映射到物理网络的一条无圈的物理路径等约束条件。另外，在虚拟网映射时，除要满足由 $c(n_j^i)$、$b(e_j^i)$ 给出的其他约束条件外，还必须满足以下基于信任度的安全映射约束条件：物理节点的信任度等级不能低于映射在其上的虚拟节点的信任度需求；虚拟节点的信任度等级不能低于其映射物理节点的信任度需求；虚拟节点的信任度需求不能高于映射在同一物理节点上的其他虚拟节点的信任度等级；虚拟链路的信任度需求小于所映射的物理路径的信任度等级。

4.3.2.4 虚拟网映射收益

与一般虚拟网映射问题不同，在完成第 j 个虚拟网络 G^j 的映射后，所获收益定义为

$$(T_j^f - T_j^s) \times \{ \sum_{i=1}^{|N^j|} [(\mathrm{trd}(n_j^i)+1) \times c(n_j^i)] + \sum_{i=1}^{|E^j|} [(b(e_j^i)+1) \times \mathrm{trd}(e_j^i)] \}$$

即物理网络提供商在完成第 j 个虚拟网络 G 的映射后所获单位时间收益 $\sum_{i=1}^{|N^j|} [(\mathrm{trd}(n_j^i)+1) \times c(n_j^i)] + \sum_{i=1}^{|E^j|} [(b(e_j^i)+1) \times \mathrm{trd}(e_j^i)]$ 是第 j 个虚拟网络的所有虚拟节点 CPU 容量和所有虚拟链路带宽的加权和，其中虚拟节点和虚拟链路的权重分别是其信任度需求，即虚拟网络的安全要求越高（信任度需求越高），物理网络提供商收益越高。

4.3.2.5 虚拟网映射成本

将第 j 个虚拟网络 $G^j(N^j, E^j)$ 的映射代价定义为分配给该虚拟网络的物理网络资源（CPU 容量和物理链路带宽）的加权和，其中物理节点和物理

链路的权重分别是其信任度等级，可形式化表示为

$$\min\sum_{i=1}^{|N^{t}|}\{c(n_j^i)\times[\mathrm{trl}(M^n(n_j^i))+1]\}+\sum_{i=1}^{|E^{t}|}[b(e_j^i)\times\mathrm{trl}(M^e(e_j^i))]$$

其中 $M^n(n_j^i)$ 表示虚拟节点 n_j^i 所映射的物理节点，$M^e(e_j^i)$ 表示虚拟链路 e_j^i 所映射的物理路径，$\mathrm{trl}(M^e(e_j^i))$ 指物理路径 $M^e(e_j^i)$ 中所有物理链路的信任度等级之和。

另外，虚拟网映射目标是在满足安全性的前提下，达到物理网络提供商收益最大化。

4.3.3 求解算法简述

网络虚拟化允许在共享的底层物理网络之上共存多个异构的虚拟网络，大大提高了网络的灵活性，但同时也带来了新的安全风险。目前仅有少部分研究者关注虚拟网络映射的安全问题。

文献[56]讨论了与虚拟网络相关的一些安全问题，包括给出物理主机节点攻击虚拟主机节点、虚拟主机节点攻击物理主机节点和虚拟主机节点之间相互攻击等三种攻击类型，并分析了三种攻击对虚拟网络映射提出的安全需求和虚拟网映射约束，但没有给出具体的求解算法。同时文献[56]仅分析了与虚拟节点相关的安全性问题，忽略了虚拟链路的安全威胁分析。

文献[57]将信任关系和信任度引入虚拟网络资源分配中，量化分析了网络虚拟化环境中的安全问题，构建了以虚拟网映射成本最小化为目标的安全虚拟网映射的数学模型，并在映射过程中考虑节点的局部和全局重要性，采用逼近理想排序法对节点进行多属性重要度排序，进而提出了一种信任感知的安全虚拟网映射算法。需要指出的是，文献[57]中的算法仅考虑虚拟节点和物理节点的安全需求，没有考虑虚拟链路的安全需求。

针对一般网络虚拟化技术中存在被攻击者利用的安全漏洞，文献[58]和文献[59]首先基于安全等级建立安全需求模型，定义了安全虚拟网映射问题。该定义中虚拟节点、物理节点和虚拟链路都有安全需求属性，虚拟节点、物理节点和物理链路都有安全等级属性。然后，建立了综合考虑资源需求约束、安全约束等约束条件的安全虚拟网映射问题的最优化数学规划模型。最后，设计了求解安全虚拟网映射问题的启发式算法。

4.4 跨域虚拟网映射问题及其求解算法

4.4.1 概述

在网络虚拟化环境中，基础设施提供商(InP)负责建设和管理底层物理网络资源并向服务提供商(SP)提供服务，而服务提供商负责向一个或多个基础设施提供商租用底层物理网络资源，以构建和运营虚拟网络并向用户提供网络服务。

服务提供商构建虚拟网络时，如仅使用一个基础设施提供商的底层物理网络资源，则对应的虚拟网映射问题称为单域虚拟网映射问题；如需要使用多个基础设施提供商的底层物理网络资源，则对应的虚拟网映射问题称为跨域虚拟网映射问题[65-84]。跨域虚拟网映射问题中，多个基础设施提供商提供的底层物理网络，可划分为若干个不同的自治域，每个自治域由单一的基础设施提供商负责管理。由于单域虚拟网映射问题是跨域虚拟网映射问题的特例，显然跨域虚拟网映射问题是NP难问题。

在很多现实应用中，底层物理网络资源由多个基础设施提供商提供的情况更为常见，当存在多个基础设施提供商时，由于不同基础设施提供商之间的物理网络常常具有异构性，且它们之间运行的协议、路由方式等都通常有差别，因此跨域虚拟网映射问题比单域虚拟网映射问题更加复杂。

单域虚拟网映射问题的求解算法设计前提是获悉单个基础设施提供商所提供底层物理网络的全部信息。但在跨域虚拟网映射问题的求解算法设计中，往往由于各基础设施提供商之间存在一定的利益冲突而使他们不愿意公开他们内部网络的详细信息，这样就不能简单地把单域虚拟网映射问题的求解算法用于跨域虚拟网映射问题的求解。

当前对跨域虚拟网映射问题的求解方法主要分为两类，即分布式方法和集中式方法[68,69]。分布式的跨域虚拟网映射方法通过SP与InP及InP与InP间的资源协商来实现，能够充分尊重SP和InP双方的意愿且有良好的可扩展性。但分布式方法在协商过程中会引起额外的网络传输代价，又由于缺乏对全局信息的掌握，故并不能得到跨域虚拟网映射问题的最优解。集中式的跨域虚拟网映射方法在SP和InP间引入虚拟网络提供商(Virtual Network Provider，VNP)，简化了SP与InP的供需匹配过程，并以最小化映射开销为目标为虚拟网提供跨域映射方案。集中式跨域虚拟网映射一般包含三个阶段:①资源匹配阶段,在收到SP发来的虚拟网络请求后,VNP将请求中对虚拟资源的映射约束与各InP公开的物理网络信息进行匹配,以得到每个虚拟资源的匹配集合;②虚拟网络划分阶段,VNP以最小化映射开销为目标,为每个虚拟资源从其匹配集合中选择最适合的映射目标,选择结果会将虚拟网络划分为多个虚拟子网,并确定映射每个虚拟子网的InP,至此跨域虚拟网映射问题已划归为多个单域虚拟网映射问题;③虚拟子网映射阶段,VNP将各虚拟子网请求转发给相应的InP,各InP可采用已有的单域虚拟网映射问题求解算法进行求解。求解跨域虚拟网映射问题的一个关键问题是虚拟网划分问题,Houidi等人[70]已经证明了该问题是NP难问题。下面从VNP的视角描述集中式跨域虚拟网映射问题的网络模型和映射问题,主要针对集中式跨域虚拟网映射问题的资源匹配和虚拟网络划分问题进行描述[68],因为虚拟子网映射问题等同于单域虚拟网映射问题,就不赘述。

4.4.2 网络模型和问题描述

VNP是跨域虚拟网映射的核心角色,其任务是根据虚拟网请求中的映射约束和各InP公开的物理网络信息,将虚拟网络划分为多个虚拟子网并指派给相应InP完成映射,故资源匹配和虚拟网络划分是VNP的工作重点。

4.4.2.1 虚拟网络

对VNP而言,它了解虚拟网络的全部信息。将第j个虚拟网络表示为无向图$G^j=(N^j,E^j)$,其中N^j和E^j分别表示第j个虚拟网络的虚拟节点集合和虚拟链路集合。每个虚拟节点附带CPU容量和虚拟节点位置两个属性,第j个虚拟网络的第i个虚拟节点的CPU容量需求和位置信息分别记为$c(n_j^i)$和$\mathrm{loc}(n_j^i)$。每条虚拟链路具有链路带宽属性,第j个虚拟网络的第i条虚拟链路的带宽记为$b(e_j^i)$。另外,第j个虚拟网络请求附带一个非负值D_j^v,表示第j个虚拟网络的虚拟节点与所映射的物理节点所在地之间的距离必须小于等于D_j^v,距离可以表示物理距离、延迟等。T_j^s和T_j^f属性表示第j个虚拟网络的开始时间和结束时间,即该虚拟网络的生存周期为$[T_j^s,T_j^f]$。

4.4.2.2 物理网络描述

各InP不可能公开其全部物理网络信息(网络拓扑及资源)给VNP。假设在网络虚拟化环境下,各InP会将其物理资源抽象为多种虚拟资源类型。

虚拟资源的属性用二元组(属性名,属性值)表示,所有属性取值都相同的虚拟资源被分为一类,例如,将有相同节点功能、操作系统、虚拟化环境及地理区域的虚拟节点资源视为同一类型的虚拟节点。各 InP 会向 VNP 公开其所在自治域(底层物理网络)可提供的虚拟资源类型及相应资源类型的价格信息。此外,VNP 还可以从互联网交换点[71]及 Peering 数据库[72]公开的信息中获取边界节点(用于连接各自治域的物理节点)间的拓扑信息(边界节点间链路信息,即边界物理链路信息)及连接开销信息。

VNP 掌握各 InP 虚拟资源类型的目的是用于资源匹配,VNP 对虚拟节点的匹配,通过在各 InP 中查找满足其映射约束的虚拟节点类型即可。因 VNP 不能掌握各 InP 的全部物理网络信息,VNP 无法完成对虚拟链路的有效匹配(在各 InP 内查找符合约束条件的物理路径)。故本节的资源匹配主要是对虚拟节点匹配,对虚拟链路的匹配是在生成虚拟网划分方案后,由各虚拟子网的指定的 InP 负责完成。故本节虚拟资源类型只包括虚拟节点类型,并不涉及虚拟链路类型。

k 个基础设施提供商提供的底层物理网络,即跨 k 域物理网络,可表示为三元组,即 $G^0=(\{G^{0i}(N^{0i})\mid i\in[1,k]\},N^{b0},E^{b0})$,其中 N^{b0} 和 E^{b0} 分别表示边界物理节点的集合和边界物理链路的集合,每个边界物理节点具有 CPU 容量等属性,每条边界物理链路具有链路带宽等属性;$G^{0i}(N^{0i})$ 表示第 i 个基础虚设施提供商提供的底层物理网络,N^{0i} 表示其虚拟节点类型集合,每个虚拟节点类型有类型名及单价等属性。

4.4.2.3　资源匹配的问题描述

资源匹配是指 VNP 根据虚拟网络请求中对虚拟节点的映射约束及物理网 G^0 中 $\{G^{0i}(N^{0i})\mid i\in[1,k]\}$ 描述的各 InP 的虚拟节点类型信息,通过一定的资源匹配算法得到每个虚拟节点的可映射范围,即可提供满足映射约束的虚拟节点类型的 InP 集合,该集合称为匹配集。

4.4.2.4　虚拟网络划分的问题描述

虚拟网络划分是指 VNP 以降低跨域虚拟网映射的开销为目标,根据资源匹配得到的匹配集、虚拟资源类型的价格信息以及边界节点和边界链路的相关信息,将虚拟网络请求划分为多个虚拟子网,形成虚拟网络的划分方案。

跨域虚拟网映射的开销由三部分组成,即节点映射开销、域间链路映射开销和域内链路映射开销。其中,域内链路映射开销依赖于 InP 内部具体的网络信息。由于在实际中,InP 不会完全公开其网络信息,且域内链路映射开销远小于域间链路映射开销[73]，故在计算跨域虚拟网映射开销时可以忽略域内链路开销，即将跨域虚拟网映射的开销近似于节点映射开销和域间链路映射开销之和。

当一个自治域中的虚拟节点与另一个自治域中的虚拟节点间需要建立虚拟链路时，选择不同的边界节点会产生不同的域间链路映射开销。因此，虚拟网络划分方案中不仅要为每个虚拟节点指明承担其映射的 InP，还要指明通过相应 InP 中的哪个边界节点完成域间连接。

4.4.3 求解算法简述

近几年已提出的跨域虚拟网映射算法可分为两类，即分布式算法和集中式算法。其实从算法设计的思路上区分，跨域虚拟网映射算法主要可分为两类，即基于策略的方法和基于机制设计的方法[68]。基于策略的方法是通过启发式的思想找到一个满足虚拟网络约束的映射方案，通过在不同的阶段采用不同的策略来求解跨域虚拟网映射问题。基于机制设计的方法则是从微观经济学中的经济模型的角度出发，针对不同的 InP 为了最大化自身利益而导致全局利益最大化受到影响的可能，提出一套合理的机制来保证所有的 InP 能保持公平竞争的态度，以全局利益最大化为出发点，保证最终得到的方案是全局最优的。集中式跨域虚拟网映射算法主要采用基于策略的方法。

4.4.3.1 分布式跨域虚拟网映射算法

文献[66]首次提出了一种基于策略的分布式跨域虚拟网映射算法。首先根据虚拟网络中虚拟节点对地理位置的约束，将虚拟网络分解到 k 个不同的物理网络(自治域)中；其次，设计了一种满足不同物理网络(自治域)相互交互的协议；最后，完成每个物理网络(自治域)中子虚拟网络的映射。当然，该方法只考虑了如何将虚拟网络映射到物理网络(自治域)中去，尚未考虑映射的代价以及映射方案的好坏。

文献[67]基于机制设计方法设计了分布式跨域虚拟网映射算法。针对 InP 追求自身利益最大化而导致全局利益最大化受到影响的问题，在假设每个 InP 只能控制一条物理链路的前提下，提出了一种基于 VCG(Vickrey Clarke Groves)竞价拍卖制[85]的虚拟网络映射方法。通过 VCG 竞价拍卖不仅能够保证所有的 InP 的行为都是诚实的，而且能够保证映射结果的代价最小。然而，该方法只是针对单个虚拟网络，没有考虑多个虚拟网络同时映射的场景，也没有考虑域间路径开销对选择路径的影响。

文献[74]基于策略的方法，针对跨域网络环境中的资源管理问题，提出了分布式资源管理算法。

文献[75]基于机制设计方法提出一种分布式跨域虚拟网映射算法。首先，采用位置感知的虚拟网络请求分发机制，将虚拟网络请求分发给各个自治域，各个自治域根据域内的网络资源状态预映射虚拟网络请求，并将不能映射的虚拟网络片段以递归的方式转发给其他的自治域；然后，所有的自治域采用分布式竞价方式协调完成整个虚拟网络映射操作。

文献[77]基于策略的方法，将虚拟网络请求分发给所有自治域，各个自治域根据自身的网络资源状态，分布式预映射虚拟网络请求片段；然后，虚拟网络供应商根据各个自治域返回的可映射片段以及相应的代价，使用多方计算(Multi-Party Computation，MPC)理论实现虚拟网络映射操作。

文献[81]基于机制设计方法，提出了一种根据竞价切分的分布式跨域虚拟网映射算法 V-Mart。该算法假设域间路径的代价为常量，基于拍卖机制，分两个阶段将一个虚拟网络切割成任意数目的虚拟子网络，并分别进行映射。由于切割子网络问题是 NP 难的 K-分割问题，故 V-Mart 算法采用两阶段启发式方法进行求解，即在第一轮拍卖中，由 InP 对虚拟节点和虚拟链路进行报价，并根据竞价获胜者切分虚拟网络；在第二轮拍卖中，V-Mart 算法判断加入或移出一个虚拟节点及其相关链路是否可增加收益，一次决定是否更改虚拟子网的划分。

文献[82]提出了分布式的分层管理体系和资源管理机制，设计了基于令牌传递的分布式域间承载网构建方法。

另外，文献[76]基于策略的方法提出一种分布式跨域虚拟网映射算法，该算法采用分布式多代理技术，根据自治域内的网络资源状态和最短路径距离参数，协调完成虚拟网络映射操作。但文献[76]中的分布式算法要求网络中的每个节点能够通过通信协议获取整个网络拓扑等信息。

4.4.3.2 集中式跨域虚拟网映射算法

资源匹配和虚拟网络划分是跨域虚拟网络映射中的两个关键阶段，针对资源匹配算法无法支持精确的数值属性匹配，也无法满足虚拟网络用户对表达多样化的映射约束的需求，且属于 NP 难的虚拟网络划分问题并缺乏高效的求解方法的现状，文献[69]基于策略的方法，以最小化虚拟网络映射开销为目标，分别提出了基于 OWL 及 SWRL 的资源匹配算法和基于遗传算法的虚拟网络划分算法。

文献[70]构建了跨域虚拟网映射问题的混合整数线性规划模型。首先,根据每个虚拟网络节点的位置、资源要求等约束条件,在各个自治域中查找满足每个虚拟节点约束的物理节点集合;然后,根据自治域的资源信息,基于 max-2-SAT 和 3-multiway cut 问题求解技术将虚拟网络请求分割为多个虚拟网络片段;最后,在各自治域中完成虚拟网络片段的映射。

文献[73]将各个自治域中的物理节点分为边界节点和内部节点。其中边界节点负责完成自治域间的连接,内部节点负责映射虚拟节点。并利用整数规划方法将虚拟网络拓扑划分为多个虚拟网络片段,然后在自治域中分别完成虚拟网络片段的映射。

文献[78]提出了一种分层线性规划模型,将虚拟网络拓扑划分为多个虚拟网络片段,然后在自治域内分别完成相应虚拟网络片段的映射。

文献[79]根据虚拟网络的服务质量需求,首先,通过 VNP 将虚拟网络映射请求分发给各个自治域,各个自治域根据域内的网络资源状态将可以在自治域中映射的节点、链路以及相应的代价返回给 VNP;然后,VNP 根据收集到的映射信息以及自治域间的物理链路资源状态,以最小代价为目标求解跨域虚拟网映射问题。

文献[80]基于最小代价的跨域虚拟网映射优化目标,对虚拟网络请求拓扑结构进行划分,然后将划分后的虚拟网络片段分发给相应的自治域,并在各个自治域中实施虚拟网络片段的映射操作。

文献[83]为了解决跨域逻辑承载网的映射问题,提出了一种以最小映射代价为目标的分层优化模型,并基于该模型采用原始分解和次梯度方法,设计了一个跨域逻辑承载网映射算法。

文献[84]提出一种集中式管理、分布式控制的分层分域虚拟网络资源管理架构。在此基础上,构建了一种有效的虚拟网络跨域映射框架,此框架涉及跨域的虚拟网络请求划分问题的求解,具体是以最小化虚拟网映射开销为目标,基于优化的人工蜂群算法进行最优划分方案的求解。

4.5 数据中心网络的虚拟网映射问题及其求解算法

4.5.1 概述

随着云计算技术的日益成熟,数据中心作为其核心基础设施也开始蓬勃发展。数据中心[86]主要用来存储大量的数据和承载大规模的服务应用，通常由计算机集群及相应的存储设备、网络设备、安全设备、应用软件、监控设备、电力系统以及制冷通风系统等组成。

数据中心的迅猛发展离不开广阔的市场应用前景，根据应用场景，数据中心大致可分为两大类[87]：①互联网服务。根据奥美发布的《2018 年全球数字趋势报告》，全球互联网用户数已经突破 40 亿大关，证实了全球有一半的人口“触网”，如此巨大的市场促使互联网服务快速发展。国外典型的互联网服务有 Google 的搜索服务、Facebook 的网络社交服务、Youtube 的视频服务等；国内典型的互联网服务有阿里巴巴的电商服务、百度的搜索服务、腾讯的网络社交服务等。为了快速响应海量用户大规模的互联网请求，这些互联网公司构建了大型数据中心对海量数据进行密集计算。②云计算/虚拟化服务。云计算[88]的本质是一种服务模型，通过这种模型可以随时、随地、按需地通过网络访问共享资源池的资源，这些资源包括计算资源、网络资源、存储资源等，这些资源能够被动态地分配和调整，在不同用户之间灵活地划分。云计算服务类型可划分为 IaaS(Infrastructure as a Service)、SaaS(Software as a Service)和 PaaS(Platform as a Service)三类。其中 IaaS 提供的是用户直接访问底层计算资源、存储资源和网络资源的服务，SaaS 将软件以服务的形式通过网络传递到客户端，PaaS 提供的是软件业务运行的环境。当前，亚马逊的 EC2(Amazon Elastic Compute Cloud)[89]平台是 IaaS 的代表，Salesforce 以及 Dropbox 等[90]是 SaaS 的代表，而 Google APF Engine 和 Microsoft Azure[91]则是 PaaS 的代表。云计算数据中心为了支撑 IaaS、SaaS、PaaS 等不同类型的云计算服务，将底层物理资源抽象成一个资源池，使得用户无需关心物理资源的地理位置和存在形式，形成更加灵活的的资源配置方式。

数据中心网络(Data Center Network，DCN)是应用于数据中心内的网络，其主要特征有：①拓扑结构。数据中心需要很高的性能以快速响应应用和服务需求，而数据中心的性能与数据中心网络拓扑息息相关。根据数据中心拓扑的可配置性，数据中心网络拓扑大致可分为固定拓扑和灵活拓扑两大类。所谓固定拓扑是指一旦网络部署完成，拓扑结构无法变更；而灵活拓扑则是即使网络已部署完成，也可以根据需求重新配置网络拓扑。②通信模式。传统互联网以 CS(Client-Server)模式的点对点通信为主，而数据中心网络既需要响应外部业务的请求，也需完成特殊的云计算任务，如 MapReduce 集群计算[92]、分布式文件系统[93]、大型排序系统[94]、高性能模拟计算等，使得数据中心的通信模式除了传统的一对一外，还存在广泛的多对一或多对多的特殊通信模式。③网络虚拟化。虚拟化技术是云计算数据中心网络必不可少的技术，虚拟化技术使得云计算数据中心将物理基础资源抽象成一个共享资源池，然后根据用户需求动态分配资源。

由于数据中心内的流量呈现出典型的交换数据集中、东西流量增多等特征，我们对数据中心网络提出了进一步的要求，即大规模、高扩展性、高健壮性、低配置开销、服务器间的高带宽、高效网络协议、灵活的拓扑和链路容量控制、绿色节能、服务间的流量隔离、高服务质量和低成本等。在这样的背景下，传统的三层架构受到挑战，网络扁平化、网络虚拟化以及可以编程和定义的网络成为数据中心网络架构的新趋势。

云计算数据中心采用虚拟化技术为庞大的物理资源进行虚拟化，并为用户提供灵活、弹性和自助的资源租赁服务。数据中心基础设施提供商负责物理网络建造、部署以及管理，物理网络一般包括大量支持虚拟化的可编程节点，如虚拟路由器、服务器等[95]。其虚拟资源管理层同时负责底层物理网络资源的感知、抽象与描述，以便于形成可以灵活出租和回收的虚拟资源池，更重要的是具有虚拟资源分配、调度和回收等功能。数据中心服务提供商通过分配的虚拟资源，根据运行业务的需求构建相互隔离的虚拟资源来为端用户提供服务。

云计算的实质是计算虚拟化、存储虚拟化、网络虚拟化的结合，随着计算虚拟化和存储虚拟化的日益成熟，网络虚拟化已成为阻碍云计算发展的重大瓶颈。例如，数据中心一般将计算资源虚拟化为大量的虚拟机租给用户，主要考虑的是计算和存储资源的配给，而没有考虑网络资源的分配和优化，或者即使考虑网络带宽资源的分配，也忽略了网络拓扑约束。这就造成用户在使用租用的计算和存储资源时，存在性能不稳定的问题[96-98]，因为虚拟机是通过网络连接起来的，网络资源工作不正常时（比如网络拥塞，或者由于虚拟机的连接关系导致的网络热点问题等），虚拟机的工作性能将会受到较大的影响。因此，只考虑虚拟机资源分配的传统资源分配方式在很大程度上影响了用户应用的性能[99]。

数据中心网络的网络虚拟化通过将网络连接组件与底层物理网络基础设施完全分离，以编程方式创建、调配和管理逻辑网络。利用网络虚拟化技术，可以摒弃底层物理转发设备的差异，增加网络配置部署的灵活性，为用户订制任意网络拓扑，从而用户不仅能租用云数据中心的虚拟机，而且也能同时指定连接这些虚拟机的网络带宽。当然，云数据中心有责任保证用户租用的虚拟机之间有可用带宽,进而保证用户应用的性能。同一般虚拟化技术类似,数据中心网络的虚拟网映射问题也是数据中心网络虚拟化的关键问题[100-115]。

4.5.2 网络模型和问题定义

4.5.2.1 数据中心网络

将数据中心网络表示为无向图 $G^s=(N^s,E^s)$,其中 N^s 和 E^s 分别表示物理节点(服务器节点)的集合和物理链路的集合。每个服务器节点具有计算资源(CPU 容量)、内存资源、硬盘资源和地理位置等属性,每条物理链路具有链路带宽等属性。

传统数据中心网络承载的主要是客户机/服务器模式的应用服务,一般采用二层或三层的树形结构,即核心层、接入层,或者是核心层、汇聚层、接入层。但是,传统的树形层次结构存在着多方面的局限性,如所有的服务器都位于同一个二层广播域中、汇聚和核心交换机是服务器之间通信的带宽瓶颈、易发生单点故障(如一个核心交换机出现问题,可能会影响到上千台服务器的正常工作)等局限。随着新型应用服务模式的发展,数据中心的网络体系结构也逐渐发生着演变,目前针对数据中心网络体系架构的研究多种多样,大体上可以划分为两大类[107],即以交换机为转发中心的体系架构[116,117]和以服务器为转发中心的体系架构[118,119]。数据中心网络拓扑的特殊性,就要求研究者据此来设计数据中心网络的虚拟网映射优化算法。

在一般虚拟网映射问题中,物理链路传播延迟也是一个常用指标。而对于一般数据中心网络的虚拟网映射问题来说,由于数据中心网络覆盖一个较小的地理区域,传播延迟在不同节点之间可以忽略。与一般虚拟网映射问题的物理网络相比较,数据中心网络具有大规模、高度可扩展性、多路径、低时延、服务器节点间的高带宽、灵活的拓扑、物理节点属性多等特征。在设计虚拟网映射算法时,这些数据中心网络特征都需要加以考虑。

4.5.2.2 虚拟网络

将虚拟网络表示为无向图 $G^v=(N^v,E^v)$,其中 N^v 和 E^v 分别表示虚拟网的虚拟节点(虚拟机节点)集合和虚拟链路集合。每个虚拟机节点有计算资源、内存资源、硬盘资源和地理位置等需求属性,每条虚拟链路具有带宽等需求属性。T^s 和 T^f 属性表示虚拟网络的开始时间和结束时间,即该虚拟网络的生存周期为$[T^s, T^f]$。

4.5.2.3 虚拟网络映射

虚拟网络映射是指把虚拟网络 $G^v=(N^v,E^v)$ 映射到数据中心网络 $G^s(N^s,E^s)$ 的一个子图上。即将虚拟网络的每个虚拟机节点映射到数据中心网络的一个服务器节点上，虚拟网络的每条虚拟链路映射到数据中心网络的物理路径上，同时必须满足虚拟机节点和虚拟链路映射的约束条件。

与一般虚拟网映射问题相比较，数据中心网络的虚拟网映射问题是一个更为复杂的多目标优化问题[100−115]，优化目标涉及可靠或容错、绿色节能、资源消耗少或映射成本低、服务质量高、安全、收益高、负载均衡等。

4.5.3 求解算法简述

近几年已提出的数据中心网络的虚拟网映射问题求解算法可分为动态虚拟网映射算法、可靠虚拟网映射算法、跨域虚拟网映射算法和一般虚拟网映射算法等。

4.5.3.1 动态虚拟网映射算法

文献[100]针对虚拟网络的资源请求数量甚至拓扑结构会随着时间的变化而发生变化的场景，提出了面向动态虚拟网络请求的数据中心网络的虚拟网映射算法。该算法以混合线性规划理论为基础，建立了以最小映射和迁移代价为优化目标的映射模型。该算法采用多队列存储不同类型的虚拟网络请求，然后在虚拟网映射时优先映射需要释放资源的请求以更有效地使用资源，从而降低了映射成本和迁移成本。

文献[101]针对数据中心网络资源动态变化易导致虚拟网络映射方案失效的问题，提出一种基于负载脱落的动态虚拟网映射方法。当数据中心网络发生改变时，该方法根据物理节点和物理链路的资源脱落因子判断需要脱落的虚拟节点和虚拟链路集合，并通过贪婪算法对脱落的虚拟节点和链路进行重配置；当数据中心网络发生动态变化时，该方法能快速地对失效的虚拟网映射方案进行调整，能够有效地提高资源利用率，以满足用户服务质量要求。

文献[103]针对动态的跨数据中心网络的虚拟网映射问题，提出一个动态跨域的虚拟网映射启发式的算法。该算法通过虚拟网络在数据中心网络的内部迁移和虚拟网络整合的方式，减少了总的映射成本。

文献[106]提出数据中心网络的一个带宽感知启发式虚拟网络分配算法。所提出的算法不仅考虑了虚拟机之间的带宽需求，而且关注了虚拟机和因特网之间的带宽需求。除此之外，考虑到用户对资源需求可能的动态性变化，该算法还引入弹性因子来提供冗余的备份资源，从而提高了虚拟网络应对用户请求动态变化的能力。最后通过搭建具有三层树状拓扑的数据中心网络的实验仿真平台，对算法的有效性进行了验证。

4.5.3.2 可靠虚拟网映射算法

文献[100]针对数据中心网络的物理节点和物理链路可能失效的情况，从容错角度出发，为虚拟网络增加冗余虚拟节点和虚拟链路，以最小化映射成本为目标建立整数线性规划模型；然后，设计了面向数据中心网络的物理节点与物理链路失效的可靠虚拟网映射算法。该算法通过评估虚拟节点的重要性来定位需要备份的节点和链路，然后建立附加备份资源的虚拟网络增广图并对其进行映射，从而使得用户的虚拟网络获得了较好的可靠性支持。

文献[103]提出保证可靠性的跨数据中心网络的虚拟网映射算法，该算法的目标是将虚拟网映射到底层分布式的多个数据中心网络，在达到虚拟网络可靠性要求的情况下，最小化虚拟网映射到骨干网链路的总带宽。

文献[109]提出了一个可靠性感知的数据中心网络的虚拟网映射算法，该算法以最大化数据中心网络提供商的总收益以及最小化由于硬件故障和服务不可用带来的总的代价为目标。

文献[110]提出了一个数据中心网络的可靠虚拟网映射算法，该算法通过使用备份的虚拟机和虚拟链路来保证虚拟网络的可靠性。

文献[111]提出了一个数据中心网络的虚拟网映射可靠算法，该算法以最小化总的带宽消耗为目标，同时通过迁移数据中心网络核的带宽瓶颈、将虚拟机放置在多个故障点等方法提高虚拟网络的容错能力。

4.5.3.3 跨域虚拟网映射算法

当虚拟网需要部署在分布在不同地理区域的多个数据中心网络时，就产生了数据中心网络的跨域映射的问题。文献[112]提出一个跨多数据中心网络的虚拟网映射框架，该框架以数据中心网络提供商收益最大化为目标，通过减少骨干网负载，降低了数据中心的操作成本。

文献[103]针对动态的跨数据中心网络的虚拟网映射问题，提出了一个动态跨域的虚拟网映射启发式的算法。

4.5.3.4 一般虚拟网映射算法

文献[100]针对数据中心网络的虚拟网络映射问题，以降低底层物理链路负载、加快映射效率、提高物理资源利用率为目标，将离散粒子群算法与虚拟节点映射规则相结合，提出了物理节点可复用、负载可控制的虚拟网映射算法。为了解决粒子群算法容易陷入局部最优解，无法达到全局最优而出现早熟收敛的问题，引入了交叉算子，设计了混合智能群算法，进一步提高了虚拟网映射的收益成本比。另外，文献[100]考虑到网络拓扑结构对虚拟网络映射成功率的影响，重新定义了节点的综合能力，提出一种基于拓扑感知的虚拟网映射算法。该算法提出的基于节点连通度和综合能力的拓扑感知度量方法，不仅能够反映出节点自身拥有的资源能力，同时还能反映出与它直连的节点拥有的资源能力，这样为虚拟网映射算法提供了更加精准的节点信息。同时，算法还引入了滑动窗口技术，在滑动窗口内，根据虚拟网络请求的收益对虚拟网络请求队列中的请求进行排序，这样收益大的可以优先映射，映射不成功的虚拟网络请求不直接放入等待队列，而是继续留在滑动窗口内，当达到最大映射次数时才被移出滑动窗口，放入等待队列。

文献[101]提出了一种基于虚拟网络拓扑结构的数据中心网络的虚拟网映射方法，该方法将映射过程分为虚拟节点映射和虚拟链路映射两个阶段。在虚拟节点映射阶段，综合考虑了虚拟节点所需的资源和虚拟节点映射的结果对虚拟链路映射的影响；虚拟链路映射则采用 K 最短路径算法。此外，针对云环境下的数据密集型服务，提出了一种基于最短路径图匹配的数据中心网络的虚拟网映射方法。该方法同时映射虚拟网络中的虚拟节点和虚拟链路，在保证其他性能指标的前提下，能够显著地减小映射的时间。另外，文献[101]针对已有数据中心网络的虚拟网映射算法易导致数据中心网络产生大量碎片资源的局限性，提出了一种基于多资源节点排序的虚拟网映射方法。该方法首先通过 Top-K 支配模型对虚拟网络和数据中心网络中的节点资源数量进行排序，在此基础上，将虚拟网映射过程分为虚拟节点映射和虚拟链路映射两个阶段。在虚拟节点映射阶段，基于节点映射树结构映射虚拟节点，它能够有效地避免虚拟节点映射和虚拟链路映射严格分离导致的物理路径跳数过大的问题；在虚拟链路映射阶段，则采用 K 最短路径算法映射虚拟链路。

文献[102]为满足不同客户或不同业务对服务质量的需求，设计了一种基于用户优先级的数据中心网络的虚拟网映射算法。该算法实现了虚拟节点与虚拟链路同步映射，并综合考虑虚拟节点/链路的资源限制、通信时延、负载均衡、系统稳定性、用户 QoS 等约束条件，以最大化数据中心网络资源剩余量为目标，实现了数据中心网络容纳更多的虚拟网络请求以及保证服务质量和优化资源配置的目的。

4.6 无线网络的虚拟网映射问题及其求解算法

4.6.1 概述

随着无线网络技术的日益成熟、智能终端的蓬勃发展以及多样化业务需求的大量涌现，无线网络发展面临着诸多挑战，例如用户接入带宽难以保证、丢包率较高、移动用户通信容易中断、网络僵化、多种无线网络技术兼容、不同的接入网络选取等。无线网络虚拟化技术为目前的无线网络提供了一种有效的管理方式[120,121]，可以实现对无线网络资源的统一管理和调度，以及实现多种无线网络的有效融合与共存，并在满足用户的不同业务需求的同时，降低整个网络的运营成本，提高网络管理效率[122,123]。

相比于有线网络环境，无线网络虚拟化更具挑战性，这主要表现在以下几个方面[124−126]。

4.6.1.1 保证虚拟网络隔离性的物理资源分配机制

网络虚拟化的一个原则是通过按需的、灵活的物理资源分配，共存于同一个物理网络之上的各个虚拟网络之间应当相互独立和互不影响。这个原则可以进一步扩展为下面两条规则[127]：第一条规则是一致性，即当一个虚拟网络中的发送设备在发送数据时，其对应的所有接收设备以及该虚拟网络定义的潜在干扰源都应同时工作在相应信道上；第二条规则是隔离性，即当一个虚拟网络中的节点在接收与其相关的报文时，其接收设备通信范围之内的其他任何虚拟网络的发送设备都不应造成同信道干扰或信道间干扰。

网络虚拟化的这种隔离性在有线网络中比较容易实现。然而在无线网络中，由于无线链路的广播特性，分属于不同虚拟网络的链路间可能需要竞争信道，或者可能产生干扰。因此，如何为无线网络设计灵活的物理资源分配机制以保证虚拟网络的隔离性是一个具有挑战性的问题。

4.6.1.2 链路不可靠情况下的虚拟网络服务质量保证

与有线网络相比，无线通信链路通常是不可靠的[128]。这是因为无线信号在传播过程中会产生多径效应并不断衰减，同时容易受到其他电磁信号的干扰，使得接收端在接收信号时出现误码或丢包的概率远高于同轴电缆或者光纤等有线传输介质。因此，如何在不可靠的物理链路之上构建能够提供有可靠性保证或传输时延保证的虚拟网络是一个具有挑战性的问题。

4.6.1.3 底层物理资源协同工作的协议设计

在网络虚拟化环境中，用户只需关心其所要求的端到端服务，而无须关心底层物理资源的细节。当单个物理节点或单条物理链路不足以满足用户需求时，就需要多个物理节点或多条物理链路协同为用户提供其所需的服务。为了向用户屏蔽底层物理资源的细节，需要设计相应协议使这些物理资源协同工作，并且对用户表现为统一的接口。但是在无线网络中，各物理节点之间以无线多跳的形式进行连接，物理节点间的消息传输相比于有线网络具有更大的传输时延，这为多个物理节点之间的协同带来了困难。此外，无线链路的容量相对较小，这就要求底层物理资源协同工作的协议必须是轻量级的，即协议开销应尽可能地小。因此，在无线网络中，底层资源协同工作的协议设计是另一个具有挑战性的问题。

无线网络的虚拟网映射问题是无线网络虚拟化技术的核心问题，通过构建虚拟网络，无线网络虚拟化技术对用户屏蔽了无线物理网络的细节，使用户能够按需获得服务。但目前针对无线网络的虚拟网映射问题的研究还相对较少，与有线网络相比，无线网络的物理链路受环境的影响较大，尤其是物理链路干扰较大，在目前频率资源紧张的大环境下，如何利用有限的资源去提供更多的服务，将是无线网络的虚拟网映射问题的一大课题。同时，无线网络的物理链路中充满着许多不确定性因素，这将会对虚拟网映射的质量产生很大的影响，同时也会影响到资源的利用情况，往往较强的抗干扰性能需要消耗更多的资源。

无线网络的虚拟网映射问题的研究主要集中在无线链路上，在频谱资源有限的情况下，怎样既能避免干扰，又能映射尽量多的虚拟网络？在无线网络的虚拟网映射中，常常使用资源复用的方式来减小干扰，提高无线资源的利用效率，主要手段是对无线物理资源进行正交化切割，例如频分复用FDM，时分复用 TDM，码分复用 CDM，空分复用 SDM，此外还有混合模式。无线网络包括很多类型，如无线 mesh 网络[129,130]、蜂窝网[131,132]、无线多跳网络[133]等。而同样的无线网络虚拟网映射算法在不同的网络类型下会有不同的表现，虚拟网映射算法也需要根据不同的无线网络类型的特性作出调整。

4.6.2 网络模型和问题定义

4.6.2.1 无线物理网络

将无线物理网络[134,135]表示为无向图 $G^0=(N^0,E^0)$，其中 N^0 和 E^0 分别表示物理节点的集合和物理链路的集合。每个无线物理节点具有最大发送功率和地理位置属性，第 i 个物理节点的最大发送功率和地理位置等两个属性分别记为 $p(n_0^i)$ 和 $\mathrm{loc}(n_0^i)$；每条物理链路具有链路带宽属性，第 j 条物理链路的带宽属性别记为 $b(e_0^j)$ 。

4.6.2.2 虚拟网络

将第 j 个虚拟网络表示为无向图 $G^j=(N^j,E^j)$[134]，其中 N^j 和 E^j 分别表示第 j 个虚拟网络的虚拟节点集合和虚拟链路集合。每个虚拟节点附带地理位置属性，第 j 个虚拟网络的第 i 个虚拟节点的地理位置属性记为 $\mathrm{loc}(n_j^i)$。每条虚拟链路具有传输速率属性，第 j 个虚拟网络的第 i 条虚拟链路的传输速率记为 $r(e_j^i)$。虚拟网络构建时，在物理链路 e_0^k 上为第 j 个虚拟网络的第 i 条虚拟链路分配的带宽 $b(e_j^i)$ 和端点功率 $p(n_j^a)$ 必须满足

$$b(e_j^i)\times lb\left(1+\frac{p(n_j^a)\times G(e_j^i)}{\sigma^2+\sum\limits_{n_0^g\in N^0\setminus(n_j^a\to n_0^g)}p(n_0^g)\times G(e_0^k)}\right)\geqslant r(e_j^i) \tag{4.1}$$

其中，$G(e_j^i)$ 表示所映射物理链路的信道增益，σ^2 表示信道中的高斯白噪声大小，$\sum\limits_{n_0^g\in N^0\setminus(n_j^a\to n_0^g)}p(n_0^g)\times G(e_0^k)$ 表示其他物理链路对映射物理链路产生的干扰。另外，第 j 个虚拟网络请求附带一个非负值 D_j^v，表示第 j 个虚拟网络的虚拟节点与所映射的物理节点所在地之间的距离必须小于等于 D_j^v。T_j^s 和 T_j^f 属性表示第 j 个虚拟网络的开始时间和结束时间，即该虚拟网络的生存周期为 $[T_j^s,T_j^f]$。

4.6.2.3 物理链路干扰模型

假设只考虑相邻物理链路之间的干扰，则对于第 i 条物理链路 e_o^i，定义其干扰系数为

$$d(e_o^i)=\gamma\times\frac{d_i+1}{\mathrm{res}(e_o^i)}$$

其中，d_i 为可能与其他相邻物理链路产生干扰的物理链路数，γ 为常数，物理链路干扰系数与 d_i 成正比，$\mathrm{res}(e_0^i)$ 是物理链路 e_o^i 的剩余带宽。

4.6.2.4 虚拟网映射

虚拟网映射是指把虚拟网络 $G^j=(N^j,E^j)$ 映射到无线物理网 $G^0=$

(N^0, E^0) 的一个子图上，即将虚拟网络的每个虚拟节点映射到无线物理网络的一个物理节点上，虚拟网络的每条虚拟链路映射到无线物理网络的多条物理路径上(将虚拟链路的速率请求分割成若干个速率大小相等的子虚拟链路请求，并映射到不同的物理路径上)。虚拟节点映射必须满足以下两个条件：①虚拟节点所映射的物理节点的可用功率资源必须大于等于分配给该虚拟节点的功率；②虚拟节点和所映射物理节点之间的距离不能超过 D_j^v 。虚拟链路映射要满足带宽约束、式(4.1)给出的约束等条件。

在无线 mesh 网络的虚拟网映射中，存在多个虚拟节点映射到同一物理节点、一个虚拟节点同时映射到多个物理节点、多个虚拟节点映射到多个物理节点等不同虚拟节点映射约束条件[124]。

另外，与一般虚拟网映射问题相比较，无线网络的虚拟网映射问题的优化目标涉及高收益、物理网负载均衡、最小映射代价、高可靠性等[120－135]。

4.6.3 求解算法简述

近几年已提出的无线网络的虚拟网映射问题求解算法可简单地分为不考虑无线网络类型的一般虚拟网映射算法和针对特定无线网络类型的虚拟网映射算法等[120－144]。

4.6.3.1 一般虚拟网映射算法

文献[126]对单节点和多节点无线网络的虚拟网映射问题进行研究。单节点映射问题复杂性较低，不用考虑节点问题，可以直接对无线链路进行虚拟化，该文献通过对频域和时域资源块的优化再分配，提高了无线物理资源的利用率。在多节点无线映射方面，该文献使用混合整数规划策略，提高了映射成功率和映射收益，同时降低了映射开销。

文献[127]在对无线网络的虚拟网进行映射时，采用空分复用、频分复用、时分复用、码分复用和混合复用等方法，保证同一无线物理网络上的多个虚拟网络之间互相不干扰。

文献[134]提出了带宽资源和功率资源联合分配的以资源代价最小为目标的无线网络的自适应虚拟网映射算法。该算法在建立资源映射联合优化的理论分析模型的基础上，构造了反映网络负载水平的映射成本函数和目标函数；并在设计算法时，综合考虑了无线物理网络负载均衡、物理链路之间干扰等因素；然后基于映射成本最小的原则对虚拟链路进行分割。

文献[136]提出一个无线虚拟网络的系统框架，其中，网络控制器负责资源分配，SP 根据用户的要求对网络资源进行投标。在该框架中网络控制器基于 VCG 拍卖机制,以纳什均衡报价为基础,为虚拟网映射问题建立斯坦伯格博弈模型,然后寻找其最优解。

文献[138]将无线资源抽象为时隙和正交频率乘积的矩形,然后提出了一种基于类似于卡诺图的无线虚拟网络的虚拟网映射算法。

针对无线网络链路可靠性差这一问题,文献[139]提出了一种基于链路可靠性的无线虚拟网的映射算法。该算法在虚拟节点映射阶段就为虚拟链路映射做了准备,并通过选择可靠性高的承载路径保证了映射后的虚拟网络具有高可靠性。同时,该算法通过物理网络拓扑预处理和允许同一个虚拟网络中的多个虚拟节点映射到同一个物理节点的策略,提高了虚拟网络构建成功率并节约了物理链路资源。此外,该算法还利用 Q 因子改善了拓扑分配稀疏时虚拟网络构建成功率低的问题。

文献[142]提出了一种基于市场均衡理论的无线虚拟网映射机制,该机制针对基于 OFDMA (Orthogonal Frequency Division Multiple Access)技术的无线网络,综合考虑了时变无线信道的质量以及无线网络中的各种利益需求。具体地说,是将无线虚拟网络中的虚拟资源看作商品,采用对数形式的效用函数来定义移动网络操作者(Mobile Network Operators,MNO)和无线服务提供者(Wireless Service Providers,WSP)的收益以及用户设备的利用率。该机制将 MNO 和 WSP 之间的资源分配问题定义为多目标优化问题,即在供应商层面最大化 MNO 的利润,在消费者层面最大化 WSP 的利润,MNO 和 WSP 之间通过资源共享来最大化各自的收益;然后在搜索虚拟资源市场的平衡价格的基础上,使用 Pareto 最优规划解决该多目标优化问题。

文献[143]为无线虚拟网最短路径映射提供了一种健壮的优化框架,在该框架中,移动用户的流量需求是未知的,为了防止未知性对虚拟网映射造成的负面影响,该框架在现有映射算法的基础上加入健壮性模块,用于处理未知性。

文献[144]提出了一种分布式的基于共识拍卖的无线虚拟网映射算法。基于共识的拍卖机制,允许物理节点对尚未完成映射的虚拟节点进行投标,且每个物理节点都可采用个性化的策略,能根据映射目标调整其映射方案。例如每个物理节点可以选择具有负载均衡功能的投标函数,或者调整那些会导致许多节点闲置的投标策略以期节能。同时,该机制能为虚拟网映射提供时间保证,确保映射算法能在较短时间内完成。

4.6.3.2 特定无线网络类型的虚拟网映射算法

文献[124]针对以无线 mesh 网络为 Internet 接入网的应用场景，提出构建满足用户端到端带宽需求的基于贪心算法和遗传算法的虚拟接入网映射算法。首先，针对在无线 mesh 网络中构建面向多播服务的虚拟网映射问题，该文献设计了基于机会主义重传的虚拟网映射算法，使得在物理无线链路不可靠的条件下，也能满足虚拟链路的传输可靠性要求；该算法还通过适当的链路调度，使每个多播虚拟网络的激活时间最小化，从而提高了物理网络资源的利用率。其次，该文献针对移动客户机在接入无线 mesh 网络时，由于接入点发生切换而导致网络连接中断的问题，提出了网络主导型关联机制以实现移动客户机在无线 mesh 网络覆盖范围的无缝漫游。在这种机制下，整个无线 mesh 网络被虚拟为一个逻辑的接入点，客户机只与这个虚拟的接入点相关联而无须进行切换。网络主导型关联机制能够自适应地在客户机通信范围内的多个物理接入点中选择最佳的接入点，为其提供报文转发服务，从而提高了网络吞吐率，降低了端到端传输时延和丢包率。最后，针对智能配电网的通信需求，设计了结合无线 mesh 网络和电力线通信网的混合式通信框架，并为不同类型的业务分别建立不同类型的虚拟网络。虚拟网映射算法根据需求将虚拟网络映射到异构的物理网络上，对支持实时业务的虚拟网络通过增加传输分集来保证可靠性，对支持尽力而为型业务的虚拟网络以吞吐率最大化为映射优化目标。

文献[126]针对无线 mesh 网络，提出将虚拟网构建过程分为两个阶段，先在物理层内对频道的部署进行优化，然后再进行虚拟网映射。仿真结果表明，加入了频道部署优化的方案较未加入频道部署优化的方案，在虚拟网络构建请求接受率和无线物理网络提供商所获收益方面拥有更好的性能，但需要耗费更多的执行时间并承受更大的开销。

文献[133]和文献[137]针对无线多跳网络，结合有线网络环境下的虚拟网映射算法，设计了无线网络的虚拟网映射算法，并分析了无线链路之间的干扰对映射性能的影响。

文献[140]基于大规模的 802.11 mesh 试验床，致力于无线 mesh 网络的虚拟化，以 WISEMESH 项目为背景，通过采用混分复用的切割方案使得多个实验网络共存于同一个底层无线 mesh 网络上。

文献[141]针对 WiMax 网络(全球微波互联接入网络)研究了其底层物理网络的虚拟化问题，通过部署多个定制化的虚拟网络来满足不同的性能需求,但是只局限于单跳的 WiMax 网络的虚拟化。

4.7 光网络的虚拟网映射问题及其求解算法

4.7.1 概述

近年来,互联网中呈指数增长的带宽需求极大地推动了高带宽和高可拓展性的通信和网络技术的发展。其中,光纤通信网络以其巨大的带宽容量受到学术界与工业界的高度重视,被认为是未来网络体系中核心网与骨干网中不可缺少的组成成分。然而,现有的光通信技术只能实现对光纤带宽资源相对粗糙的分配与调度,在应对高度动态的互联网流量方面的表现并不令人满意。为了克服现有光网络的这些缺陷,弹性光网络(Elastic Optical Networks,EONs)[145-147]作为一种新兴的光网络技术应运而生。相比于传统的波分复用(Wavelength Division Multiplexing,WDM)光网络[148],弹性光网络具有更加精细的波长粒度。WDM 的波长粒度通常有 50GHz 或者 100GHz,而弹性光网络的频谱资源粒度能够到达 12.5GHz 甚至更低。另外,弹性光网络通过可变波长收发器(Bandwidth-Variable Transponders,BVTs)[149],采用连续频谱带宽槽的方式来实现对频谱资源的分配,因此弹性光网络可以实现对频谱资源更加灵活的分配与调度,能为每一个连接请求分配更合适的带宽资源,提高了网络频谱资源的利用率。弹性光网络还可以根据传输距离等因素灵活地选择调制级别[150],更有利于实现带宽资源的高效利用。

当然,弹性光网络在带来如此多好处的同时,也带来了新的挑战。“弹性”的本质也使得网络资源的分配与调度变得更加复杂。具体而言,它使得传统 WDM 光网络中的路由与波长分配(Routing and Wavelength Assignment,RWA)[151,152]变成了路由、调制与频谱分配(Routing,Modulation Level,and Spectrum Assignment,RMLSA)问题[153,154]。由于弹性光网络中的频谱转换技术[155]尚不成熟,而光电光转换[156]能耗非常大,因此,目前针对弹性光网络的研究主要集中在透明弹性光网络上[157]。

在透明弹性光网络中,RMLSA 问题需要满足如下几个独特的限制条件:①频谱连续性约束,即在同一条光路的不同光链路上分配的频谱资源必须位于同一频谱段;②频谱邻接性约束,即分配给同一条光路的频谱资源在频域中必须是连续的；③频谱不重叠性约束，即不同光路在有公共链路时，分配在这些光路的频谱在频域中不能重叠。

弹性光网络除具有传统光网络低延时和低功耗等优势外，还具有高带宽和能支持更加灵活的带宽分配与调度等优点，被认为是网络虚拟化技术的颇有潜力的物理设施[158,159]。因此，开展弹性光网络下的虚拟网映射问题的研究就很重要。

传统 WDM 光网络通过波分复用技术实现端到端的业务连接，其业务传输和带宽使用的基本单位是波长通道，因此在基于 WDM 的虚拟网映射问题中，为虚拟光路分配的带宽都是固定网格的，即虚拟光路之间的频谱间隔以及信号调制方式等都是固定不变的。而弹性光网络采用了正交频分复用技术，这是一种多载波调制技术，通过调制方式的自主调整可实现子载波的伸缩。弹性光网络中业务传输和带宽使用的基本单位是子载波，它可以根据不同业务所需带宽分配适合的频谱，并且请求分配的子载波必须是连续的。因此，弹性光网络中的虚拟网映射算法的约束条件是多元化的，与传统的 WDM 光网络相比较更为复杂，不能将基于 WDM 光网络中的虚拟网映射算法直接运用到弹性光网络中来，需要增加一些额外的约束。下面给出针对透明弹性光网络的虚拟网映射问题的相关模型和映射问题定义[160]。

4.7.2 网络模型和问题定义

4.7.2.1 弹性光网络

将弹性光网络表示为无向图 $G^0=(N^0,E^0)$，其中 N^0 和 E^0 分别表示弹性光网络的物理节点集合和物理光链路集合。每一个物理节点有计算资源容量属性，第 i 个物理节点 n_0^i 的计算资源量属性记为 $c(n_0^i)$；每条物理光链路具有带宽属性，第 j 条物理光链路 e_0^j 的带宽属性别记为 $b(e_0^j)$，表示第 j 条物理光链路具有 $b(e_0^j)$ 个频谱带宽槽。

对第 j 条物理光链路 e_0^j，引入一个长度为 $b(e_0^j)$ 的 0-1 向量 $\boldsymbol{U}_0^j$，其中 $\boldsymbol{U}_0^j[a]=1$，表示物理光链路 e_0^j 上的第 a 个频谱带宽槽已经被使用；$\boldsymbol{U}_0^j[a]=0$，表示物理光链路 e_0^j 上的第 a 个频谱带宽槽没有被使用。

4.7.2.2 物理光纤链路的连续频谱块

针对第 j 条物理光链路 e_0^j，其上的频谱带宽槽集合和频谱使用情况向量分别用 F_0^j 和 $\boldsymbol{U}_0^j$ 表示，则其上的连续频谱块(Contiguous Slot-Blocks，CSBs)是指一个或者多个在频域连续并且空闲的频谱带宽槽构成的集合，即如果

$C_0^j \in F_0^j$ 是物理光链路 e_0^j 上的一个连续频谱块，那么其必须满足：

① $F_0^j(a) \in C_0^j \Rightarrow \boldsymbol{U}_0^j(a) = \boldsymbol{0}$，$\forall\ 1 \leqslant a \leqslant |F_0^j|$；

② $F_0^j(b) \in C_0^j, F_0^j(c) \in C_0^j \Rightarrow F_0^j(k) \in C_0^j, \forall b \leqslant k \leqslant c, \forall 1 \leqslant b \leqslant c \leqslant |F_0^j|$。

4.7.2.3 物理光链路的极大连续频谱块

针对第 j 条物理光链路 e_0^j，其上的频谱带宽槽集合和频谱使用情况向量分别用 F_0^j 和 $\boldsymbol{U}_0^j$ 表示，则其上的极大连续频谱块是指频谱带宽槽个数不能再增加的连续频谱块。即如果 $C_0^j \in F_0^j$ 是物理光链路 e_0^j 上的一个极大连续频谱块，那么其必须满足：

① $F_0^j(a) \in C_0^j$，$F_0^j(a+1) \notin C_0^j \Rightarrow \boldsymbol{U}_0^j(a+1) = \boldsymbol{1}, \forall 1 \leqslant a \leqslant |F_0^j| - 1$；

② $F_0^j(a) \in C_0^j$，$F_0^j(a-1) \notin C_0^j \Rightarrow \boldsymbol{U}_0^j(a-1) = \boldsymbol{1}$，$\forall 2 \leqslant a \leqslant |F_0^j|$。

4.7.2.4 透明虚拟光网络

将第 j 个透明虚拟光网络表示为无向图 $G^j = (N^j, E^j)$，其中 N^j 和 E^j 分别表示第 j 个透明虚拟光网络的虚拟节点集合和虚拟光链路集合。每个虚拟节点附带计算资源容量需求属性，第 j 个透明虚拟光网络的第 i 个虚拟节点的计算资源容量需求记为 $c(n_j^i)$。每条虚拟光链路都具有带宽属性，第 j 个透明虚拟光网络的第 i 条虚拟光链路的带宽记为 $b(e_j^i)$。

为了简化，约定透明虚拟光网络映射时必须保证分配给每一个透明虚拟光网络的频谱带宽槽在频域上位于同一频谱段。具体而言，就是分配给同一个透明虚拟光网络的不同光链路的连续频谱块必须拥有相同的频谱带宽槽下标。

4.7.2.5 透明虚拟光网络映射

透明虚拟光网络映射是指把透明虚拟光网络 $G^j = (N^j, E^j)$ 映射到底层弹性光网络 $G^0 = (N^0, E^0)$ 上，可分为虚拟节点映射和虚拟光链路映射两部分。虚拟节点映射是将透明虚拟光网络的每个虚拟节点映射到底层弹性光网络的唯一物理节点上，且同一透明虚拟光网络的不同虚拟节点必须映射到不同物理节点。虚拟光链路映射是一个特殊的路由和频谱分配(Routing and Spectrum Assignment，RSA)问题[161]。首先对透明虚拟光网络的每条虚拟光链路在底层弹性光网络上寻找一条符合约束条件的光路径(光路径的两个端点分别是虚拟光链路的两个虚拟节点所映射的物理节点)，然后在该光路径上为其分配满足频谱连续性、频谱邻接性以及频谱不重叠性约束的频谱块。另外，在透明虚拟光网络映射时还必须满足由 $c(n_j^i)$ 、$b(e_j^i)$ 给出的其他约束条件。

透明虚拟光网络映射的首要目标是最小化分配给透明虚拟光网络的光链路条数，也就是最小化分配给透明虚拟光网络的频谱带宽槽总数，另外还要最小化分配给透明虚拟光网络的连续频谱块的起始带宽槽下标。

4.7.3 求解算法简述

近几年已提出的光网络的虚拟网映射问题求解算法[160-182]可简单地分为弹性光网络的虚拟网映射问题求解算法和波分复用/时分复用光网络的虚拟网映射问题求解算法。弹性光网络的虚拟网映射问题求解算法又可分为透明弹性光网络的虚拟网映射问题求解算法、不透明弹性光网络的虚拟网映射问题求解算法和弹性光网络的可生存(可靠)虚拟网映射问题求解算法等。

4.7.3.1 透明弹性光网络的虚拟网映射问题的求解算法

文献[160]研究了弹性光网络环境下的透明虚拟网映射问题。首先，提出一个基于 0-1 多商品流的透明弹性光网络问题的整数线性规划模型；然后，为了将底层光链路频谱资源的使用和连续性情况整合到虚拟节点映射，根据虚拟光网络的带宽需求以及物理光链路的频谱使用情况，将底层光网络分解成一个个分层辅助图；最后，利用分层辅助图，提出一种透明弹性光网络的虚拟网映射算法，该算法通过分层辅助图实现了虚拟节点映射和虚拟链路映射的协同。

文献[175]为了解决多纤芯弹性光网络虚拟化中的虚拟网映射问题，首先建立了一个以最小化占用频谱数及最小化最大占用频隙号为目标的全局约束优化模型，然后设计了具有高效的交叉、变异及不可行解可行化算子的全局优化遗传算法，用于模型的有效求解。

文献[178]提出了一个动态透明的虚拟光网络两阶段映射算法。为了确保透光性的端到端的链接可以在虚拟光网络中任意两个虚拟节点间部署，在虚拟光网络中需要给每个虚拟光链路分配相同的子载波时隙。对每个虚拟光网络请求，该算法首先根据物理光链路的频谱使用情况将底层光网络转化为分层辅助图；然后，使用考虑了所有底层物理节点本地信息的虚拟节点映射方法完成虚拟节点映射；最后，通过在分层辅助图的单层执行最短路径算法来完成虚拟链路映射。

4.7.3.2 不透明弹性光网络的虚拟网映射问题的求解算法

针对同一虚拟网络的多个虚拟节点可以映射到同一个物理节点的、跨数据中心的、不透明弹性光网络的虚拟网映射问题，文献[165]首先构建了该问题的整数线性规划模型，然后设计了求解该问题的两个启发式算法。

文献[166]首先为弹性光网络下的不透明虚拟光网映射问题建立了整数线性规划模型；然后，提出了求解该问题的一个基于递归的启发式算法。

文献[167]研究了弹性光网络下不透明虚拟光网络映射问题和重配置问题。具体是提出了对齐和连续性感知的虚拟光网络映射算法以及相对连续丢失感知和不对齐感知的虚拟光网络重配置算法。

4.7.3.3 弹性光网络的可生存(可靠)虚拟网映射问题的求解算法

由于光网络中光纤带宽巨大，底层光网络故障带来的损失也就更大。因此，可生存虚拟光网络映射问题也逐渐成为一个热门的研究话题。

文献[168]研究了弹性光网络下的可生存虚拟光网络映射问题。它以最小化网络资源消耗为目标，为该问题建立了一个整数线性规划模型，并提出了将最大带宽需求的虚拟光链路映射到最短距离底层光路的启发式映射算法。

文献[169]研究了弹性光网络下损伤感知的可生存虚拟光网络映射问题。以最小化收发器、中继器以及底层共享资源的消耗为目标，提出了单链路失效下可生存虚拟光网络映射问题的整数线性规划模型以及求解该模型的启发式算法。

文献[171]设计了基于考虑了物理设备失效概率的专用路径保护策略的可生存虚拟光网映射问题的求解算法。该算法通过定义弹性光网络的物理光链路和光转发器的失效概率，将工作路径和对应的备份路径的联合失效概率作为底层物理光链路的权重，然后在此基础上完成虚拟光网的可靠映射算法设计。不过该算法在虚拟光链路的映射时，假设底层弹性光网络的物理光链路的带宽资源是充足的，并没有考虑实际带宽资源不充足的情况。

文献[172]提出了弹性光网络的可生存虚拟光网映射问题求解的二阶段算法。在虚拟节点映射阶段，通过综合考虑物理节点的剩余资源和可用性为物理节点重新定义权重值，然后根据贪婪思想进行虚拟节点映射，提高了虚拟光网构建的成功率。

文献[173]针对弹性光网络，提出了一种基于动态开销模型的共享备份路径的可生存虚拟光网映射问题的求解算法。备份路径共享分为虚拟光网间的备份路径共享和虚拟光网内的备份路径共享。与备份路径不可共享的基准算法相比,共享备份路径具有更低的频谱资源消耗。

文献[174]提出了专用路径保护、压缩式专用路径保护等多种路径保护方案,并设计了三种采用不同保护方案的求解弹性光网络的可生存虚拟光网映射问题的启发式算法。仿真结果表明多重保护机制比专用路径保护使用的频谱资源更少。

4.7.3.4 波分复用/时分复用光网络的虚拟光网映射问题的求解算法

早期光网络的虚拟光网络映射大多数使用时分复用技术(如 SONET 或 SDH[176])或波分复用技术[162−164,177]。

文献[176]针对多域的 SDH 网络上的动态虚拟光网映射问题,提出了一个能有效服务虚拟光网络请求的映射方案。

针对波分复用光网络的虚拟光网映射问题,文献[162]首先假设底层光网络的每个物理节点上都装配有足够的波长转换器[163],然后为 WDM 光网络的虚拟光网映射问题建立了混合整数线性规划模型,最后提出两个基于贪婪思想的启发式算法用于映射问题求解。

文献[164]在考虑物理层损伤的基础上,提出了 WDM 光网络中物理层损伤感知的虚拟光网映射算法,由于忽略了虚拟节点映射,所提出的算法其实是虚拟光链路映射算法。

文献[177]在波分复用光网络上,为透明和不透明的虚拟光网映射问题建立了整数线性规划模型,并提出了一种启发式的映射方案。

文献[179]将虚拟光网构建请求简单地抽象为虚拟光路构建请求,并根据虚拟光网请求到达时间依次进行处理。虚拟光路的构建主要通过线性规划方法来解决,虚拟光路的路由通过任意播路由或多播路由实现。

文献[180]和文献[181]针对虚拟光网映射问题,首先提出了能够反映光链路以及服务器能耗的线性统计模型,然后采用进化博弈理论求得实现用户和光网提供商双赢的高能效虚拟光网映射方案。

文献[182]考虑了虚拟光网请求的优先级,提出了多时段的虚拟光网映射方法。在此方法中,高优先级的虚拟光网请求必须得到即时处理;对于低优先级的虚拟光网请求,只要在规定的最大时延内处理即可。

4.8 软件定义网络的虚拟网映射问题及其求解算法

4.8.1 概述

软件定义网络(Software Defined Network,SDN)已成为未来网络发展的核心方向之一[183],它是一种全新的未来网络体系结构[184]。通过把传统网络设备的数据转发平面和路由控制平面分离,软件定义网络将网络能力抽象为标准化应用程序接口(Application Programming Interface,API)提供给上面的应用层,从而形成开放可编程的网络环境。软件定义网络在对各种物理网络资源虚拟化的基础上,把网络互联设备的控制能力集中至中央控制节点,以软件驱动的方式实现高度自动化的网络控制和管理以及灵活的业务部署[185]。

软件定义网络的架构可分为三层,即应用程序层、控制层、基础设施层[186]。SDN控制器作为上层应用和底层硬件的桥梁,为应用层提供了统一的编程接口和管理视图,底层物理网络设备只需接受来自控制器的指令。控制器使用南向接口传递信息给下面的物理网络设备,OpenFlow是目前最流行的南向协议[187]。与此同时,控制器使用北向接口与上层的应用和业务逻辑交互,使得网络管理员能以编程方式管理网络流量和部署网络服务。

软件定义网络与网络虚拟化技术的结合为网络业务的自动化部署提供了全新的解决思路,而且基于SDN网络架构能较容易地实现网络虚拟化[188]。随着云计算的兴起,华为、思科、盛科等电信设备厂商陆续推出支持SDN的商用控制器和交换机,所以SDN网络虚拟化是与云计算相结合的必然产物[189]。另外,谷歌、亚马逊、微软等互联网公司的数据中心也部署了SDN业务。SDN网络管理员可以根据控制器的API编写自动化部署代码,以集中控制的方式来实现业务的自动化部署,大大缩短了业务部署的周期,且能随需求变化动态地调整部署方式[190]。

SDN网络虚拟化技术[191]通过对底层物理SDN网络的资源和拓扑的抽象,允许多个相互隔离的虚拟SDN网络共存于同一物理SDN网络之上,增强了网络资源的共享,使网络更加灵活智能,近年来受到了学术界和工业界的广泛关注。

虚拟网映射是网络虚拟化面临的主要挑战,在SDN网络虚拟化环境中，不仅可以通过集中控制器获得链路信息、网络拓扑信息及交换机状态等，还可以屏蔽底层物理设备差异，并根据设备状态适时地灵活分配与自主管理底层的物理资源。与传统的虚拟网映射问题相比，在 SDN 环境中，物理资源具有自己的特性，如物理 SDN 网络和虚拟 SDN 网络的节点具有转发资源和控制资源的属性，这些都需要在设计高效的 SDN 网络的虚拟网映射算法时予以考虑。下面给出软件定义网络的虚拟网映射问题的相关模型和映射问题定义[192]。

4.8.2 网络模型和问题定义

4.8.2.1 物理 SDN 网络和虚拟 SDN 网络

将物理 SDN 网络表示为无向图 $G^0 = (N^0, E^0)$，其中 N^0 表示物理 SDN 网络的物理节点的集合，包括路由器节点和服务器节点；E^0 表示物理 SDN 网络的物理链路的集合。每个物理节点都具有控制器资源和转发资源等属性，第 i 个物理节点 n_0^i 的控制器资源和转发资源分别用 $\text{control}(n_0^i)$ 和 $\text{forward}(n_0^i)$ 表示。每条物理链路都具有带宽属性，第 j 条物理链路的带宽用 $b(e_0^j)$ 表示。

将第 j 个虚拟 SDN 网络表示为无向图 $G^j = (N^j, E^j)$，其中 N^j 和 E^j 分别表示虚拟 SDN 网络的虚拟节点集合和虚拟链路集合。每个虚拟节点都具有控制器资源和转发资源等属性，第 j 个虚拟 SDN 网络的第 i 个虚拟节点 n_j^i 的控制器资源和转发资源分别用 $\text{control}(n_j^i)$ 和 $\text{forward}(n_j^i)$ 表示；每条虚拟链路都具有带宽属性，第 j 个虚拟 SDN 网络的第 i 条虚拟链路的带宽属性用 $b(e_j^i)$ 表示。

4.8.2.2 SDN 网络的虚拟网映射

SDN 网络的虚拟网映射是指把虚拟 SDN 网络 $G^j = (N^j, E^j)$ 映射到物理 SDN 网络 $G^0 = (N^0, E^0)$ 的一个子图上。即将虚拟 SDN 网络的每个虚拟节点映射到物理 SDN 网络的一个物理节点上，将虚拟 SDN 网络的每条虚拟链路映射到物理 SDN 网络的物理路径上。虚拟节点和虚拟链路映射必须满足 $\text{control}(n_j^i)$、$\text{forward}(n_j^i)$、$b(e_j^i)$ 等给出的约束条件。同时，同一个虚拟 SDN 网络的所有虚拟节点都必须映射到不同的物理 SDN 网络的物理节点上。

4.8.3 求解算法简述

SDN 网络的虚拟网映射问题的优化目标涉及虚拟网请求接受率[192]、最小映射代价[193,194]、高可靠性[196]、物理网负载均衡[197,198]等。

文献[192]建立了SDN网络的虚拟网映射问题的线性规划模型,并提出以虚拟SDN网请求接受率为优化目标的基于蚁群遗传算法的映射方法。该方法内含一个两阶段的虚拟SDN网映射算法,在虚拟节点映射阶段采用蚁群遗传算法完成虚拟节点到物理节点的映射;在虚拟链路映射阶段,利用最短路径算法将虚拟链路映射到物理路径上。

文献[193]针对SDN网络的虚拟网映射问题,以最小化网络映射开销为目标,提出了一种高效的虚拟网映射粒子群优化算法。该算法根据虚拟SDN网映射模型,定义粒子的位置、速度和相关操作,并采用粒子的迭代优化提高虚拟网映射问题解的性能。

文献[194]在分析SDN网络的虚拟网映射问题特性的基础上,设计了一种基于蚁群算法的虚拟SDN网映射算法。该算法以虚拟SDN网络映射开销最小为映射目标,首先,根据SDN网络特性建立了虚拟SDN网映射问题模型,并按照资源需求优先级进行首虚拟节点映射;其次,以物理SDN节点和物理SDN链路负载为参考标准,设计了物理SDN交换机偏移因子和物理SDN链路偏移因子,用于优化蚁群算法中的转移概率;最后,根据转移概率进行虚拟SDN网节点映射和链路映射,经过多次迭代后求出虚拟SDN网映射开销最小的解。

文献[195]提出了基于映射开销预估的多域SDN虚拟网映射方案。在该方案中,首先,提出一种基于虚拟节点和虚拟链路映射开销预估的候选节点选择算法,该算法在对虚拟节点及其周围虚拟链路的映射价格进行预估的基础上,实现域内候选节点的选择,这是降低整体映射开销的第一步;其次,本地控制器将候选节点上传给全局控制器;最后,全局控制器使用粒子群算法对虚拟网络请求进行预映射,并将预映射结果下发给相应的本地控制器。

文献[196]针对虚拟SDN网络环境中的单物理链路失效问题,提出了一种基于最佳备份拓扑的SDN网络的虚拟网映射问题的高可靠映射算法。

文献[197]针对SDN数据中心环境,提出了一种自适应带宽资源保证的负载均衡的SDN网络的虚拟网映射算法。

文献[198]针对具有集中式控制特点的软件定义承载网,提出一种基于负载均衡的虚拟SDN网映射算法。首先,建立软件定义承载网络的多层模型;其次,根据虚拟网映射的特点,二值化粒子群优化算法;最后,以负载均衡为优化目标,求解虚拟SDN网映射问题。

文献[199]针对多控制器的 SDN 虚拟化环境，以最小化控制通路平均时延、控制器负载失衡度和映射开销为映射优化目标，建立了多控制器部署问题和虚拟 SDN 映射问题的数学模型，然后提出了一种多控制器条件下区分 QoS 的虚拟 SDN 网络的映射方法。

参考文献

[1]蔡志平，刘强，吕品，等. 虚拟网络映射模型及其优化算法[J]. 软件学报，2012，23(4)：864-877.

[2]Herker S，Khan A，An X. Survey on survivable virtual network embedding problem and solutions[C]. 9th International Conference on Networking and Services，2013.

[3]狄浩. 虚拟网络的高效和可靠映射算法研究[D]. 成都：电子科技大学，2013.

[4]程科. 考虑地理位置约束的虚拟网络抗毁映射算法研究[D]. 成都：电子科技大学，2014.

[5]季新生，赵硕，艾健健，等. 异构备份式的虚拟网映射方法研究[J]. 电子与信息学报，2018，40(5)：1087-1093.

[6]Yu H，Anand V，Qiao C，et al. Cost efficient design of survivable virtual infrastructure to recover from facility node failures[C]. IEEE International Conference on Communications，2011.

[7]Rahman M R，Aib I，Boutaba R. Survivable virtual network embedding[C]. International Conference on Research in Networking，2010.

[8]Habib M F，Tornatore M，Mukherjee B. Fault-tolerant virtual network mapping to provide content connectivity in optical networks[C]. Optical Fiber Communication Conference and Exposition and the National Fiber Optic Engineers Conference，2013.

[9]Yu H，Anand V，Qiao C，etal. Migration based protection for virtual infrastructure survivability for link failure[C]. Optical Fiber Communication Conference and Exposition and the National Fiber Optic Engineers Conference，2011.

[10]Yu H F，Qiao C M，Anand V，et al. Survivable virtual infrastructure mapping in afederated computing and networking system under single regional failures[C]. Global Telecommunications Conference，2010.

[11]Meixner C C,Dikbiyik F,Tornatore M,et al. Disaster resilient virtual network mapping and adaptation in optical networks[C]. 17th International Conference on Optical Network Design and Modeling,2013.

[12]Yeow W L,Westphal C,Kozat U C. Designing and embedding reliable virtual infrastructures[J]. ACM SIGCOMM Computer Communication Review,2011,41(2):57-64.

[13]Koslovski G,Yeow W L,Westphal C,et al. Reliability support in virtual infrastructures[C]. IEEE Second International Conference on Cloud Computing Technology and Science,2010.

[14]Shahriar N,Ahmed R,Khan A,et al. Renovate:Recovery from node failure in virtual network embedding[C]. 12th International Conference on Network and Service Management,2016.

[15]Shahriar N,Ahmed R,Chowdhury S,et al. Generalized recovery from node failure in virtual network embedding[J]. IEEE Transactions on Network and Service Management,2017,14(2):261-274.

[16]Chowdhury S,Ahmed R,Khan M M A,et al. Protecting virtual networks with drone[C]. IEEE/IFIP Network Operations and Management Symposium,2016.

[17]Chowdhury S,Ahmed R,Khan M M A,et al. Dedicated protection for survivable virtual network embedding[J]. IEEE Transactions on Network and Service Management,2016,13(4):913-926.

[18]Khan M M A,Shahriar N,Ahmed R,et al. Simple:Survivability in multi-path link embedding[C]. 11th International Conference on Network and Service Management,2015.

[19]Xu J,Tang J,Kwait K,et al. Survivable virtual infrastructure mapping in virtualized data centers[C]. IEEE 6th International Conference on Cloud Computing,2012.

[20]Zhang Q,Zhani M F,Jabri M,et al. Venice:Reliable virtual data center embedding in clouds[C]. IEEE Conference on Computer Communications,2014.

[21]肖蔼玲. 网络虚拟化环境下高效可靠的资源分配机制[D]. 北京:北京邮电大学,2015.

[22]Mosharaf N M,Rahman MR,Boutaba R. Virtual network embed-

ding with coordinated node and link mapping[C]. 28th Conference on Computer Communications,2009.

[23]Liu X,Qiao C,Wang T. Robust Application Specific and Agile Private(ASAP)networks with standing multi-layer failures[C]. Optical Fiber Communication Conference,2009.

[24]Patel-Predd P. Update:Energy-efficient ethernet[J]. IEEE Spectrum,2008,45(5):13.

[25]Chun B G,Iannaccone G,Iannaccone G,et al. An energy case for hybrid data centers[J]. ACM SIGOPS Operating Systems Review,2010,44(1):76-80.

[26]Gartner[EB/OL]. [2017-10-13]. http: //www. gartner. com/it/page\? jsp? id=1442113.

[27]APC. Determining total cost of ownership for data center and network room infrastructure[EB/OL]. [2017-10-13]. http://www. apcmedia. com/salestools/CMRP-5T9PQG_R4_EN. pdf.

[28]Fisher W,Suchara M,Rexford J. Greening backbone networks: Reducing energy consumption by shutting off cables in bundled links[C]. ACM SIGCOMM Workshop on Green Networking,2010.

[29]Barroso L,Holzle U. The case for energy proportional computing[J]. Computer,2007,40(12):33-37.

[30]Bohrer P,Elnozahy E N,Keller T,et al. The Case for Power Management in Web Servers[M]. New York:Kluwer Academic/Plenum Publishers,2002.

[31]曲桦,樊斌,郭涯,等.应用粒子群优化的绿色虚拟网络映射算法[J].电信科学,2016,32(1):11-17.

[32]胡颖,庄雷,兰巨龙,等.基于自适应协同进化粒子群算法的虚拟网节能映射研究[J].电子与信息学报,2016,38(10):2660-2666.

[33]胡颖.高效节能虚拟网的节点链路选择标准与映射算法研究[D].郑州:郑州大学,2016.

[34]张寅翔.成本与能效优化的虚拟网络映射算法研究[D].南京:南京邮电大学, 2013.

[35]Triki N,Kara N,Barachi M E,et al. A green energy-aware hybrid virtual network embedding approach[J]. Computer Networks,2015,91:712-737.

[36]Melo M,Sargento S,Killat U,et al. Optimal virtual network embedding: Energy aware formulation[J]. Computer Networks, 2015, 91: 184-195.

[37]陈晓华,李春芝,陈良育,等. 主动休眠节点链路的高效节能虚拟网络映射[J]. 软件学报,2014(7):1416-1431.

[38]Chabarek J,Sommers J,Barford,et al. Power awareness in network design and routing[C]. 27th Conference on Computer Communications,2008:457-465.

[39]Botero J F,Hesselbach X,Duelli M,et al. Energy efficient virtual network embedding[J]. IEEE Communications Letters, 2012, 16(5): 756-759.

[40]Botero JF,Hesselbach X. Greener networking in a network virtualization environment[J]. Computer Networks,2013,57(9):2021-2039.

[41]Su S,Zhang Z B,Cheng X,et al. Energy-Aware virtual network embedding through consolidation[C]. IEEE INFOCOM Workshops,2012.

[42]Wang B,Chang X L,Liu J,et al. Reducing power consumption inembedding virtual infrastructures[C]. IEEE Globecom Workshops,2012.

[43]Chang X L,Wang B,Liu J Q,et al. Green cloud virtual network provisioning based ant colony optimization[C]. 15th Annual Conference Companion on Genetic and Evolutionary Computation,2013.

[44]Turner J S,Crowley P,De Hart J,et al. Supercharging planet lab: A high performance,multi-application,overlay network platform[J]. ACM SIGCOMM Computer Communication Review,2007:37(4):85-96.

[45]Lu GH,Guo CX,Li YL,et al. Server switch:A programmable and high performance platform for data center networks[C]. 8th USENIX Conference on Networked Systems Design and Implementation,2011.

[46]Unnikrishnan D,Vadlamani R,Liao Y,et al. Scalable network virtualization using FPGAs[C]. 18th Annual ACM/SIGDA International Symposium on Field Programmable Gate Arrays,2010.

[47]Sivaraman V,Vishwanath A, Zhao Z,et al. Profiling per-packet and per-byte energy consumption in the NetFPGA gigabit router[C]. IEEE Conference on Computer Communications Workshops,2011.

[48]Houidi I,Louati W,Zeghlache D. Exact multi-objective virtual

network embedding in cloud environments[J]. Computer Journal,2015,58(3):403-415.

[49]Fischer A,Beck M,Meer H. An approach to energy-efficient virtual network embeddings[C]. IFIP/IEEE International Symposium on Integrated Network Management,2013.

[50]Chen X H,Li C Z,Jiang YL. Optimization model and algorithm for energy efficient virtual node embedding[J]. IEEE Communications Letters,2015,19(8):1327-1330.

[51]Zhang Z,Su S,Niu X,et al. Minimizing electricity cost in geographical virtual network embedding[C]. IEEE Global Communications Conference,2012.

[52]Rodriguez E,Alkmim G,Batista D,et al. Green virtualized networks[C]. IEEE International Conference on Communications,2012.

[53]Su S,Zhang Z,Liu A X,et al. Energy-aware virtual network embedding[J]. IEEE/ACM Transactions on Networking, 2014, 22(5):1607-1620.

[54]Zhang Z,Su S,Lin Y,et al. Adaptive multi-objective artificial immune system based virtual network embedding[J]. Journal of Network and Computer Applications,2015,53:140-155.

[55]Natarajan S,Wolf T. Security issues in network virtualization for the future Internet[C]. International Conference on Computing, Networking and Communications,2012.

[56]Fischer A,Meer H D. Position paper:Secure virtual network embedding[J]. Praxis der Informationsverarbeitung und Kommunikation,2011,34(4):190-193.

[57]龚水清,陈靖,黄聪会,等. 信任感知的安全虚拟网络映射算法[J]. 通信学报,2015,36(11):180-189.

[58]Liu S,Cai Z,Xu H,et al. Security-aware virtual network embedding[C]. IEEE International Conference on Communications,2015.

[59]Liu S,Cai Z,Xu H,et al. Towards security-aware virtual network embedding[J]. Computer Networks the International Journal of Computer and Telecommunications Networking,2015,91(C):151-163.

[60]Wang Y,Chau P,Chen F. A Framework for security-aware virtual

network embedding[C]. International Conference on Computer Communication and Networks,2015.

[61]Bays L,Oliveira R,Buriol L,et al. Security-aware optimal resource allocation for virtual network embedding[C]. 8th International Conference on Network and Service Management,2012.

[62]Wang Z,Wu J,Guo Z,et al. Secure virtual network embedding to mitigate the risk of covert channel attacks[C]. IEEE Conference on Computer Communications Workshops,2016.

[63]王勇,代桂平,侯亚荣. 信任感知的组合服务动态选择方法[J]. 计算机学报,2009,32(8):1668-1675.

[64]曹洁,曾国荪,姜火文,等. 云环境下服务信任感知的可信动态级调度方法[J]. 通信学报,2014,35(11):39-49.

[65] Chowdhury M,Samuel F. Virtual network embedding across multiple domains[R/OL]. [2017-10-14]. https://www. mendeley. com/research-papers/cs854-project-proposal-virtual-network-embedding-across-multiple-domains/.

[66]Chowdhury M,Samuel F,Boutaba R. PolyViNE:Policy-based virtual network embedding across multiple domains[C]. 2nd ACM SIGCOMM Workshop on Virtualized Infrastructure Systems and Architectures,2010.

[67]Rahman M R. Mechanism design for network virtualization[R]. Technical Report,2010.

[68]李小玲,王怀民,丁博,等. 虚拟网络映射问题研究及其进展[J]. 软件学报,2012,23(11):3009-3028.

[69]肖蔼玲,王颖,孟洛明,等. 基于知识描述和遗传算法的跨域虚拟网络映射[J]. 软件学报,2014(10):2189-2205.

[70]Houidi I,Louati W,Bean-Ameur W,et al. Virtual network provisioning across multiple substrate networks[J]. Computer Networks,2011,55(4):1011-1023.

[71]DE-CIX[EB/OL]. [2017-10-15]. https://www. de-cix. net/.

[72]Peering DB[EB/OL]. [2017-10-15]. http://www. peeringdb. com/.

[73]Dietrich D,Rizk A,Papadimitriou P. Multi-Domain virtual network embedding with limited information disclosure[C]. IFIP Networking Conference,2013.

[74]Marquezan C C,Granville L Z,Nunzi G,et al. Distributed auto-

nomic resource management for network virtualization[C]. IEEE Network Operations and Management Symposium-NOMS,2010.

[75] Samuel F. PolyViNE: Policy-based virtual network embedding across multiple domains[J]. Journal of Internet Services and Applications, 2013,4(1):1-23.

[76] Houidi I,Louati W,Zeghlache D. A Distributed virtual network mapping algorithm[C]. IEEE International Conference on Communications, 2008.

[77]Mano T,Inoue T,Dai I,et al. Efficient virtual network optimization across multiple domains without revealing private information[J]. IEEE Transactions on Network and Service Management,2014,13(3):477-488.

[78]Zhang M,Wu C,Wang B,et al. Research on mapping method of logical carrying network across multiple domains[J]. Journal on Communications,2012,33(8):200-207.

[79]Hao D,Vishal A,Hongfang Y,et al. Quality of service aware virtual network mapping across multiple domains[C]. IEEE Globecom Workshops,2013.

[80]Shen M,Xu K,Yang K,et al. Towards efficient virtual network embedding across multiple network domains[C]. 22nd International Symposium of Quality of Service,2014.

[81]Zaheer F,Xiao J,Boutaba R. Multi-Provider service negotiation and contracting in network virtualization[C]. IEEE/IFIP Network Operations and Management Symposium,2010.

[82]齐宁,汪斌强,袁博,等. 面向 ReFlexNet 的域间嵌入式承载网构建[J]. 电子与信息学报,2011,33(9):2225-2230.

[83]张旻,吴春明,王滨,等. 跨域逻辑承载网映射方法研究[J]. 通信学报, 2012,33(8):200-207.

[84]贾伟,夏靖波. 跨域虚拟网络映射问题研究[J]. 电子与信息学报, 2016,38(3):728-734.

[85]Vickrey W. Counter speculation,Auctions,and Competitive Sealed Tenders[J]. Journal of Finance,1961,16(1):8-37.

[86]李丹,陈贵海,任丰原,等. 数据中心网络的研究进展与趋势[J]. 计算机学报,2014,37(2):259-274.

[87]王健. 基于软件定义网络架构的数据中心网络若干关键问题研究[D]. 北京:北京邮电大学,2015.

[88]吴吉义,平玲娣,潘雪增,等. 云计算:从概念到平台[J]. 电信科学,2009,25(12):1-11.

[89] Amazon EC2 [EB/OL]. [2017-10-16]. http://aws. amazon. com/ec2/.

[90]salesforce[EB/OL]. [2017-10-16]. http://www. salesforce. org/.

[91] Windows Azure [EB/OL]. [2017-10-16]. https://www. microsoft. com/windowsazure/,2013.

[92]Dean J,Ghemawat S. MapReduce: A Flexible Data Processing Tool[J]. Communications of the ACM,2010,53(1):72-77.

[93]Chang F,Dean J,Ghemawat S,et al. Bigtable:A distributed storage system for structured data[J]. ACM Transactions on Computer Systems,2008,26(2):1-26.

[94]Rasmussen A,Porter G,Conley M,et al. TritonSort: A balanced large-scale sorting system[C]. USENIX Conference on Networked Systems Design and Implementation,2011.

[95]王志明. 云数据中心资源调度机制研究[D]. 北京:北京邮电大学,2012.

[96] Bodlk P, Menache I, Chowdhury M, et al. Surviving failures inbandwidth-constrained datacenters[C]. ACM SpecialInterest Group on Data Communication,2012.

[97]Niu D,Xu H,Li B,et al. Quality-assured cloud bandwidth autoscaling for video-on-demand applications[C]. 31st Annual IEEE International Conference on Computer Communications,2012.

[98]Ballani H,Costa P,et al. Towards predictable data center networks[C]. ACM Special Interest Group on Data Communication,2011.

[99]Guo C,Lu G,Wang H J,et al. SecondNet:A data center network virtualization architecture with bandwidth guarantees[C]. ACM Conference on Emerging Networking Experiments and Technology,2010.

[100]苑迎. 云环境下面向多租赁的虚拟资源分配关键技术研究[D]. 沈阳:东北大学,2015.

[101]李小玲. 云计算环境下基于虚拟网络的资源分配技术研究[D]. 长

沙:国防科学技术大学,2013.

[102]年秀梅.数据中心网络架构及虚拟网络映射研究[D].西安:西安电子科技大学,2013.

[103]卜思桐.虚拟数据中心的跨域映射算法研究[D].成都:电子科技大学, 2016.

[104]Cao Y,Fan W,Ma S. Virtual network mapping in cloud computing: a graph pattern matching approach[J]. Computer Journal,2017,60(3):1-19.

[105]Sun G, Yu H, Anand V, et al. Optimal provisioning for virtual network request in cloud-based data centers[J]. Photonic Network Communications,2012,24(2):118-131.

[106]荣超,唐亚哲,胡成臣,等.基于带宽感知的多租户云数据中心虚拟网络分配算法[J].小型微型计算机系统,2015,36(1):7-12.

[107]王斌锋,苏金树,陈琳.云计算数据中心网络设计综述[J].计算机研究与发展,2016,53(9):2085-2106.

[108]Wei X,Hu S,Li H,et al. A survey on virtual network embedding in cloud computing centers[J]. Open Automation and Control Systems Journal,2014,6(1):414-425.

[109]Zhang Q,Zhani M F,Jabri M,et al. Venice:Reliable virtual data center embedding in clouds[C]. IEEE Conference on Computer Communications,2014.

[110]Xu J, Tang J, Kwiat K, et al. Survivable virtual infrastructure mapping in virtualized data centers[C]. IEEE 6th International Conference on Cloud Computing,2012.

[111] Peter K, Menache I, Mani P, et al. Surviving failures in bandwidth-constrained datacenters[C]. ACM SIGCOMM Computer Communication Review,2012.

[112]Amokrane A,Zhani M F,Langar R,et al. Greenhead:Virtual data center embedding across distributed infrastructures[J]. IEEE Transactions on Cloud Computing,2013,1(1):36-49.

[113]Bari M F,Boutaba R, Esteves R,et al. Data center network virtualization: A survey[J]. IEEE Communications Surveys and Tutorials, 2013,15(2):909-928.

[114]Li X,Wang H,Ding B,et al. SPGM: An efficient algorithm for mapping MapReduce-like data-intensive applications in data centre network [J]. International Journal of Web and Grid Services,2013,9(2):172-192.

[115]Wei X,Hu S,Li H,et al. A Survey on virtual network embedding in cloud computing centers[J]. Open Automation and Control Systems Journal,2014,6(1):414-425.

[116]Curtis A R,Carpenter T,Elsheikh M,et al. REWIRE:An optimization-based framework for unstructured data center network design[C]. IEEE International Conference on Computer Communications, 2012: 1116-1124.

[117]Al-Fares M,Loukissas A,Vahdat A. A scalable commodity data center network architecture[J]. ACM SIGCOMM Computer Communication Review,2008,38(4):63-74.

[118]刘晓茜,杨寿保,郭良敏,等. 雪花结构:一种新型数据中心网络结构[J]. 计算机学报,2011,34(1):76-86.

[119]朱桂明,谢向辉,郭得科,等. 一种高吞吐量、高可扩展数据中心网络结构[J]. 软件学报,2014(6):1339-1351.

[120]Liang C C,Yu F R. Wireless network virtualization:A survey, some research issues and challenges[J]. IEEE Communications Surveys and Tutorials,2015,17(1):358-380.

[121]Parkk,Kim C. A framework for virtual network embedding in wireless networks[C]. 4th International Conference on Future Internet Technologies,2009.

[122]Bhanage G,Vete D,Seskar I,et al. Split AP:Leveraging wireless network virtualization for flexible sharing of WLANs[C]. IEEE Global Telecommunications Conference,2010.

[123]Wang X,Krishnamurthy P,Tipper D. Wireless network virtualization[C]. International Conference on Computing Networking and Communications,2013.

[124]吕品. 无线 mesh 网络虚拟化关键技术研究[D]. 长沙:国防科学技术大学,2012.

[125]张朝阳. 无线网络虚拟化资源分配算法研究[D]. 重庆:重庆邮电大学, 2017.

[126]卜旭阳. 无线虚拟网络映射算法研究[D]. 南京:南京邮电大学,2016.

[127]Smith G, Chaturvedi A, Mishra A, et al. Wireless virtualization on commodity 802. 11 hardware[C]. 2nd ACM International Workshop on Wireless Network testbeds experimental Evaluation and Charac terization,2007.

[128]Guo S, Gu Y, Jiang B, et al. Opportunistic flooding in low-duty-cycle wireless sensor networks with unreliable links[C]. 15th annual international conference on Mobile computing and networking,2009.

[129]Bhanage G, Zhang Y, Raychaudhuri D. Virtual wireless network mapping:An approach to housing MVNOs on wireless meshes[C]. IEEEInternational Symposium on Personal Indoor and Mobile Radio Communications,2011.

[130]Lv P, Cai Z, Xu J, et al. Multicast service-oriented virtual network embedding in wireless mesh networks[J]. IEEE Communications Letters, 2012,16(3):375-377.

[131]Kokku R, Mahindra R, Zhang H, et al. NVS:A substrate for virtualizing wireless resources in cellular networks[J]. IEEE/ACM Transactions on Networking,2010,20(5):1333-1346.

[132]Kokku R, Mahindra R, Zhang H, et al. NVS:A virtualization substrate for WiMAX networks[C]. 16th Annual International Conference on Mobile Computing and Networking,2010.

[133]Yun D, Yi Y. Virtual network embedding in wireless multihop networks[C]. 6th International Conference on Future Internet Technologies,2011.

[134]曹傧,夏士超,何芳,等. 无线网络虚拟化中的映射算法研究[J]. 通信学报,2017,38(1):35-43.

[135]王淑娥,林柏钢,郭联志. 无线 mesh 网络的安全组播虚拟网映射轻方案[J]. 福州大学学报(自然科学版),2016,44(1):20-25.

[136]Fu F, Kozat U C. Stochastic game for wireless network virtualization[J]. IEEE ACM Transactions on Networking,2013,21(1):84-97.

[137]Yun D, Ok J, Shin B, et al. Embedding of virtual network requests over static wireless multihop networks[J]. Computer Networks, 2013, 57(5):1139-1152.

[138]Yang M,Li Y,Zeng L,et al. Karnaugh-map like online embedding algorithm of wireless virtualization[C]. 15th International Symposium on Wireless Personal Multimedia Communications,2012.

[139]罗娟,刘川川,李仁发. 基于链路可靠性的无线虚拟网络分配方法[J]. 通信学报,2012,33(Z1):88-95.

[140]Sachin L,Shrestha J,Song L,et al. Virtualization and slicing of wireless mesh network[C]. Conference on Future Internet,2008.

[141]Kokku R,Mahindra R,Zhang H,et al. NVS:A virtualization substrate for WiMAX networks[C]. 16th International Conference on Mobile Computing and Networking,2010.

[141]Zhang G,Yang K,Wei J,et al. Virtual resource allocation for wireless virtualization networks using market equilibrium theory[C]. Computer Communications Workshops,2015.

[143]Chochlidakis G,Friderikos V. Robust virtual network embedding for mobile networks[C]. IEEE International Symposium on Personal,Indoor and Mobile Radio Communications,2015.

[144]Esposito F,Chiti F. Distributed consensus-based auctions for wireless virtual network embedding[C]. IEEE International Conference on Communications,2015.

[145]Gerstel O,Jinno M,Lord A,et al. Elastic optical networking:a new dawn for the optical layer? [J]. Communications Magazine IEEE,2012,50(2):12-20.

[146]Layec P,Morea A,Vacondio F,et al. Elastic optical networks:The global evolution to software configurable optical networks[J]. Bell Labs Technical Journal,2013,18(3):133-151.

[147]Zhang G,Leenheer M D,Morea A,et al. A Survey on OFDM-based elastic core optical networking[J]. IEEE Communications Surveys and Tutorials,2013,15(1):65-87.

[148]Mukherjee B. Optical WDM Networks(Optical Networks)[M]. New York:Springer,2006.

[149]Takara H,Goh T,Shibahara K,et al. Experimental demonstration of 400 GB/s multi-flow,multi-rate,multi-reach optical transmitter for efficient elastic spectral routing[C]. European Conference and Exhibition on

Optical Communication,2011.

[150]Bocoi A,Schuster M,Rambach F,et al. Reach-dependent capacity in optical networks enabled by OFDM[C]. IEEE/OSA Optical Fiber Communication Conference,2009.

[151]Zang H. A review of routing and wavelength assignment approaches for wavelength-routed optical wdm networks[J]. Optical Networks Magazine,2000,1(3):47-60.

[152]余建军. 波长路由WDM光网络的路由和波长分配算法的设计和仿真[D]. 杭州:浙江工业大学,2006.

[153]Varvarigos E A,Tomkos I,Christodoulopoulos K. Elastic bandwidth allocation in flexible OFDM-Based optical networks[J]. Journal of Lightwave Technology,2011,29(9):1354-1366.

[154]Gong L,Zhou X,Lu W,et al. A two-population based evolutionary approach for optimizing routing,modulation and spectrum assignments (RMSA) in O-OFDM networks[J]. IEEE Communications Letters,2012,16(9):1520-1523.

[155]Wei Y,Shen G,Bose S K. Span-restorable elastic optical networks under different spectrum conversion capabilities[J]. IEEE Transactions on Reliability,2014,63(2):401-411.

[156]Zhu Z,Chen X,Ji F,et al. Energy-efficient translucent optical transport networks with mixed regenerator placement[J]. Journal of Lightwave Technology,2012,30(19):3147-3156.

[157]Ramamurthyo B,Fengt H,Datta D,et al. Transparent vs. opaque vs. translucent wavelength-routed optical networks[C]. IEEE/OSA Optical Fiber Communication Conference,1999:59-61.

[158]Develder C,Leenheer M D,Dhoedt B,et al. Optical Networks for Grid and Cloud Computing Applications[J]. Proceedings of the IEEE,2012,100(5):1149-1167.

[159]Nejabati R,Escalona E,Peng S,et al. Optical network virtualization[C]. Asia Communications and Photonics Conference,2013.

[160]龚龙. 弹性光网络环境下虚拟光网络映射的研究[D]. 长沙:中国科学技术大学,2015.

[161]Zhang G,Leenheer M D,Morea A,et al. A survey on OFDM-

based elastic core optical networking[J]. IEEE Communications Surveys and Tutorials,2013,15(1):65-87.

[162] Zhang S, Shi L, Vadrevu C, et al. Network virtualization over WDM networks[C]. IEEE Intenational Symposium on Advanced Networks and Telecommunication Systems,2011.

[163] Elmirghani J, Mouflah H. All-optical wavelength conversion: technologies and applications in DWDM networks[J]. IEEE Communications Magazine,2000,38(3):86-92.

[164]Peng S,Nejabati R,Azodolmolky S,et al. An impairment-aware virtual optical network composition mechanism for future Internet[J]. Optics Express,2011,19(26):251-259.

[165]Zhao J,Subramaniam S,Brandt-Pearce M. Virtual topology mapping in elastic optical networks[C]. IEEE International Conference on Communications,2013.

[166] Hammad A, Nejabati R, Simeonidou D. Novel approaches for composition of online virtual optical networks utilizing O-OFDM technology [C]. European Conference and Exhibition on Optical Communication,2013.

[167]Shakya S,Pradhan N,Cao X,et al. Virtual network embedding and reconfiguration in elastic optical networks[C]. Global Communications Conference,2015.

[168]Chen B,Zhang J,Xie W,et al. Minimum-cost survivable virtual optical network mapping in flexible bandwidth optical networks[C]. Global Communications Conference,2016.

[169]Xie W,Jue J P,Zhang Q,et al. Survivable virtual optical network mapping in flexible-grid optical networks[C]. International Conference on Computing,Networking and Communications,2015.

[170]任丹萍,王伟,胡劲华,等. 弹性光网络中虚拟光网络生存性研究[J]. 光通信技术,2018(1):1-4.

[171]Yang H,Cheng L,Luo G,et al. Survivable virtual optical network embedding with probabilistic network-element failures in elastic optical networks[J]. Optical Fiber Technology,2015,23(3): 90-94.

[172]Jiang H,Wang Y,Gong L,et al. Availability-aware survivable virtual network embedding in optical datacenter networks[J]. Journal of

Optical Communications and Networking,2015,7(12):1160-1171.

[173]Wang Y,LI X,Guo B,et al. Survivable virtual optical network mapping in elastic optical networks with shared backup path protection[C]. Wireless and Optical Communication Conference,2016.

[174]Assis K D R,Peng S,Almeida R C,et al. Network virtualization over elastic optical networks with different protection schemes[J]. Journal of Optical Communications and Networking,2016,8(4):272-281.

[175]宋俊辉,谢华,高海龙. 多纤芯弹性光网络中虚拟网络映射模型及算法[J]. 信阳师范学院学报(自然科学版),2018(1):114-118.

[176]Wang Y. Virtual optical network services across multiple domains for grid applications[J]. IEEE Communications Magazine, 2011, 49(5): 92-101.

[177]Pages A,Perello J,Spadaro S,et al. Strategies for virtual optical network allocation [J]. IEEE Communications Letters, 2012, 16 (2): 268-271.

[178]徐浩煜,汪亮友,朱祖勍. 弹性光传输基础设施上动态透明虚拟网络嵌入[J]. 中兴通讯技术,2014(3):26-31.

[179]Oeorgakilas K N, Tzanakaki A, Anastasopoulos M, et al. Converged optical network and data center virtual infrastructure planning[J]. IEEE/OSA Journal of Optical Communications and Networking, 2012, 4 (9):681-691.

[180]Anastasopoulos M P,Tzanakaki A,Georgakilas K. Evolutionary optimization for energy efficient service provisioning in IT and optical network infrastructures[J]. Optics Express,2011,19(26):496.

[181]Anastasopoulos M,Tzanakaki A. Adaptive virtual infrastructure planning over interconnected IT and optical network resources using evolutionary game theory[C]. 16th International Conference on Optical Network Design and Modelling,2012.

[182]Anastasopoulos M P,Tzanakaki A,Georgakilas K. Virtual infrastructure planning in elastic cloud deploying optical networking[C]. IEEE 3rd International Conference on Cloud Computing Technology and Science, 2011.

[183]Schiff L,Schmid S. Study the past if you would define the future:Im-

plementing secure multi-party SDN updates[C]. IEEE International Conference on Software Science Technology and Engineering,2016.

[184]张朝昆,崔勇,唐翯祎,等. 软件定义网络(SDN)研究进展[J]. 软件学报,2015,26(1):62-81.

[185]Mckeown N,Anderson T,Balakrishnan H,et al. OpenFlow:Enabling innovation in campus networks[J]. ACM SIGCOMM Computer Communication Review,2008,38(2):69-74.

[186]Kreutz D,Ramos F M V,Esteves V P,et al. Software-defined networking:A comprehensive survey[J]. Proceedings of the IEEE,2015,103(1):10-13.

[187]Monaco M,Michel O,Keller E. Applying operating system principles to SDN controller design[C]. 12th ACM Workshop on Hot Topics in Networks,2013.

[188]Chaudhari S,Mani R S,Raundale P. SDN network virtualization survey[C]. International Conference on Wireless Communications, Signal Processing and Networking,2016.

[189]Lin Y D,Dan P,Hausheer D,et al. Software-defined networking: standardization for cloud computing's second wave[J]. Computer,2014, 47(11):19-21.

[190]Katiyar R,Pawar P,Gupta A,et al. Auto-configuration of SDN switches in SDN/Non-SDN hybrid network[C]. Asian Internet Engineering Conference,2015.

[191]Blenk A,Basta A,Reisslein M,et al. Survey on network virtualization hypervisors for software defined networking[J]. IEEE Communications Surveys and Tutorials,2017,18(1):655-685.

[192]王健,赵国生,李志新. 面向 SDN 的虚拟网络映射算法研究[J]. 通信学报,2017,38(10):26-35.

[193]赵思逸,陈靖,龚水清. 基于粒子群优化的虚拟 SDN 网络映射算法[J]. 计算机工程,2016,42(12):84-90.

[194]罗旭. 基于蚁群算法的虚拟 SDN 网络映射研究[D]. 长沙:湖南师范大学, 2017.

[195]耿瑞雯,卢汉成. 多域 SDN 虚拟网络映射算法[J]. 小型微型计算机系统,2016,37(12):2593-2597.

[196]Wang Z,Jiang X,et al. Survivable virtual network mapping using optimal backup topology in virtualized SDN[J]. China Communications, 2014,11(2):26-37.

[197]Rosa R V,Rothenberg C E,Madeira E. Virtual data center networks embedding through software defined networking[C]. IEEE/IFIP Network Operations and Management Symposium,2014.

[198]王力,赵季红,曲桦,等. 软件定义承载网中基于负载均衡的虚拟网络资源分配算法[J]. 电信科学,2015,31(11):32-38.

[199]赵志远,孟相如,苏玉泽,等. 多控制器条件下区分 QoS 的虚拟 SDN 映射方法[J]. 通信学报,2017,38(8):101-110.

5　离线虚拟网映射问题的算法设计

离线虚拟网映射问题是 NP 难组合优化问题[1]，NP 难组合优化问题的求解算法大致可以分为精确算法、近似算法、启发式算法、随机算法、元启发式算法和分布式算法等几类[2-7]。目前对离线虚拟网映射问题求解算法的研究很少[8-11]。但离线虚拟网映射问题有其特殊应用场景，如有些虚拟网络从提出构建请求到激活虚拟网络以提供服务会间隔很长时间（如提供网络游戏服务的虚拟网络），这样就可以把这些虚拟网络请求组合在一起作为离线虚拟网映射问题进行优化映射[8,10]，这类虚拟网络一般具有生命周期长且资源需求量大的特征；又如，在动态虚拟网映射问题（指虚拟网络请求动态变化的虚拟网映射问题）[12,13]的求解中，周期性选择性重配置是其主要使用方法之一，周期性选择性重配置法是将所有的虚拟网络存入队列中，然后根据不同目标按一定周期从队列中选择一定数量的虚拟网络进行映射，这样就可以把这些虚拟网络请求组合作为离线虚拟网映射问题进行优化映射；再如，在云计算环境下，离线虚拟网映射问题是指虚拟网络构建请求预先知道且不会发生改变的情况，主要是针对大型企业用户[14]。本章在介绍资源批量出租的精确离线虚拟网映射算法之后，提出了求解一般静态离线虚拟网映射问题的贪婪算法和禁忌遗传算法。

5.1　离线虚拟网映射算法简介

离线虚拟网映射问题根据虚拟网络请求是否动态变化可分为静态离线

虚拟网映射问题和动态离线虚拟网映射问题。动态虚拟网络请求的动态性最常见的表现是虚拟网络的虚拟节点的 CPU 容量需求和虚拟链路的带宽需求不是常量而是变量。相应地，离线虚拟网映射算法也分为静态离线虚拟网映射算法和动态离线虚拟网映射算法[8-11]。

5.1.1 静态离线虚拟网映射算法

文献[8]提出一种求解静态离线虚拟网映射问题的精确算法。该文献首先建立内含物理资源批量出租模型的离线虚拟网映射的混合整数线性规划模型，然后用优化软件 CPLEX 12.6 求解该模型。

文献[11]提出一种基于随机舍入技术的静态离线虚拟网映射问题的固定参数近似算法。由于虚拟网映射各种选项具有灵活性以及虚拟网络拓扑具有多样性，为使有效虚拟网映射的凸组合计算可行，该文献创新性地提出了考虑了虚拟网络结构的静态离线虚拟网映射问题的线性规划模型。

5.1.2 动态离线虚拟网映射算法

文献[9]提出一种以能耗最小化为目标的动态离线虚拟网映射启发式算法。首先，基于高斯分布和昼夜模式的组合建立虚拟网络动态变化模型，并在此基础上建立以能耗最小化为目标的离线虚拟网映射问题的整数规划模型。其次，提出动态在线虚拟网映射算法 EAD-VNE(Energy Aware Design-Virtual Network Embedding)，EAD-VNE 算法是处理单个虚拟网映射问题的两阶段映射算法。为实现能耗最小化和物理网络提供商高收益的目标，在虚拟节点映射阶段综合考虑了物理网络资源均衡利用、虚拟网络请求的动态特性以及虚拟链路映射等诸多因素；在虚拟链路映射阶段，为尽量减少能耗，采用加权最短路径算法进行链路映射。最后，基于 EAD-VNE 算法，设计针对虚拟网请求组的离线虚拟网映射问题的启发式算法。

文献[10]提出一种以物理网络提供商收益最大化为目标的动态离线虚拟网映射问题的启发式算法。首先，基于虚拟网络请求的动态特性，构建了动态离线虚拟网映射问题的机会约束混合整数线性规划模型，在该模型中虚拟网络的不确定需求用随机变量表示；其次，提出了求解机会约束混合整数线性规划模型的 Γ-鲁棒优化方法；最后，针对大规模的动态离线虚拟网映射问题，设计了两种基于混合整数线性规划模型的启发式算法。

5.2　资源批量出租的精确离线虚拟网映射算法

5.2.1　概述

文献[8]提出一种求解静态离线虚拟网映射问题的精确算法，首先建立离线虚拟网映射的混合整数线性规划模型，然后用精确算法求解该模型。该混合整数线性规划模型具有以下特征：通过一个决策变量（表示虚拟网络的某条虚拟链路流经某条物理链路的流量比例）取值范围的修改，就能实现物理网络支持路径分割和物理网络不支持路径分割两种路由选择策略；模型包含了物理资源批量出租模型，批量出租模型通过批量折扣的方法实现规模经济效益。

为了评估所提方法的可行性和有效性，文献[8]针对广域网和数据中心网络，分别评估了两种路由选择策略以及物理资源批量出租策略对问题求解质量的影响。为了进一步评估物理资源批量出租策略的效果，文献[8]还把本方法与启发式基线算法进行比较，该基线算法首先基于没有采用物理资源批量出租策略的离线虚拟网映射问题的求解方法求解虚拟网映射方案，然后根据物理资源批量出租模型的定价方法计算映射成本。

5.2.2　网络模型和问题定义

5.2.2.1　物理资源批量出租

物理资源批量出租指物理网络的物理资源（物理节点 CPU 容量和物理链路带宽）以指定的批量形式进行出租，且有批量折扣，即使用量越多价格折扣越多。如在离线虚拟网映射时，对物理网络的第一个物理节点只能分配 5 个单位 CPU 容量、10 个单位 CPU 容量或 15 个单位 CPU 容量，且租用 5 个单位 CPU 容量的价格折扣小于租用 10 个单位 CPU 容量的价格折扣，租用 10 个单位 CPU 容量的价格折扣小于租用 15 个单位 CPU 容量的价格折扣；同时，如某个虚拟网映射问题总共只需要第一个物理节点 9 个单位的 CPU 容量，那也需要租用第一个物理节点 10 个单位的 CPU 容量。

5.2.2.2　物理网络

将物理网络表示为无向图 $G^0=(N^0,E^0,U,Q)$，其中 N^0 和 E^0 分别表示物理节点的集合和物理链路的集合。每个物理节点都具有 CPU 容量和地理位置等两个属性，第 i 个物理节点的 CPU 容量和地理位置分别记为 $c(n_0^i)$ 和 $\mathrm{loc}(n_0^i)$；每条物理链路具有链路带宽属性，第 j 条物理链路的带宽记为 $b(e_0^j)$。

U 是物理网络 G^0 的物理节点 CPU 容量块大小的集合，如 $U=\{5,10,15\}$，则表示对物理网络 G^0 的物理节点 CPU 容量进行分配时必须是 5、10 或 15 的倍数；U 中每个元素 u_i 具有价格属性 $\alpha(u_i)$，且 $\frac{\alpha(u_i)}{u_i} \geqslant \frac{\alpha(u_j)}{u_j}(\forall u_i \in U \wedge \forall u_j \in U \wedge u_i \leqslant u_j)$，即租用的物理节点 CPU 容量块越大，物理节点的单位 CPU 容量租用价格越低。

Q 是物理网络 G^0 的物理链路带宽块大小的集合，如 $Q=\{50,100,150\}$，则表示对物理网络 G^0 的物理链路带宽进行分配时，必须是 50、100 或 150 的倍数。Q 中每个元素 q_i 具有价格属性 $\beta(q_i)$，且 $\frac{\beta(q_i)}{q_i} \geqslant \frac{\beta(q_j)}{q_j}(\forall q_i \in Q \wedge \forall q_j \in Q \wedge q_i \leqslant q_j)$，即租用的物理链路带宽容量块越大，物理链路的单位带宽容量租用价格越低。

5.2.2.3　虚拟网络集合和虚拟网络

包含 n 个虚拟网络的虚拟网络集合为 $G=\{G^j \mid j \in R, R=[1,n]\}$。

将第 j 个虚拟网络表示为无向图 $G^j=(N^j,D^j)$。N^j 表示第 j 个虚拟网络的虚拟节点集合，每个虚拟节点附带 CPU 容量和地理位置等两个属性，第 j 个虚拟网络的第 i 个虚拟节点的 CPU 容量需求和地理位置分别记为 $c(n_j^i)$ 和 $\mathrm{loc}(n_j^i)$。第 j 个虚拟网络的虚拟链路集合用第 j 个虚拟网络的流量矩阵 $\boldsymbol{D}^j \in R_+^{|N^j| \times |N^j|}$ 表示，该矩阵的元素 $d_{a,b}^j$ 表示 n_j^a 和 n_j^b 之间的带宽需求。

第 j 个虚拟网络的属性 ρ_j 表示物理网络提供商在完成该虚拟网映射后所获收益，第 j 个虚拟网络的属性 d_j 表示虚拟节点与所映射的物理节点间的距离必须小于等于 d_j。

5.2.2.4　离线虚拟网映射问题

离线虚拟网映射问题[1,8-11]指给定一个物理网络 $G^0=(N^0,E^0)$ 和一个包含 n 个虚拟网络的虚拟网络集合 $G=\{G^j \mid j \in R, R=[1,n]\}$，求解 R 的子集 R'，以最大化物理网络提供商利润。子集 R' 必须满足以下要求：

(1)对任意 $r \in R'$，完成对应的虚拟网络 $G^r=(N^r,D^r)$ 的映射，具体包括虚拟节点映射和虚拟链路映射：①将虚拟网络 G^r 的每个虚拟节点映射到底层物理网络的满足位置约束和 CPU 容量约束的物理节点上，同时在映射的物理节点上为虚拟节点分配资源(CPU 资源等)；②将虚拟网络 G^r 的每条虚拟链路分别映射到底层物理网络的物理路径上，所映射的物理路径的两个端点分别是虚拟链路的两个虚拟节点所映射的物理节点，同时在映射的物理路径上为虚拟链路分配资源（带宽资源等），映射时必须满足带宽约束条件。③每个虚拟节点只能映射到一个物理节点。

（2）完成子集 R' 所对应的虚拟网络子集 $\{G^r \mid r \in R'\}$ 的映射后，各物理节点所分配的 CPU 总容量和各物理链路所分配的总带宽分别不能超出各物理节点的 CPU 容量和各物理链路的带宽。

（3）每个物理节点上所分配的 CPU 总容量必须是集合 U 中元素的整数倍之和。

（4）每个物理链路上所分配的带宽总容量必须是集合 Q 中元素的整数倍之和。

5.2.2.5　映射目标

文献[8]以最大化物理网络提供商利润作为离线虚拟网映射问题的优化目标。物理网络提供商利润等于完成映射的所有虚拟网络的映射收益之和与映射成本之和的差，其中映射成本是指完成构建的所有虚拟网络使用的所有物理资源（物理节点和物理链路）量与资源价格积的累加和。

5.2.3　离线虚拟网映射问题的数学模型

文献[8]给出离线虚拟网映射问题的混合整数线性规划模型，根据物理网络是否支持路径分割，可将该问题看成混合整数线性可分割多商品流问题或混合整数线性不可分割多商品流问题。

5.2.3.1　决策变量

y_j：一个二进制变量，取 0 或 1。取 1 表示接受第 j 个虚拟网络构建请求，即 $j \in R'$；否则就拒绝第 j 个虚拟网络构建请求，即 $j \notin R'$。

$x_{v,i}^{j}$：一个二进制变量，取 0 或 1。取 1 表示第 j 个虚拟网络的第 v 个虚拟节点 n_j^v 映射到第 i 个物理节点 n_0^i，取 0 则表示没有将虚拟节点 n_j^v 映射到第 i 个物理节点 n_0^i。此变量取值约束保证虚拟节点只能映射到一个物理节点上；且 $x_{v,i}^{j} = 0(n_0^i \notin \Omega(n_j^v))$，其中$(n_j^v)$ 表示虚拟节点 n_j^v 可以映射的满足位置约束的所有物理节点集合。

$f_{a,b}^{j,c,d}$：一个二进制变量，取 0 或 1。取 1 表示第 j 个虚拟网络的虚拟链路(n_j^c, n_j^d) 流经物理链路(n_0^a, n_0^b)，流经的流量等于 e_j^i 的带宽需求；取 0 表示虚拟链路(n_j^c, n_j^d) 没有流经物理链路(n_0^a, n_0^b)。此变量取值约束保证流不可分割，从而确保虚拟路径只能映射到物理网络的一条物理路径上。

g_i^u：一个整数变量，表示需要租用第 i 个物理节点的块 CPU 容量大小为 u ($q \in U$) 的块的块数。

$h_{i,j}^q$：一个整数变量，表示需要租用物理链路(n_0^i, n_0^i) 的块带宽大小为 q ($u \in U$) 的块的块数。

5.2.3.2 目标函数

优化目标是最大化物理网络提供商利润，即

$$\max \sum_{j \in R} (\rho_j \times y_j) - \sum_{u \in U} \alpha(u) \sum_{n_0^i \in N^0} g_i^u - \sum_{q \in Q} \beta(q) \sum_{(n_0^i, n_0^j) \in E^0} h_{i,j}^q$$

5.2.3.3 约束条件

(1)虚拟节点映射约束：

$$\sum_{n_0^i \in \Omega(n_j^v)} x_{v,i}^j = y_j, \forall j \in R, v \in [1, |N^j|] \tag{5.1}$$

约束集(5.1)确保当接受第 j 个虚拟网络构建时，该虚拟网络的任意虚拟节点必须映射到唯一的符合位置约束的物理节点上；反之，如拒绝第 j 个虚拟网络，则该虚拟网络的任意虚拟节点不能映射到任意物理节点上。

(2)物理节点租借容量约束：

$$\sum_{j \in R} \sum_{v \in [1, |N^j|]} (x_{v,i}^j \times c(n_j^v)) \leqslant \sum_{u \in U} (u \times g_i^u), \forall i \in [1, |N^0|] \tag{5.2}$$

约束集(5.2)确保任意物理节点上所分配的 CPU 总容量不能超出所租借容量。

(3)物理链路的租借容量约束：

$$\sum_{j \in R} \sum_{v,w \in [1, |N^j|]} (f_{a,b}^{j,v,w} \times b(n_j^v, n_j^w)) \leqslant \sum_{q \in Q} (q \times h_{a,b}^q), \forall (n_0^a, n_0^b) \in E^0 \tag{5.3}$$

约束集(5.3)确保任意物理链路上所分配的带宽总量不能超出所租借容量。

(4)物理节点容量约束：

$$\sum_{u \in U} (u \times g_i^u) \leqslant c(n_0^i), \forall i \in [1, |N^0|] \tag{5.4}$$

约束集(5.4)确保任意物理节点的 CPU 租借容量不能超出该节点的 CPU 总容量。

(5)物理链路容量约束：

$$\sum_{q \in Q} (q \times h_{a,b}^q) \leqslant b(n_0^a, n_0^b), \forall (n_0^a, n_0^b) \in E^0 \tag{5.5}$$

约束集(5.5)确保任意物理链路的带宽租借量不能超出该链路的带宽总量。

(6)流守恒约束：

$$\sum_{n_0^b \in N^0} f_{a,b}^{j,c,d} - \sum_{n_0^b \in N^0} f_{b,a}^{j,c,d} = x_{c,a}^j - x_{d,a}^j, \forall j \in R$$
$$c,d \in [1, |E^j|], n_0^a \in N^0 \tag{5.6}$$

约束集(5.6)表示流守恒，除了源节点 n_j^c 和目标节点 n_j^d 外，其他节点的网络净流量为0，如 $x_{c,a}^j - x_{d,a}^j = 1$，则把物理节点 n_0^a 看成商品流(n_j^c, n_j^d)的源节点；如 $x_{c,a}^j - x_{d,a}^j = -1$，则把物理节点 n_0^a 看成商品流(n_j^c, n_j^d)的目的节点。

(7)决策变量的取值域约束：

$$y_j \in \{0,1\}, \forall j \in R$$
$$x_{v,i}^j \in \{0,1\}, \forall j \in R, v \in [1, |N^j|], i \in [1, |N^0|]$$
$$f_{a,b}^{j,c,d} \in \{0,1\}, \forall j \in R, c \in [1, |N^j|], d \in [1, |N^j|],$$
$$a \in [1, |N^0|], b \in [1, |N^0|]$$
$$g_i^u \in Z_+, \forall u \in U, i \in [1, |N^0|]$$
$$h_{i,j}^q \in Z_+, \forall q \in Q, (n_0^i, n_0^j) \in E^0$$

因为 $f_{a,b}^{j,c,d} \in \{0,1\}$，故上述模型就是物理网络不支持路径分割的离线虚拟网映射问题的混合整数线性规划模型。如将 $f_{a,b}^{j,c,d} \in \{0,1\}$ 改为 $f_{a,b}^{j,c,d} \in [0,1]$，则模型就成为物理网路支持路径分割的离线虚拟网映射问题的混合整数线性规划模型。

5.2.4 求解算法设计

完成离线虚拟网映射问题的混合整数线性规划模型后，文献[8]直接采用优化软件 CPLEX 12.6 的分支定界法求解该模型，求解时直接采用 CPLEX 12.6 的默认参数，当优化间隙小于1%时停止求解，输出结果。

需要强调的是，由于离线虚拟网映射问题是NP难问题，即使优化软件 CPLEX 12.6 性能再优异，也不可能在多项式时间内求得最优解。

5.3 一般离线虚拟网映射问题的求解算法设计

5.3.1 网络模型和问题定义

一般离线虚拟网映射问题是指以物理网络提供商收益最大化为目标、

物理节点不支持重复映射、物理网络不支持路径分割、底层物理网络是单基础实施提供商提供的物理网的静态离线虚拟网映射问题。

5.3.1.1 物理网络

将物理网络表示为无向图 $G^0 = (N^0, E^0)$,其中 N^0 和 E^0 分别表示物理节点的集合和物理链路的集合。每个物理节点都具有 CPU 容量和地理位置等两个属性,第 i 个物理节点的 CPU 容量和地理位置分别记为 $c(n_0^i)$ 和 $\mathrm{loc}(n_0^i)$;每条物理链路都具有链路带宽属性,第 j 条物理链路的带宽记为 $b(e_0^j)$。

5.3.1.2 虚拟网络集合和虚拟网络

将包含 n 个虚拟网络的虚拟网络集合记为 $G = \{G^j \mid j \in R, R = [1, n]\}$。

将第 j 个虚拟网络表示为无向图 $G^j = (N^j, E^j)$。N^j 和 E^j 分别表示第 j 个虚拟网络的虚拟节点集合和虚拟链路集合,每个虚拟节点都附带 CPU 容量和地理位置等两个属性,第 j 个虚拟网络的第 i 个虚拟节点的 CPU 容量需求和地理位置分别记为 $c(n_j^i)$ 和 $\mathrm{loc}(n_j^i)$;每条虚拟链路都具有带宽属性,第 j 个虚拟网络的第 i 条虚拟链路的带宽属性记为 $b(e_j^i)$。另外,第 j 个虚拟网络的属性表示物理网络提供商在完成该虚拟网络映射后所获收益;第 j 个虚拟网络的属性 d_j 表示虚拟节点与所映射的物理节点间的距离必须小于等于 d_j。

5.3.1.3 一般离线虚拟网映射问题

一般离线虚拟网映射问题指给定一个物理网络 $G^0 = (N^0, E^0)$ 和一个包含 n 个虚拟网络的虚拟网络集合 $G = \{G^j \mid j \in R, R = [1, n]\}$,求解 R 的子集 R',以最大化物理网络提供商收益。子集 R' 满足以下要求:

(1) 对任意 $r \in R'$,完成对应的虚拟网络 $G^r = (N^r, D^r)$ 的映射,具体包括虚拟节点映射和虚拟链路映射。① 将虚拟网络 G^r 的每个虚拟节点映射到底层物理网的满足位置约束和 CPU 容量约束的物理节点上,同时在映射的物理节点上为虚拟节点分配资源(CPU 资源等)。② 将虚拟网络 G^r 的每条虚拟链路分别映射到底层物理网络的唯一一条物理路径上,所映射的物理路径的两个端点分别是虚拟链路的两个虚拟节点所映射的物理节点,同时在映射的物理路径上为虚拟链路分配资源(带宽资源等),映射时必须满足带宽约束条件。③ 每个虚拟节点只能映射到一个物理节点,每个物理节点最多被一个虚拟节点所映射。

(2) 完成子集 R' 所对应的虚拟网络子集 $\{G^r \mid r \in R'\}$ 映射后,各物理节点所分配的 CPU 总容量和各物理链路所分配的总带宽分别不能超出各物理节点的 CPU 容量和各物理链路的带宽。

5.3.2 贪婪算法设计

5.3.2.1 贪婪算法概述

贪婪算法(又称贪心算法)[15]常用来求解最优化问题,在对问题求解时,总是作出在当前看来是最好的选择。也就是说,贪婪算法不从整体最优上加以考虑,它所求出的是在某种意义上的局部最优解,该局部最优解可能就是整体最优解,也可能不是。

贪婪算法不是对所有问题都能求出整体最优解,但一般能在很短的时间内找到较为满意的解。贪婪算法设计的关键是贪婪策略的选择,选择的贪婪策略必须具备无后效性,即某个状态以前的过程不会影响以后的状态,只与当前状态有关。

5.3.2.2 G_OSVNM 算法设计的基本思想

G_OSVNM(Greedy_Offline Static Virtual Network Mapping)算法是求解一般离线虚拟网映射问题的贪婪算法。为提高物理网络提供商的虚拟网映射收益,G_OSVNM 算法的核心是虚拟网络映射顺序策略和虚拟网络映射策略。首先,将 n 个虚拟网络按照映射收益进行降序排序,并按照排序依次进行映射,也是就给高收益的虚拟网络更多保障,该步骤包含了收益优先的虚拟网络映射顺序策略。然后,在映射某个虚拟网络时,采用两阶段映射方法。在虚拟节点映射阶段,各虚拟节点按照所需资源量的大小进行排序,并按照排序依次将虚拟节点映射到符合位置和容量约束的可用资源量最大的物理节点上,这就是虚拟节点映射时所采用的贪婪策略;在虚拟链路映射阶段,各虚拟链路按照带宽需求量的大小进行排序,并采用 K 短路径算法[16]按照排序依次将虚拟链路映射到符合容量约束的可用资源量最大或路径最短的物理路径上,这就是虚拟链路映射时所采用的贪婪策略。

物理节点的可用资源量和虚拟节点所需资源量用节点级别表示[17]。节点级别是基于马尔可夫随机游走模型,根据节点(包括物理节点和虚拟节点)自身的资源可及性以及与其相连节点的资源可及性来计算的,具体计算方法见参考文献[17]。

采用 K 短路径算法进行虚拟链路映射的关键是确定物理链路的权重。具体是通过评估物理链路总带宽、物理网络最短路径平均长度和所有虚拟网络总带宽等确定物理链路的权重类型是绝对值类型还是相对值类型。如权重类型是绝对值,则意味着物理链路的权重将采用虚拟链路带宽需求绝对值，否则物理链路的权重采用虚拟链路带宽相对于物理链路带宽的比值。

5.3.2.3 G_OSVNM 算法的具体流程

输入：物理网络 $G^0(N^0,E^0)$，虚拟网络集合 $G=\{G^j \mid j\in R,R=[1,n]\}$，$\varepsilon$ 和 h 。

输出：完成映射的虚拟网络子集 R' 。

1：用指定的 ε，采用参考文献[17]中的算法 1，计算物理节点 n_0^s 和虚拟节点 n_j^v 的节点级别 $r(A_0^S)$ 和 $r(c(n_j^V))$ 。

2：$a=$ 物理链路总带宽 / 所有虚拟网络总带宽，$b=$ 物理网络最短路径平均长度。

// flag 等于 1，则将虚拟链路映射到符合容量约束的可用资源量最大的物理路径上。

3：if($a>b\times h$) { flag＝1} else {flag＝0}

4：将 n 个虚拟网络按照映射收益进行排序，形成新的已经按照映射降序排序的虚拟网络集合 G //即 $p_i\geqslant p_j(i<j)$ 。

5：$i=1$

6：while($i<=n$) //外循环，每次循环处理一个虚拟网络映射。

{

6.1：将第 i 个虚拟网络 G^i 的虚拟节点序号按照节点级别降序规则重新设定，即重新设定完成后保证 $r(n_i^a)\geqslant r(n_i^b)(a<b)$，并相应修改虚拟链路的两个端点的序号。

6.2：$m=1$

6.3：while($m<=|N^i|$)//内循环，依次完成每个虚拟节点映射。

{

6.3.1：求满足 n_i^m 的位置和容量约束且没有被第 i 个虚拟网络的其他虚拟节点所映射的物理节点的集合 V 。

6.3.2：if(V 不空) {将 n_i^m 映射到 V 中节点级别最大的物理节点上}

6.3.3：if(V 空) {break } //跳出内循环。

6.3.4：$m=m+1$

}//内循环结束。

6.4：if($m<=|N^i|$){break} //跳出外循环，表明有虚拟节点不能完成映射。

6.5：if(flag＝＝1)

{

6.5.1：$m=1$

6.5.2：while($m<=|E^i|$)//内循环，依次完成每条虚拟链路映射。

{

6.5.2.1：将物理网络 G^0 中不符合虚拟链路 e_i^m 带宽约束条件的物理链路删除，并将物理链路的权重设为 e_i^m 的带宽与它的带宽之比，形成物理网 G^{0b} 。

6.5.2.2：在物理网 G^{0b} 用 K 短路径算法求虚拟链路 e_i^m 所映射的物理路径 VP。

6.5.2.3：if (VP 为空){break} //跳出内循环。

6.5.2.4：$m=m+1$

}//内循环结束。

6.5.3：if($m<=|E^i|$){break} //跳出外循环，表明有虚拟链路不能完成映射。

6.5.4：将第 i 个虚拟网络 G^i 添加进完成映射的虚拟网集 R' 。

}//end if

6.6：if(flag==0)

{

6.6.1：$m=1$

6.6.2：while($m<=|E^i|$)//内循环，依次完成每条虚拟链路映射。

{

6.6.2.1：将物理网络 G^0 中不符合虚拟链路 e_i^m 带宽约束条件的物理链路删除，并将物理链路的权重都设置为 1 后形成物理网 G^{0b} 。

6.6.2.2：在物理网 G^{0b} 中用 K 短路径算法求虚拟链路 e_i^m 所映射的物理路径 VP。

6.6.2.3：if (VP 为空){break} //跳出内循环。

6.6.2.4：$m=m+1$

}//内循环结束。

6.6.3：if($m<=|E^i|$){break} //跳出外循环，表明有虚拟链路不能完成映射。

6.6.4：将第 i 个虚拟网络 G^i 添加进完成映射的虚拟网集 R' 。

}//end if

6.7：$i=i+1$。

}//外循环

7:输出完成映射的虚拟网集 R' 。

8:结束

5.3.3 禁忌遗传算法设计

5.3.3.1 禁忌遗传算法概述

禁忌遗传算法是一种将遗传算法和禁忌搜索算法相结合的优化算法。

1)禁忌搜索算法概述

禁忌搜索算法[18]是由美国科罗拉多大学系统科学家 Glover 教授于1986 年提出的用于解决大规模组合优化问题的元启发式算法。禁忌搜索算法是对局部邻域搜索方法的一种扩展,是一种全局逐步寻优算法。禁忌搜索算法最重要的思想是标记已搜索到的局部最优化的一些对象,并在进一步的迭代搜索中尽量避开这些对象(不是绝对禁止),从而保证对不同的有效搜索途径的探索。

禁忌搜索算法的基本思想是:给定一个当前解(初始解)和一种邻域,然后在当前解的邻域中确定若干个候选解;若最佳候选解对应的目标值优于"best so far"状态,则忽视其禁忌特性,用其替换当前解和"best so far"状态,并将相应的对象加入禁忌表,同时修改禁忌表中各对象的任期。若不存在上述候选解,则选择在候选解中非禁忌的最佳状态为新的当前解,而无视它与当前解的优劣比较,同时将相应的对象加入禁忌表,并修改禁忌表中各对象的任期;如此重复上述迭代搜索过程,直到满足停止准则为止。

2)禁忌搜索算法流程

1:给定算法参数,随机产生初始解 x ,置禁忌表为空。

2:判断算法终止条件是否满足。如果满足,则结束算法并输出优化结果,否则继续以下步骤。

3:利用当前解 x 的邻域函数产生其所有(或若干)邻域解,并从中确定若干候选解。

4:对候选解判断是否满足藐视规则(最佳候选解 y 对应的目标值优于"best so far"状态)。如果满足,则用满足藐视准则的最佳状态 y 替代新的当前解,即 $x=y$,并用与 y 对应的禁忌对象替换最早进入禁忌表的禁忌对象,同时用 y 替换"best so far"状态,然后转至步骤 6;否则继续以下步骤。

5:判断候选解对应的各对象的禁忌属性,选择候选解中非禁忌对象对应的最佳状态为新的当前解,同时用与之对应的禁忌对象替换最早进入禁忌表的对象元素。

6:返回步骤 2。

邻域函数、禁忌对象、禁忌表和藐视准则构成了禁忌搜索算法的关键。其中邻域函数沿用局部邻域搜索的思想,用于实现邻域搜索;禁忌表和禁忌对象的设置,体现了算法避免迂回搜索的特点;藐视准则,则是对优良状态的奖励,是对禁忌策略的一种放松。由于禁忌搜索算法具有灵活的记忆功能和藐视准则,并且在搜索过程中可以接受劣解,所以具有较强的"爬山"能力,能跳出局部最优解,从而提高获得更好的全局最优解的概率。但是禁忌搜索算法也有明显的不足,即对初始解有较强的依赖性,迭代搜索过程是串行的等。

3)禁忌搜索算法关键参数和操作的设计

(1)适应度函数。适应度函数是对搜索状态的评价,显然将目标函数作为适应度函数是比较容易理解的做法。当然目标函数的任何变形都可作为适应度函数。如极小化问题可将状态 x 的适应度 $f(x)$ 定义为 $M-c(x)$ 或 $e^{-ac(x)}$,其中 M 为一个足够大的正数,$c(x)$ 为目标值,$a>0$。

(2)禁忌对象。所谓禁忌对象就是被置入禁忌表中的那些变化元素,而禁忌的目的则是尽量避免迂回搜索而多探索一些有效搜索途径。禁忌对象通常可选取状态本身、状态分量、适应度的变化等。

(3)禁忌长度和候选解。禁忌长度即禁忌对象在不考虑藐视准则情况下不允许被选取的最大次数,对象只有当任期为 0 时才被解禁。候选解则通常是当前状态的邻域解集的一个子集。

禁忌长度的选取与问题特性、研究者经验有关,它决定了算法的计算复杂性。禁忌长度 t 可以是定常不变的,如固定为某个常数或固定为与问题规模相关的一个量,如此实现方便简单;同时,禁忌长度也可以是动态变化的。

候选解通常在当前状态的邻域中择优选取,但选取过多将造成较大的计算量,而选取过少则容易造成早熟收敛。因此,可以确定性或随机性地在部分邻域解中选取候选解。具体数据大小则视问题特性和对算法的要求而定。

(4)藐视准则。在搜索过程中可能出现候选解全部禁忌,或者存在一个优于"best so far"状态的禁忌候选解的情况,此时藐视准则将使某些状态解禁,以实现更高效的优化性能。藐视准则的常用方式有:基于适应度的准则;基于搜索方向的准则,如禁忌对象上次被禁忌时使得适应度有所改善,并且目前禁忌对象对应的候选解的适应度优于当前解,则该对象解禁;基于最小错误的准则，如候选解均被禁忌，且不存在优于“best so far”状态的候选解，则对候选解进行解禁，以继续搜索；基于影响力的准则，在搜索过程中不同对象的变化对适应度的影响有所不同，解禁一个高影响力的禁忌对象有助于在之后的搜索中得到更好的解。

(5)禁忌频率。禁忌频率是对禁忌属性的一种补充，可以放宽选择决策对象的范围。譬如，某个适应度频繁出现，则可以推测出算法陷入某种循环或某个极小值，或者现有的算法参数难以有助于发掘更好的状态，就说明需要对算法结构或参数作修改。

静态的频率信息主要包括状态、适应度或对换等对象在优化过程中出现的频率，计算相对比较简单。

动态的频率信息主要记录从某些状态、适应度或对换等对象转移到另一状态、适应度或对换的变化趋势。

(6)终止准则。严格实现理论上的算法收敛条件要求禁忌长度充分大，这样就能实现状态空间的遍历，但这不符合实际需求。因此，在实际的算法设计时通常采用近似的收敛准则，常用方法有：给定最大迭代步数；设定某个对象最大的禁忌频率；设定适应度的偏离幅度，即首先由估计算法估计问题的下界，一旦算法中最佳适应度与下界的偏离值小于某规定幅度时，终止算法。

4)禁忌遗传算法

禁忌遗传算法[19]是对遗传算法的改进，它根据禁忌搜索算法的思想，对遗传算法的核心算子——交叉算子和变异算子进行改造，改进后的算子分别称为禁忌交叉算子和禁忌变异算子。禁忌搜索的引入，使禁忌遗传算法拥有了记忆功能，增强了“爬山”能力，降低了早熟情况出现的概率，从而使禁忌遗传算法能在搜索过程中跳出局部最优解，进而大大提升获得更好解的概率。

禁忌交叉算子在一个长度为 T 的禁忌表中记录着染色体的适应度。进行禁忌交叉操作时，首先把子代的适应度同渴望水平相比较(渴望水平取父代群体适应度的平均值)。如果子代的适应度比渴望水平好，则破禁，即这个子代染色体进入下一代；如果比渴望水平差，但不属于禁忌，也接受这个子代；如果比渴望水平差，且属于禁忌，则选择最好的那个父代进入下一代。最后更新禁忌表。从禁忌交叉的重组过程可以看出，具有高适应度的子代进入下一代的概率是很大的，但是并不是所有的高适应度的子代一定都进入下一代。因为禁忌交叉使用了禁忌表，它可以限制适应度相同的子代出现的次数，因此可使群体中尽可能保持染色体结构的多样性，从而避免算法早熟。

禁忌变异算子的禁忌表用于存储最近 L 个发生变异的信息位。每次进行变异操作时，都将变异信息位的号码与禁忌表中的号码进行比较。若在表中，则属于禁忌范围；若变异后的个体的适应度大于渴望水平，则可进入下一代。禁忌变异是一个搜索过程，因此需要调用适应度函数来确定移动值，并根据移动值和禁忌表决定接受哪个移动。同样，由于禁忌变异是一个禁忌搜索过程，在搜索过程中可以接受劣解，因此禁忌变异算子具有强于其他变异算子（例如倒位和部分倒位变异算子）的爬山能力。

藐视准则设计采用基于最小错误的准则，即如候选解均被禁忌，且不存在优于“best so far ”状态的候选解，则对候选解进行解禁，以继续搜索。

5.3.3.2 GT_OSVNM 算法设计

1)GT_OSVNM 算法设计的基本思想

GT_OSVNM(Genetic Tabu_Offline Static Virtual Network Mapping)算法是求解一般离线虚拟网映射问题的禁忌遗传算法。

(1)解的编码和初始种群的生成。针对包含 n 个虚拟网络的虚拟网络集合 $G=\{G^j \mid j\in R, R=[1,n]\}$，用长度为 $\sum_{a\in R}|N^a|$ 的串表示问题的解（染色体），串中第 $\sum_{a\in[1,j-1]}|N^a|+i$ 个元素（表示第 j 个虚拟网的第 i 个虚拟节点 n_j^i）的取值来自于集合 $\Omega(n_j^i)$（第 j 个虚拟网的第 i 个虚拟节点所能映射的满足位置及容量约束条件的物理节点集合）或为空值。染色体的串块 $\left[\sum_{b\in[1,a-1]}|N^{b-1}|+1, \sum_{b\in[1,a]}|N^b|\right]$，表示第 a 个虚拟网络所有虚拟节点所映射的物理节点，串块中各元素取值若出现空值的情况，则表明相应虚拟节点没有完成映射，串块中各元素取值必须不同（空值除外），以保证该虚拟网络的每个虚拟节点映射到不同的物理节点或没有完成映射。

初始种群通过随机方法和上一小节所设计的贪婪算法 G_OSVNM 中虚拟节点映射方法生成（即使该算法仅完成部分虚拟节点映射，其结果也放入初始种群），并增加全空染色体（表示都拒绝）。

(2)适应度函数。假设种群的大小为 N 。则对每个染色体 $i(0<i<N+1)$，按染色体确定的虚拟节点映射方案，采用上一小节所设计的贪婪算法 G_OSVNM 中虚拟链路映射方法求解的虚拟网络集合 G 的映射方案，并计算映射收益 $\sum_{j\in R}(\rho_j\times y_j)$（如完成第 j 个虚拟网构建，则 y_j 取1，否则取0）作

为适应度 F_i。如染色体中对应第 a 个虚拟网络的块中出现空值，则 y_a 直接取 0。

(3)复制算子。复制算子采取无回放余数随机选择方式。假设种群大小为 N，个体的适应度为 F_i。则复制操作分三步：首先，计算群体中每个个体在下一代群体中的生存期望数目 $N_i = N \times F_i / \sum_{j=1}^{N} F_j$；然后，取 N_i 的整数部分 $[N_i]$ 为对应个体在下一代群体中的生存数目，这样共可确定出下一代群体中的 $\sum_{j=1}^{N}[N_j]$ 个个体；最后，用比例选择法（赌盘选择方法）确定下一代群体中还未确定的个体，共 $N - \sum_{j=1}^{N}[N_j]$ 个个体。

此方法可确保适应度比平均适应度大的个体能够被遗传到下一代群体中，选择误差较小。

(4)禁忌交叉算子。使用部分匹配交叉法。首先，随机产生两个串的交配点，定义这两点之间的区域为匹配区域，并使用位置交配操作交配两个父串的匹配区域。如两个父串为 A =17，4，| 5，6，1 |，2，20，23(包含两个虚拟网，每个虚拟网都含 4 个虚拟节点，两个虚拟网的 8 个虚拟节点分别映射到第 17、4、5、6、1、2、20、23 号物理节点上)和 B =3，36，|4，7，12 |，35，9，13，其中匹配区域用两个“|”符号进行划分，则交配 A 和 B 的两个匹配区域将得到 A 1=17，4，|4，7，12 |，2，20，23 和 B 1=3，36，|5，6，1 |，35，9，13。

如交配操作所产生的父串中匹配区域以外属于同一虚拟网的区域出现重复序号(即同一虚拟网络的两个虚拟节点映射到同一物理节点，空值除外)，则通过随机的方法进行有效不重复映射。如 A 1 串中出现匹配区域以外属于第 1 个虚拟网络的第 2 虚拟节点和匹配区域以内属于第 1 个虚拟网络的第 3 个虚拟节点都映射到物理节点 4 的情况，则对第 1 个虚拟网络的第 2 虚拟节点用随机方法再映射，如映射到 2(该节点必须属于 $\Omega(n_j^2)$ ，且没有被 A 1 串中第 1 个虚拟网络的其他虚拟节点所映射)，从而得 A 2=17，2，|4，7，12|，2，20，23。

计算子代(如上面的 A 2 和 B 1)的适应度，然后把子代的适应度同渴望水平相比较，如果比渴望水平好，则破禁，即这个子代染色体进入下一代；如果比渴望水平差，但不属于禁忌，则也接受这个子代；若属于禁忌，则选择最好的那个父代进入下一代。同时更新禁忌表。

(5)禁忌变异算子。对个体中基因的变异采用随机的方式，在每个个体中随机选择一个元素(如选择代表虚拟节点 n_j^i 的元素)进行变异,使其取值 a 突变为 b 值(b 值取空值或取自 $\Omega(n_j^i)$ 中另一个不同于 a 的值)。

由于染色体串中属于同一虚拟网络的区域不能出现重复取值(空值除外),因此需对染色体串中属于同一虚拟网络的区域出现取值为 b 的另一个元素 j(如有的话)再次进行变异,直到该区域出现的取值都不相同(空值除外)或到达指定变异深度(迭代深度)。如到达指定变异深度,该区域各元素的取值还不相同,则取消对以元素 i 开始的所有变异,另外再随机选择元素,直到完成;如达到指定的随机选择次数后,还没能完成变异任务,则取消本次变异。

计算子代的适应度,然后把子代的适应度同渴望水平相比较,如果比渴望水平好,则破禁,即这个子代染色体进入下一代;如果比渴望水平差,但不属于禁忌,则也接受这个子代;若是属于禁忌,则选择最好的那个父代进入下一代。同时更新禁忌表。

2)GT_OSVNM 算法的具体流程

输入:物理网络 $G^0(N^0,E^0)$,虚拟网络集合 $G=\{G^j \mid j\in R,R=[1,n]\}$,$P_c,P_m,N$。

输出:完成映射的虚拟网络子集 R'。

1:随机生成初始种群,大小为 $N-2$;另外,用 G_OSVNM 中的虚拟节点映射方法生成(即使该算法仅完成部分虚拟节点映射,其结果也放入初始种群)1 个染色体加入种群,使种群大小为 $N-1$;最后增加一个取值全空的染色体加入种群,使种群大小为 N。

2:用个体适应度函数计算每个个体的适应度 F_i。具体基于个体染色体所内含的所有虚拟网的虚拟节点映射方案,用 G_OSVNM 中的虚拟链路映射方法完成虚拟链路映射(即完成虚拟网构建),然后计算 F_i,计算完成后取消链路映射,下面同。

3:if(满足算法收敛准则){转步骤 9}

4:计算当代的渴望水平。

5:根据适应度大小以一定方式执行复制操作。

6:按交叉概率 P_c 执行禁忌交叉操作。

7:按变异概率 P_m 执行禁忌变异操作。

8:转步骤 2。

9:首先,用个体适应度函数计算每个个体的适应度 F_i;然后,适应度 F_i 取值最大的个体进行相关虚拟网络的虚拟节点映射;最后,用G_OSVNM中的虚拟链路映射方法完成虚拟链路映射(即完成虚拟网络构建),并构建完成映射的虚拟网集 R。

参考文献

[1]Amaldi E,Coniglio S,Koster A M C A,et al. On the computational complexity of the virtual network embedding problem[J]. Electronic Notes in Discrete Mathematics,2016,52:213-220.

[2] 谈之奕,林凌. 组合优化与博弈论[M]. 杭州:浙江大学出版社,2015.

[3] 赵瑞清,孙宗智. 计算复杂性概论[M]. 北京:气象出版社,1989.

[4] 堵丁柱,葛可一,胡晓东. 近似算法的设计与分析[M]. 北京:高等教育出版社,2011.

[5] 吴哲辉. 可计算性、计算复杂性与算法设计思路[M]. 东营:石油大学出版社,2009.

[6] 徐俊杰. 元启发式优化算法理论与应用研究[D]. 北京:北京邮电大学,2007.

[7] 任志磊. 组合优化问题的特化与泛化算法设计[D]. 大连:大连理工大学,2013.

[8]Coniglio S,Grimm B,Koster A M C A,et al. Optimal offline virtual network embedding with rent-at-bulk aspects[J]. Computer Science,2015:1-9.

[9]Zhang Z,Su S,Zhang J,et al. Energy aware virtual network embedding with dynamic demands:Online and offline [J]. Computer Networks,2015,93(P3):448-459.

[10]Coniglio S,Koster A,Tieves M. Data uncertainty in virtual network embedding: robust optimization and protection levels[J]. Journal of Network and Systems Management,2016,24(3):681-710.

[11]Rost M,Schmid S. (FPT-)Approximation algorithms for the virtual network embedding problem[R]. arXiv:1803. 04452,2018.

[12] 李小玲,王怀民,丁博,等. 虚拟网络映射问题研究及其进展[J]. 软件学报,2012,23(11):3009-3028.

[13]Yu M,Yi Y,Rexford J,et al. Rethinking virtual network embedding:Substrate support for path splitting and migration[J]. ACM SIG-

COMM Computer Communication Review,2008,38(2):17-29.

[14] 李小玲. 云计算环境下基于虚拟网络的资源分配技术研究[D]. 长沙:国防科学技术大学,2013.

[15] 李家同. 算法设计与分析导论[M]. 北京:机械工业出版社,2008.

[16] Eppstein D. Finding the K shortest paths[C]. Symposium on Foundations of Computer Science,1994

[17] Cheng X, Su S, Zhang Z, et al. Virtual network embedding through topology-aware node ranking[J]. ACM SIGCOMM Computer Communication Review,2011,41(2):38-47.

[18] Glover F,Marti R. Tabu search[J]. General Information,1989,106(2):221-225.

[19] Glover F,Kelly J P,Laguna M. Genetic algorithms and TaBu Search:Hybrids for optimization[J]. Computers and Operations Research,1995,22(1):111-134.

索　引